（a）酒糟

（b）啤酒糟

（c）醋糟

（d）酱油糟

（e）粉糟

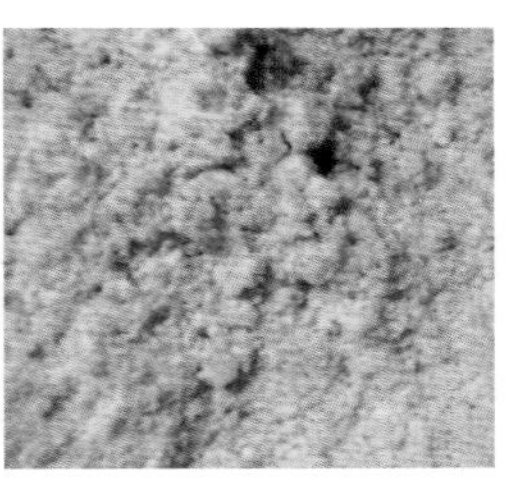

（f）豆腐糟

（g）甜菜糟

（h）甘蔗糟

彩图 6-5 几种糟渣类

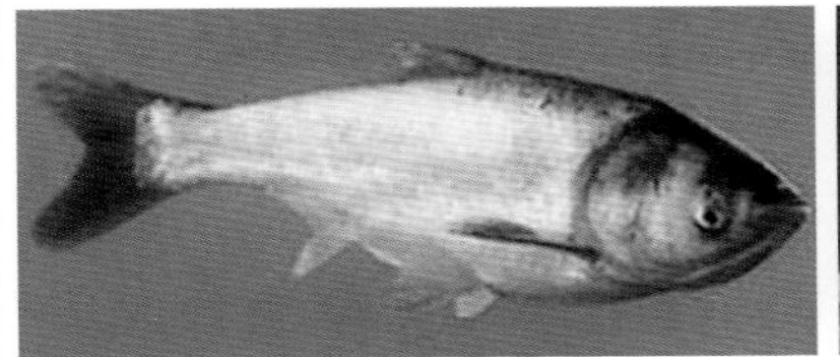

白鲢

鲮鱼

彩图 6-12 白鲢与鲮鱼

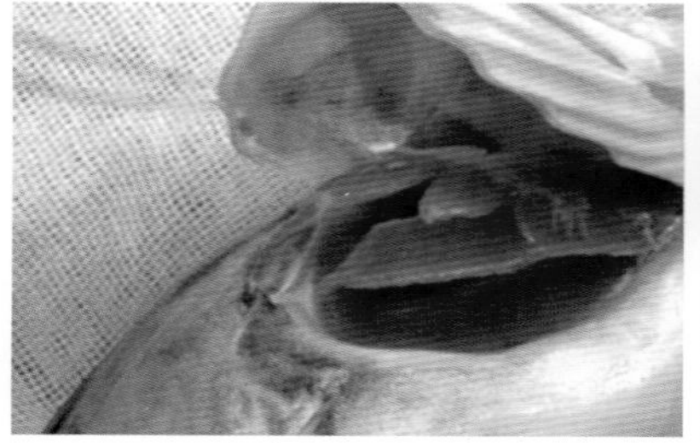

（a）鳃盖内出血点

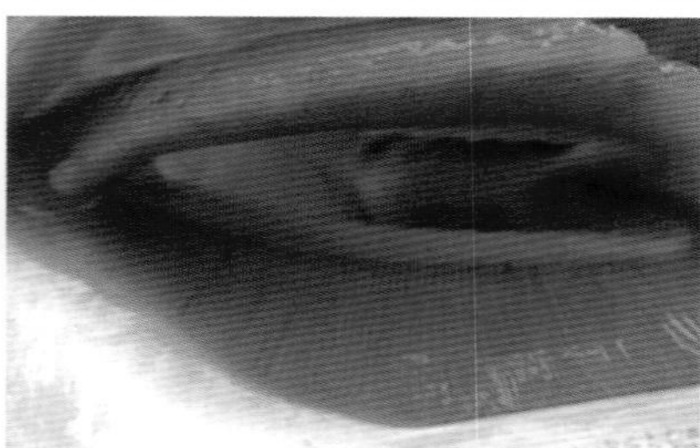

（b）鳃丝内出血点

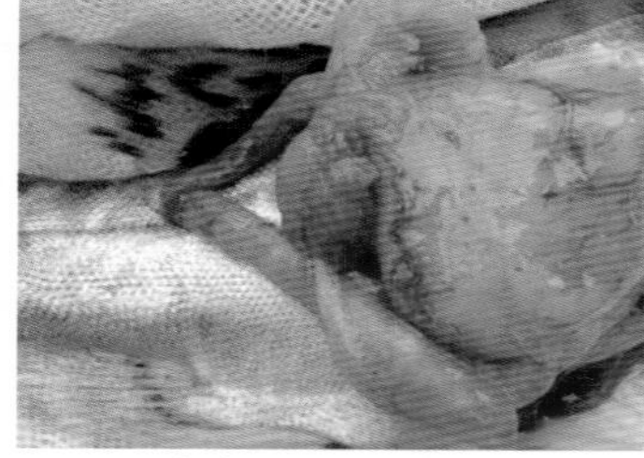

（c）肠胃出血及腹水

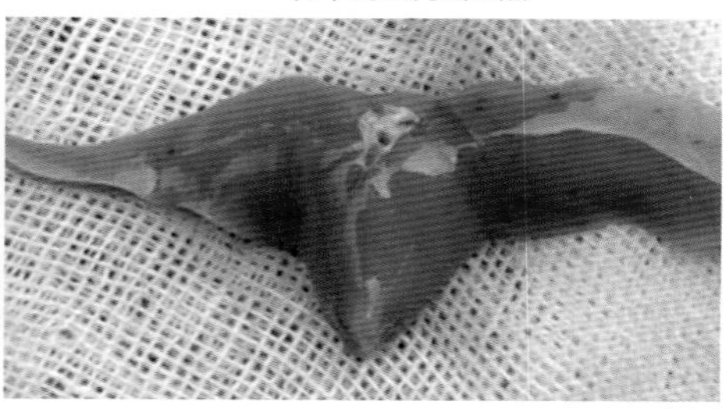

（d）肝脏颜色及出血点

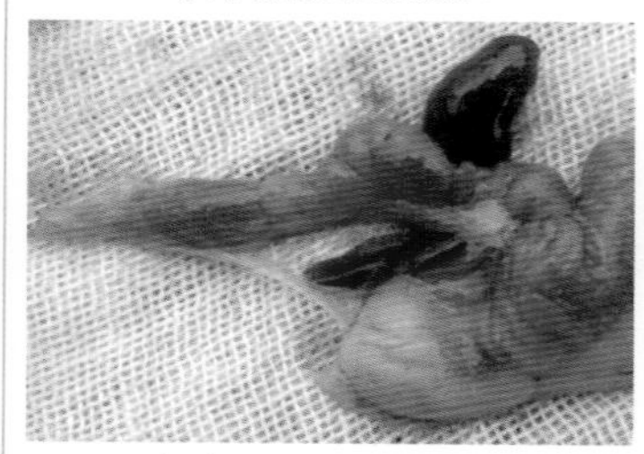

（e）肠内充满黄色积液

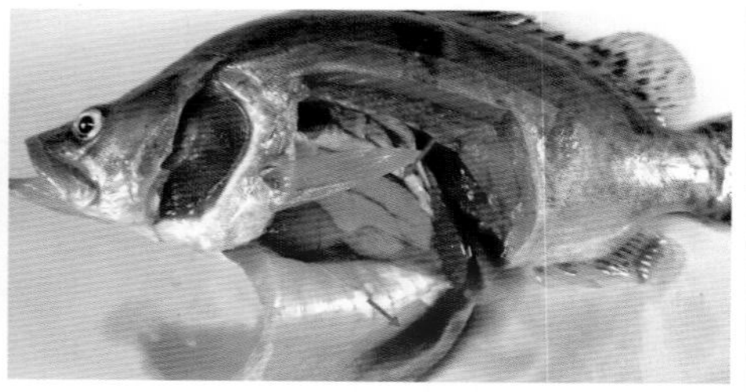

（f）肝脏发白充血、腹水

彩图 8-5 病毒性传染病部分症状

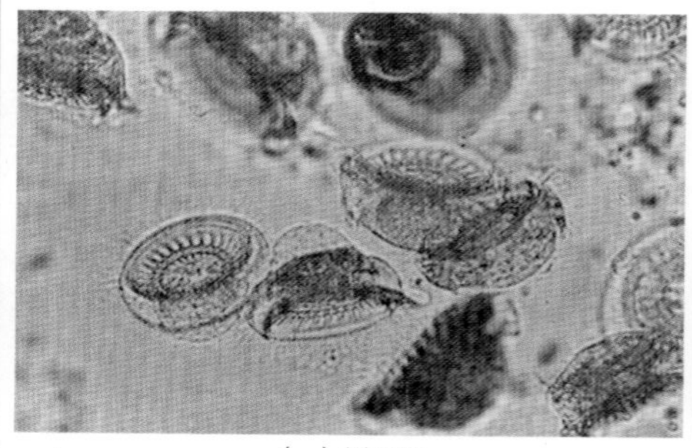

（a）侧面观

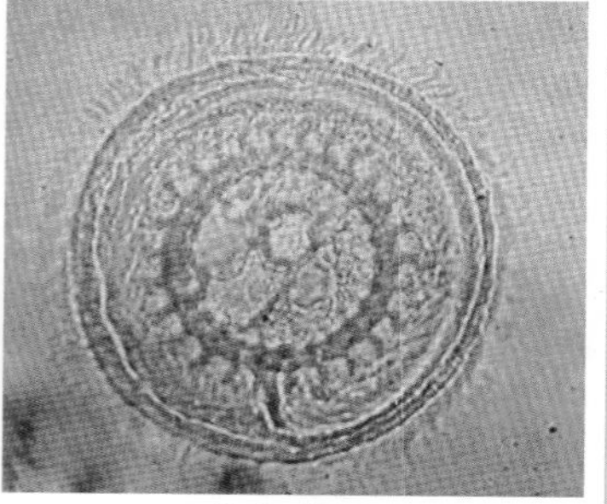

（b）反面观

彩图 8-8 车轮虫形态图

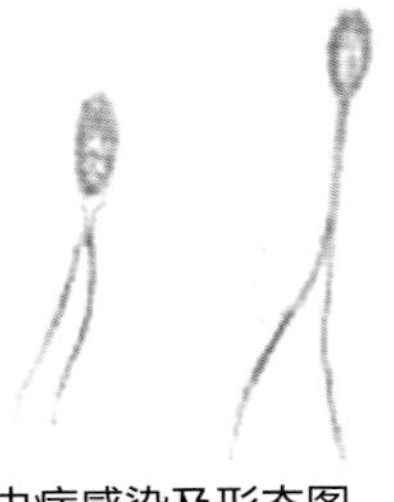

彩图 8-11 尾孢虫病感染及形态图

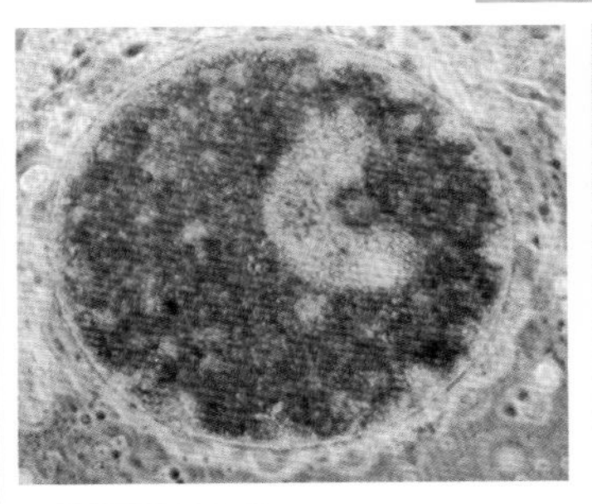

彩图 8-12 小瓜虫形态图

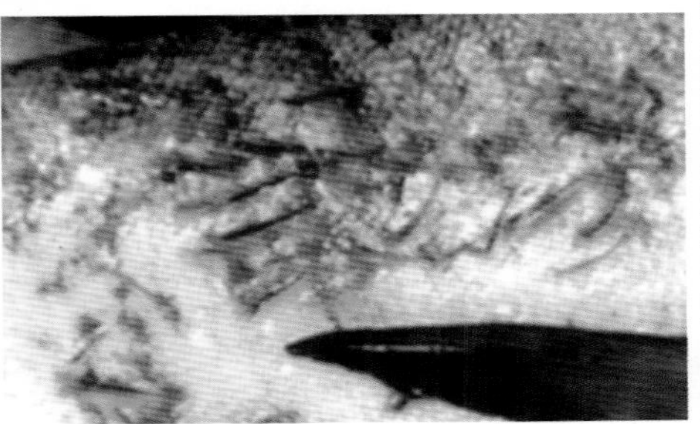

彩图 8-15 锚头蚤感染图

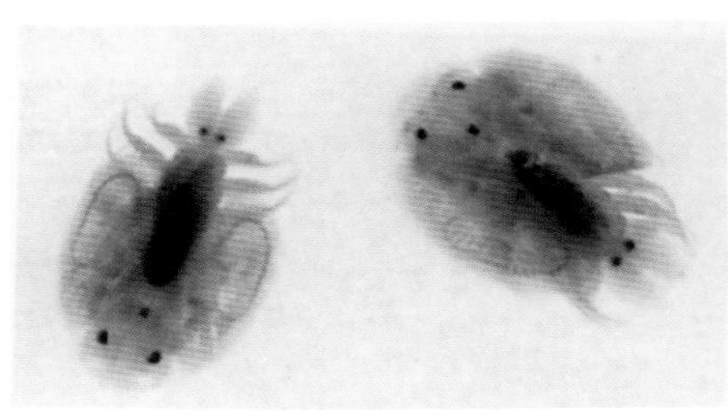

（a）形态图

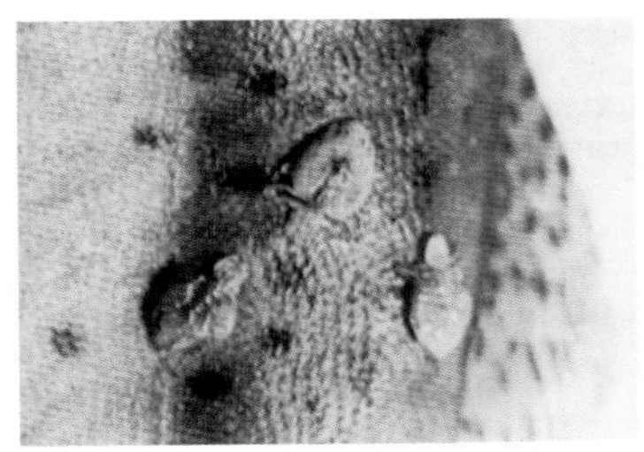

（b）体表感染图

彩图 8-16 鲺形态图和感染图

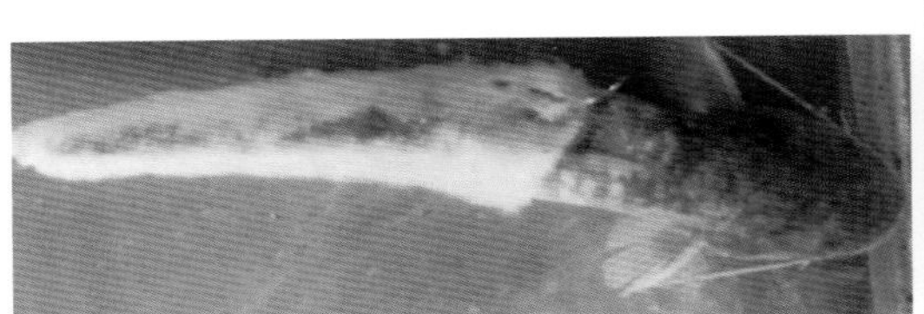

（a）鱼苗感染症状

（b）鱼卵感染症状

彩图 8-19 水霉病感染症状

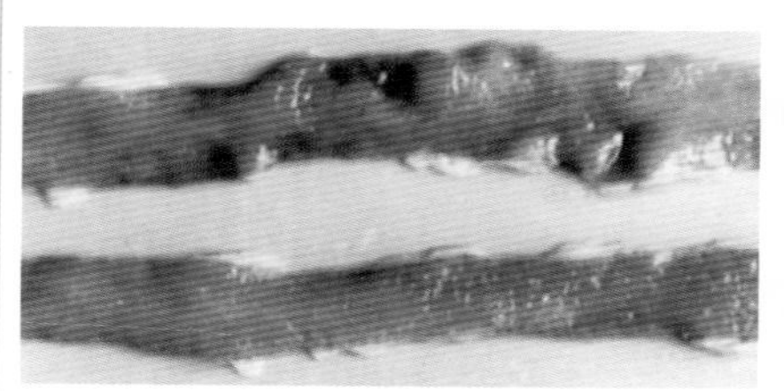

彩图 8-20 细菌性肠炎病肠道充血症状

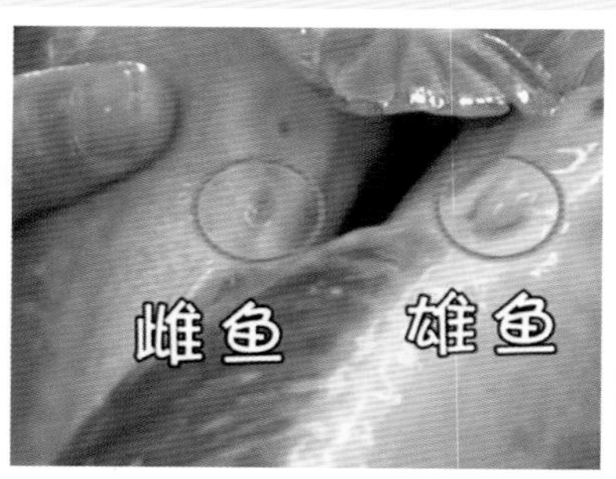

彩图 8-22 长吻鮠雌雄生殖孔比较

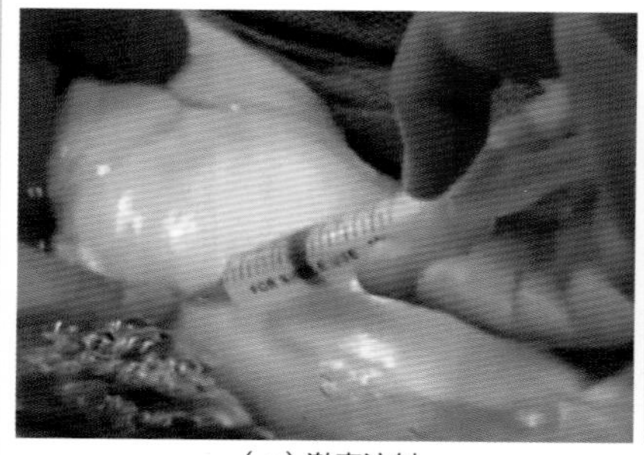

（a）激素注射

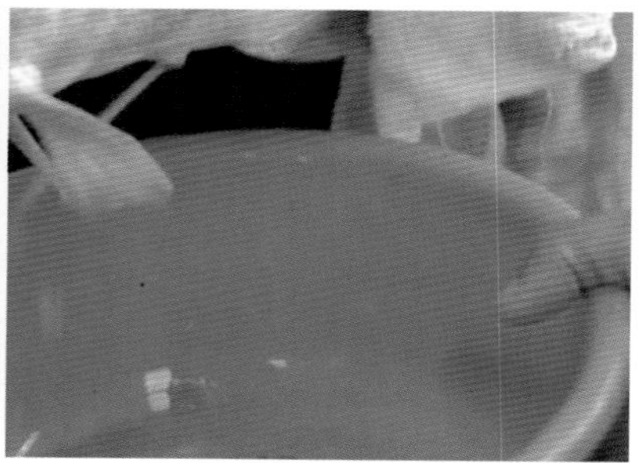

（b）挤卵

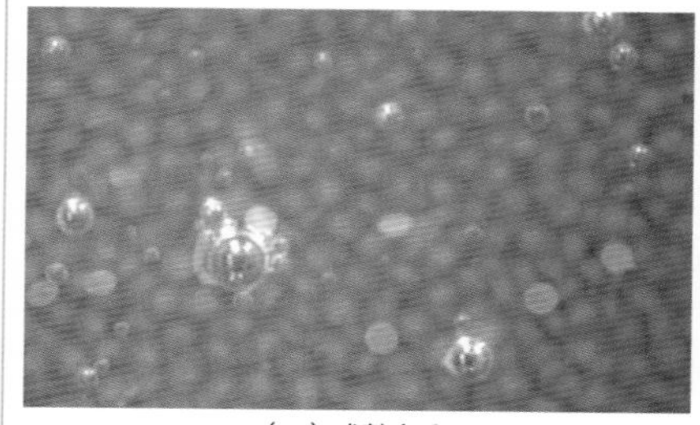

（c）成熟鱼卵

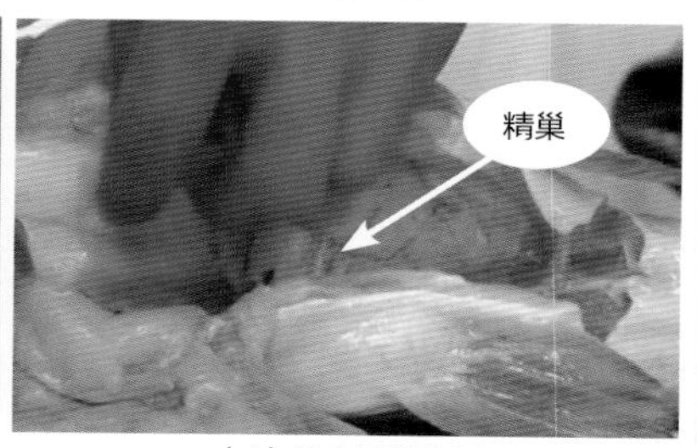

（d）体内精巢位置

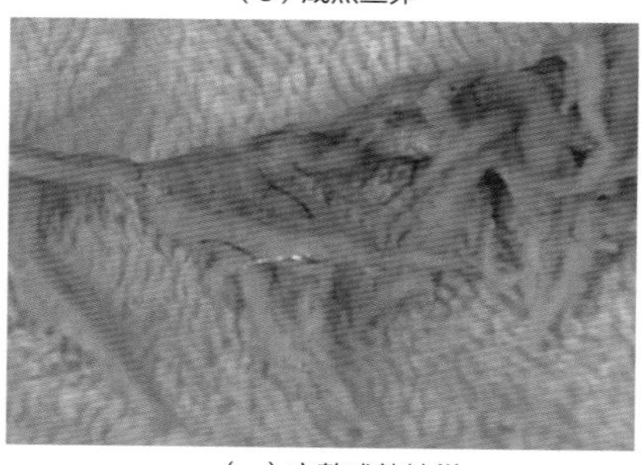

（e）完整成熟精巢

彩图 8-23 长吻鮠人工授精部分图片

（a）集卵板

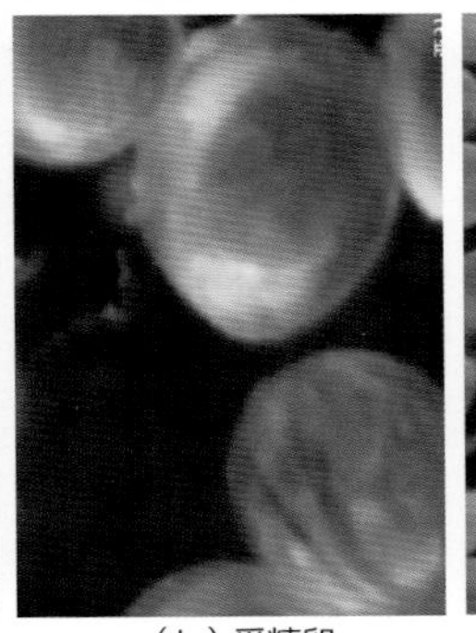
（b）受精卵

（c）刚出膜的卵黄苗

（d）仔鱼开口摄食

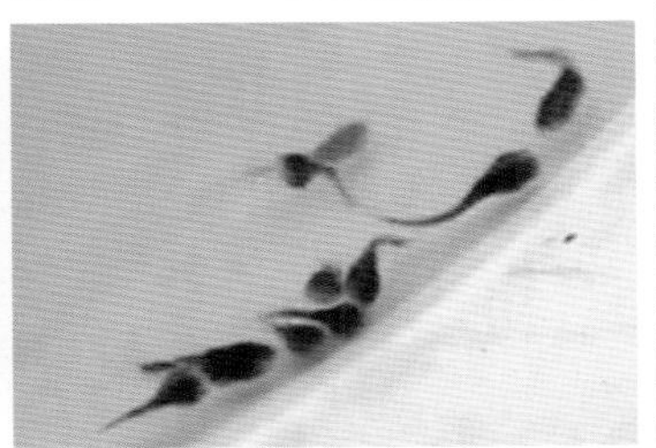
（e）长吻鮠鱼苗

彩图 8-24 长吻鮠孵化过程中的部分片段

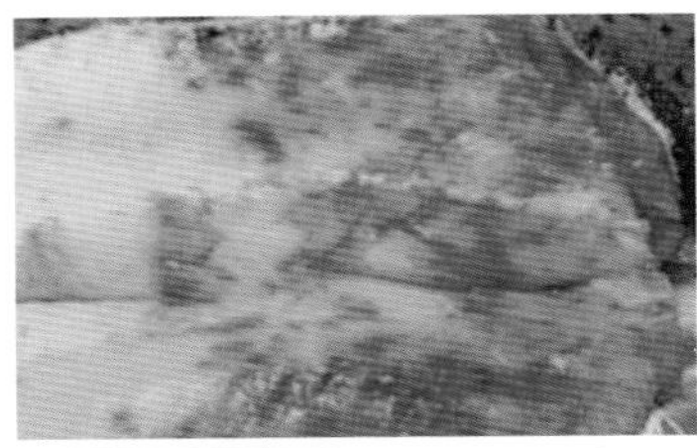
彩图 8-25 肌肉充血现象

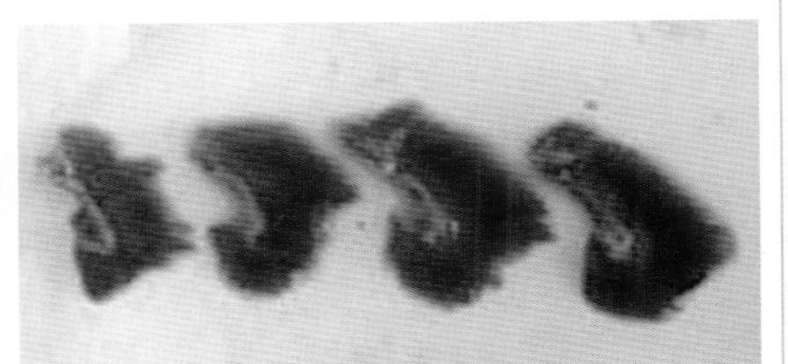
彩图 8-26 烂鳃症状

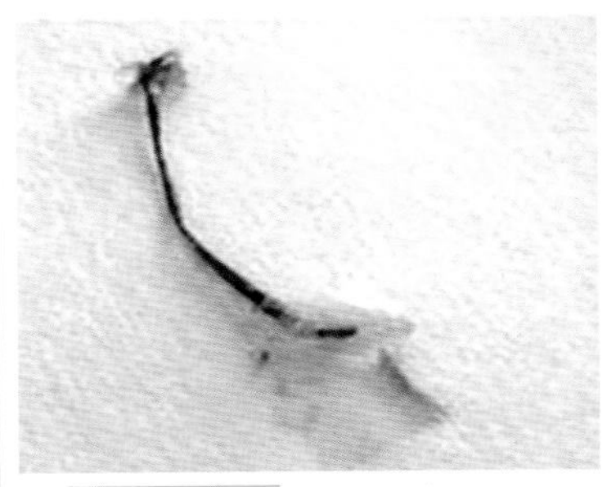
彩图 8-27 锚头蚤实录图

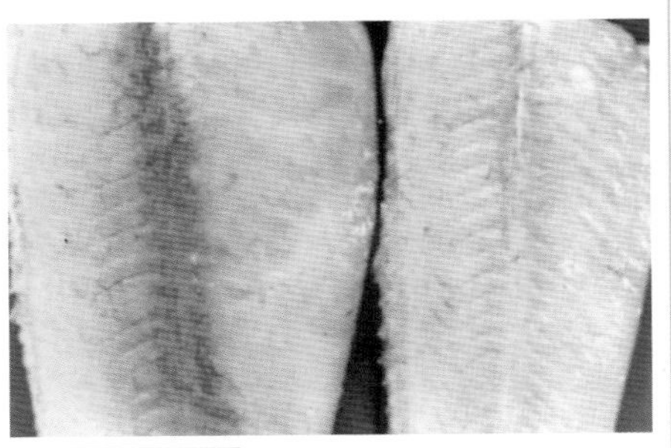
彩图 8-28 营养不良造成的肌肉苍白

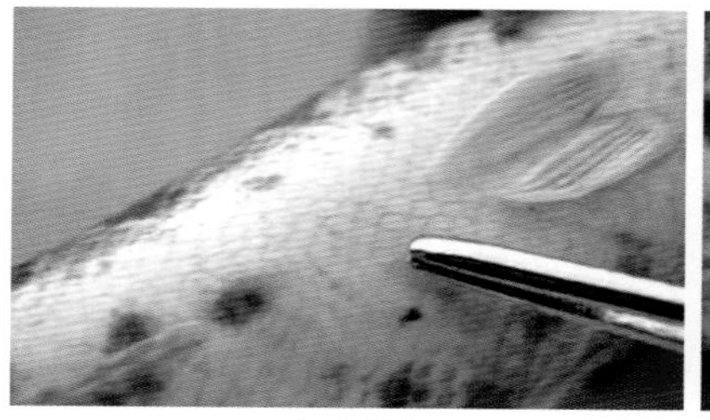

（a）雄鱼

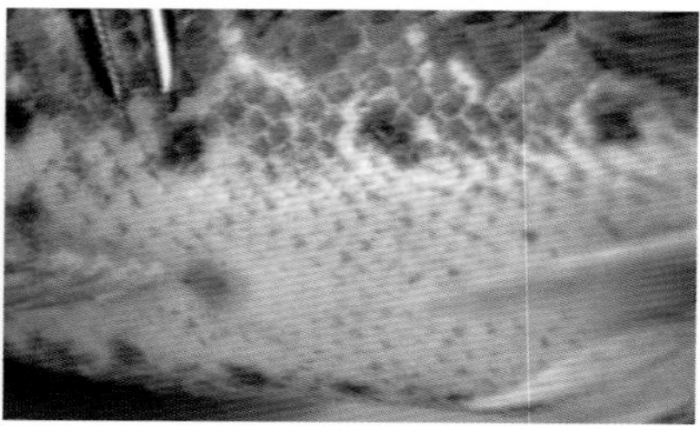

（b）雌鱼

彩图 8-30 雌雄性征比较

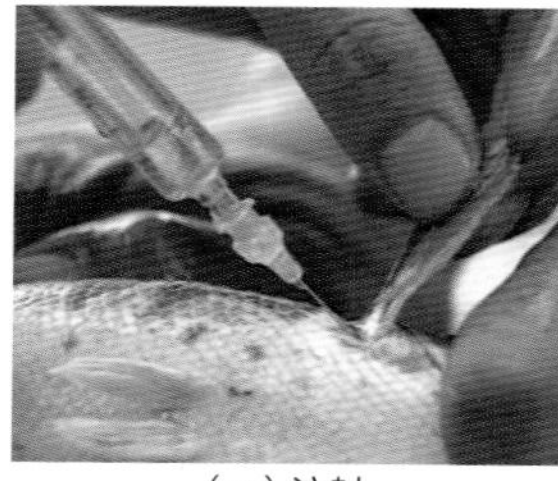

（a）注射

（b）发情

（c）鱼巢

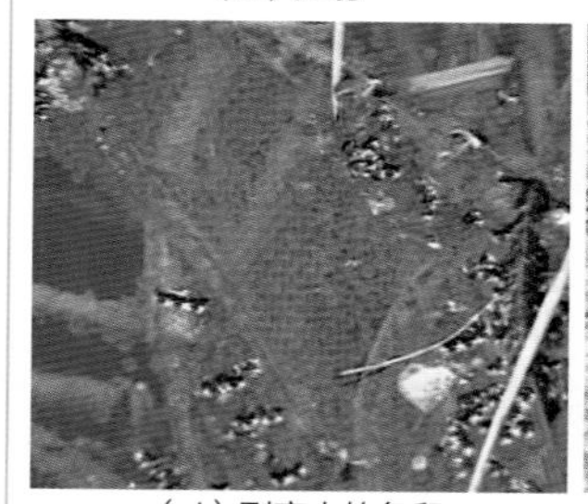

（d）刚产出的鱼卵

（e）发育中的受精卵

（f）卵黄苗

彩图 8-31 黑鱼繁殖部分图片

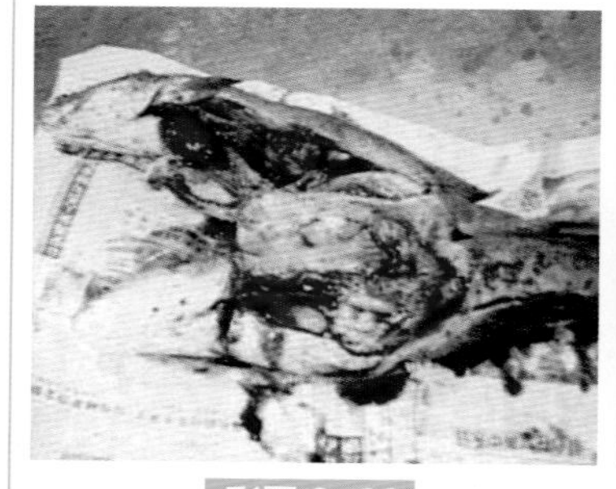

彩图 8-32
出血病病症解剖图

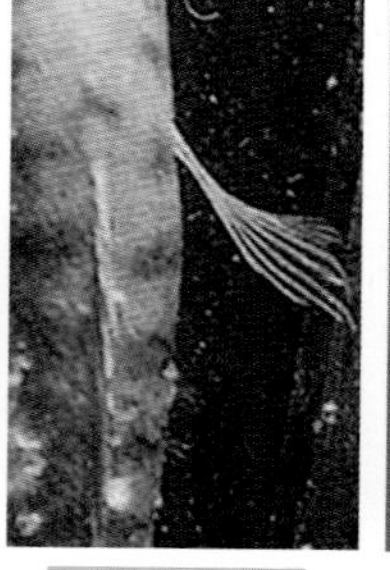

彩图 8-33
成鱼水霉感染图

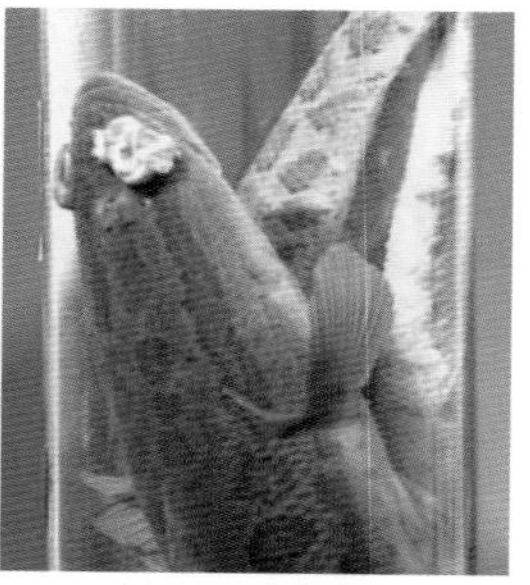

彩图 8-34
车轮虫感染图

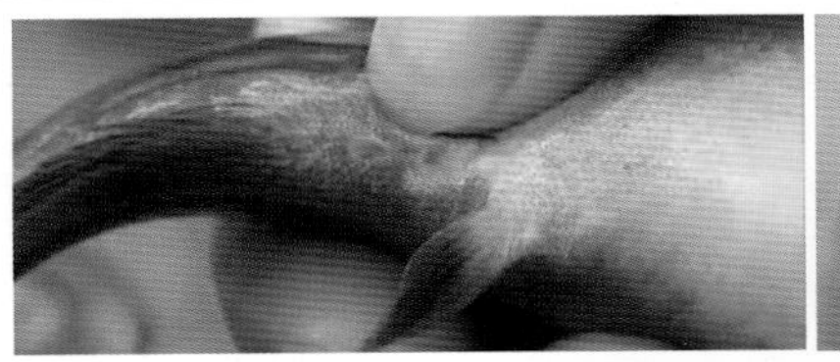

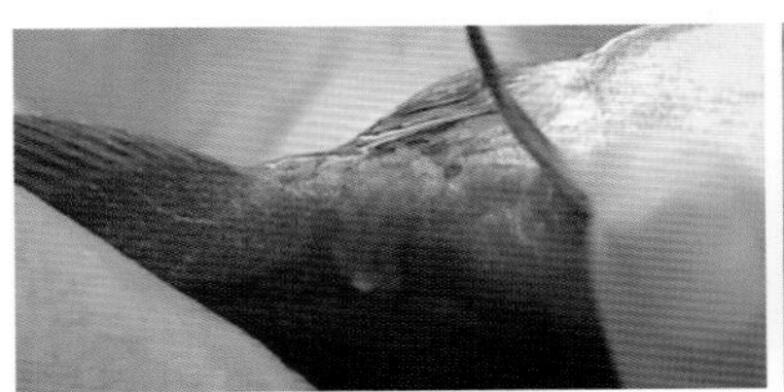

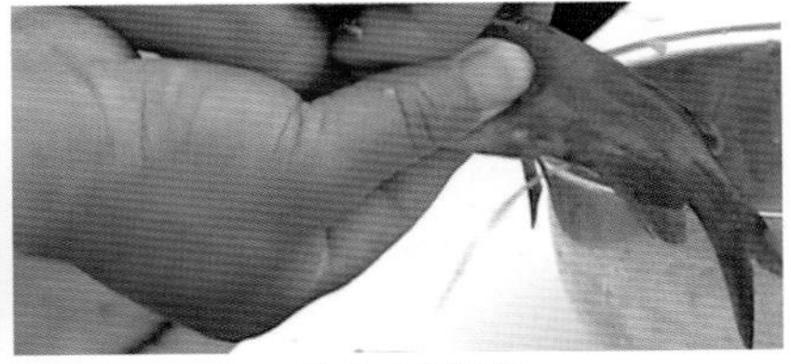

(a) 排卵雌鱼

(b) 人工挤卵

(c) 杀雄鱼取精

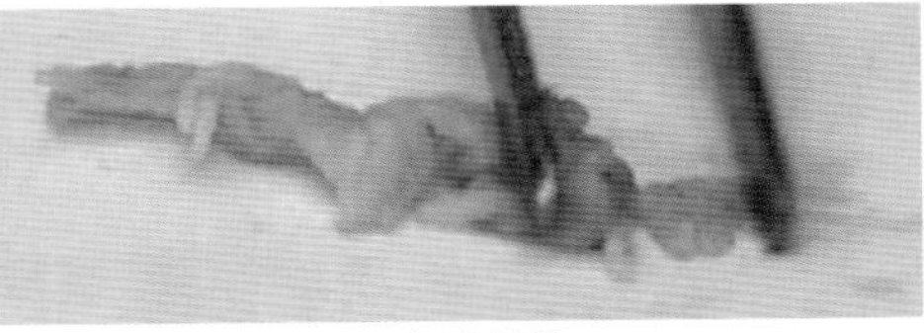

(d) 精巢

(e) 捣碎精巢

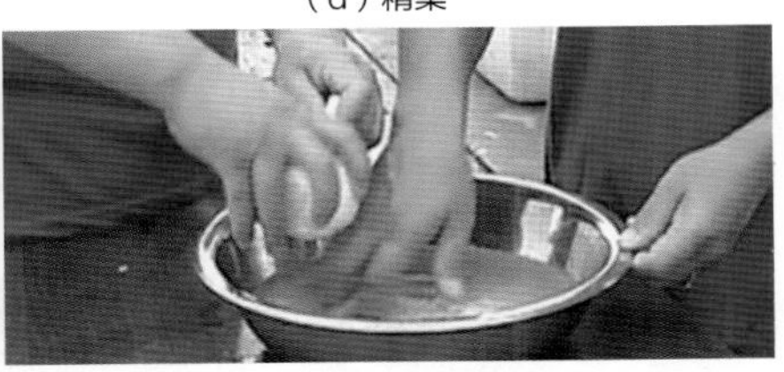

(f) 人工授精

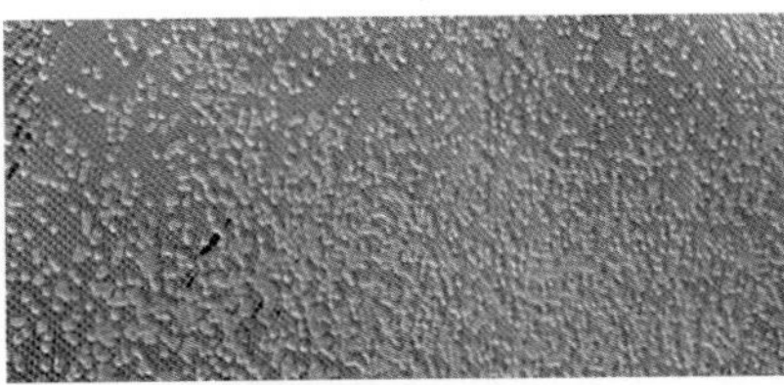

(g) 人工撒卵效果

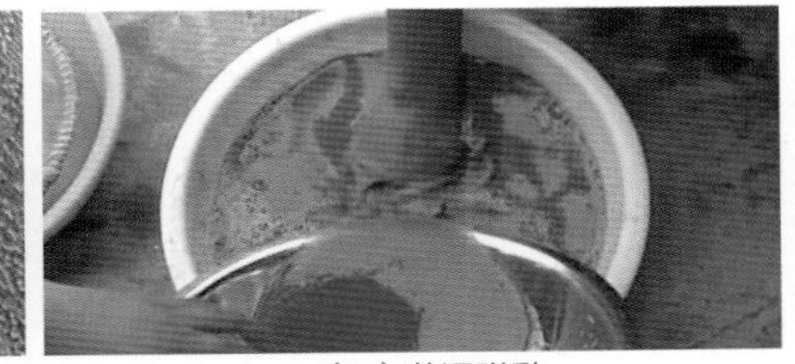

(h) 黄泥脱黏

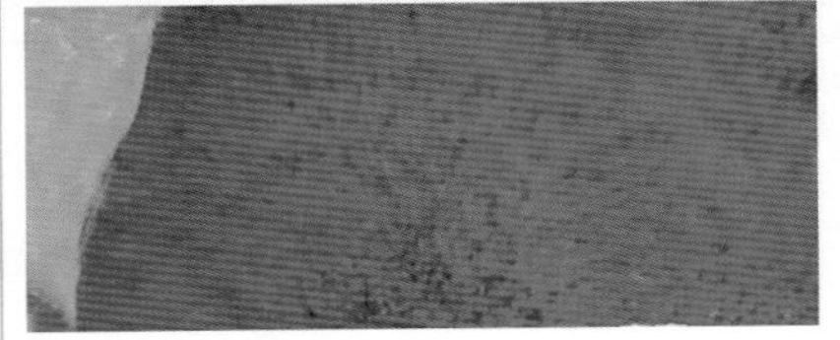

(i) 脱黏后的鱼卵

彩图 8-38 人工授精部分图片

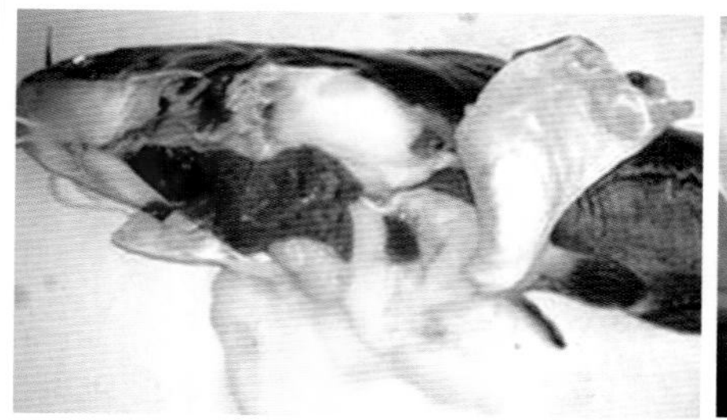
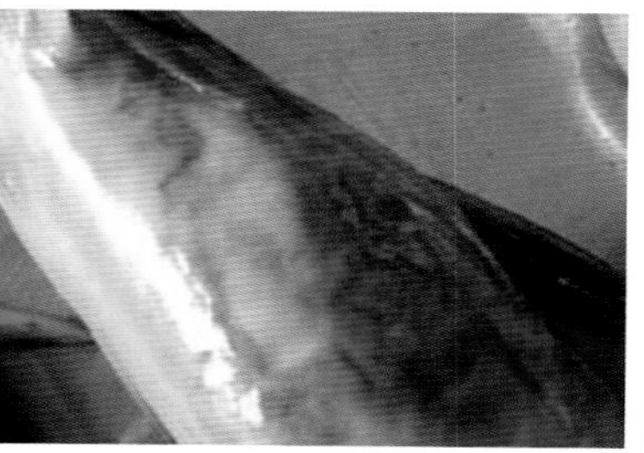

彩图 8-42 爆发性出血病症状

彩图 8-43 肠炎病症状

彩图 8-44 白皮病症状

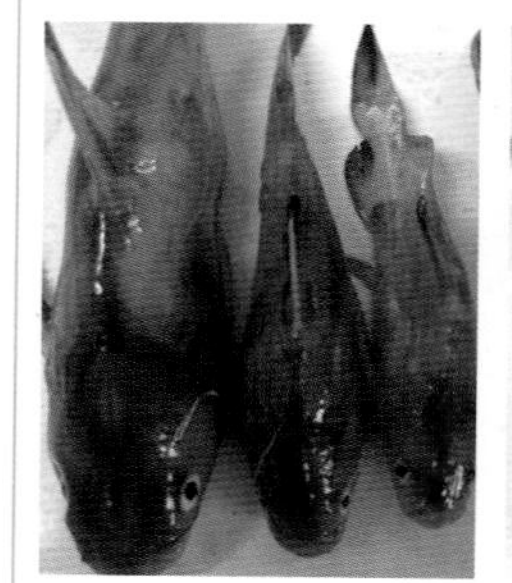

（a）溃烂症状

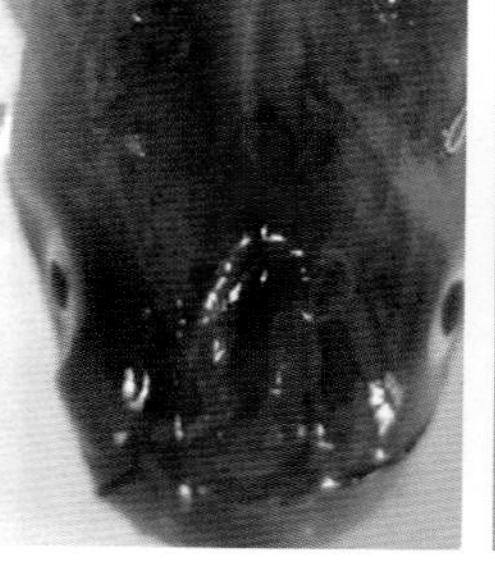

（b）头部溃烂症状

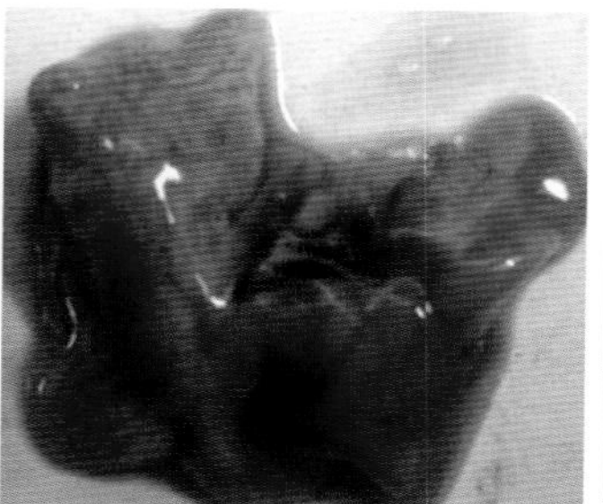

（c）肝脏充血肿胀

彩图 8-45 爱德华菌病症状

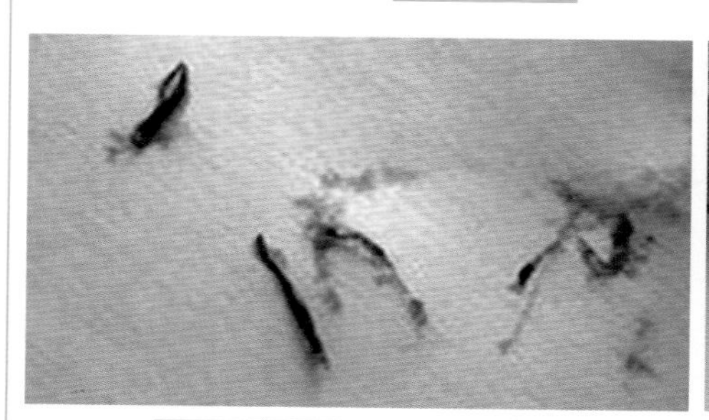

彩图 8-46 锚头蚤虫体图

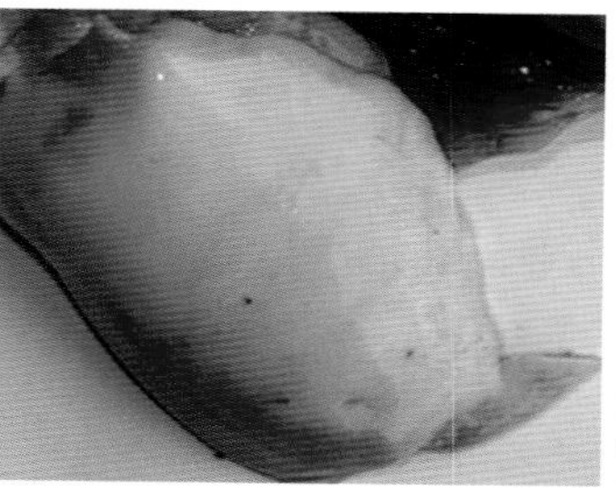

彩图 8-47 肝脏肿大变黄症状

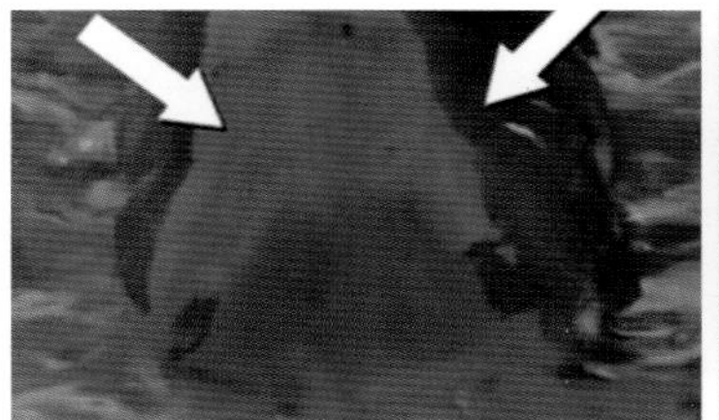

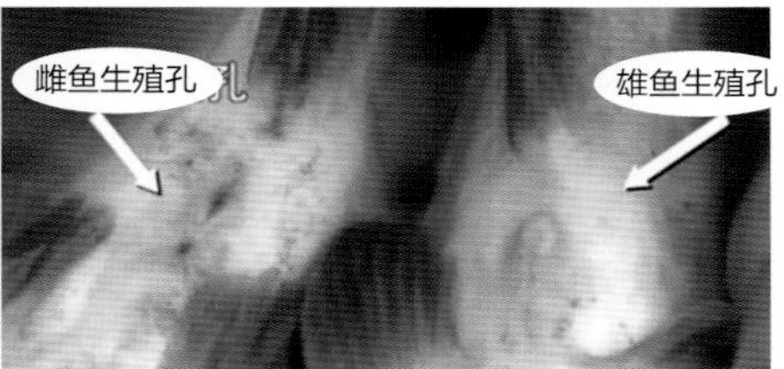

（a）头部特征　（b）生殖孔比较

彩图 8-51　雌雄部分性征比较

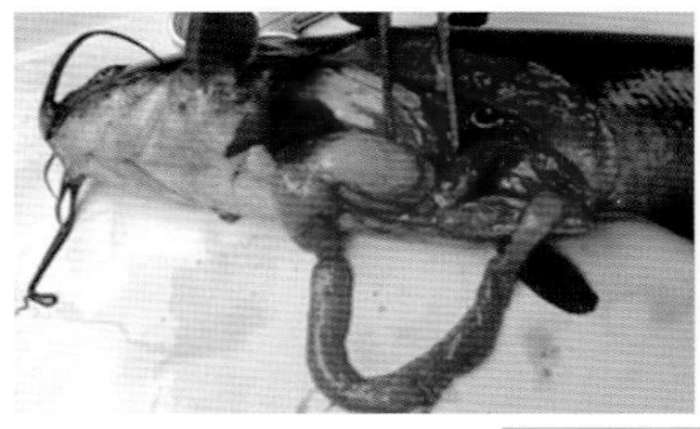

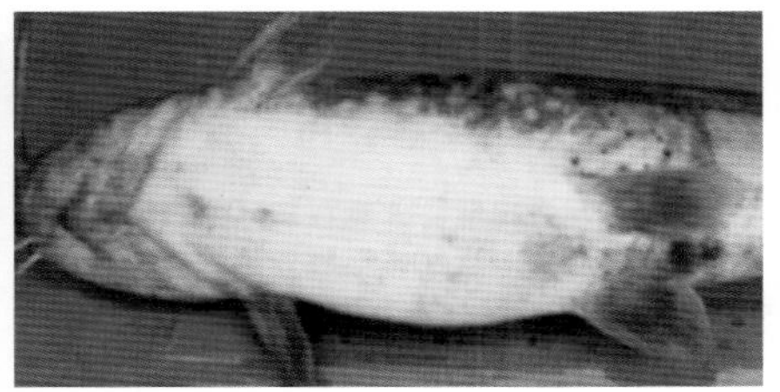

彩图 8-53　肠道败血症症状

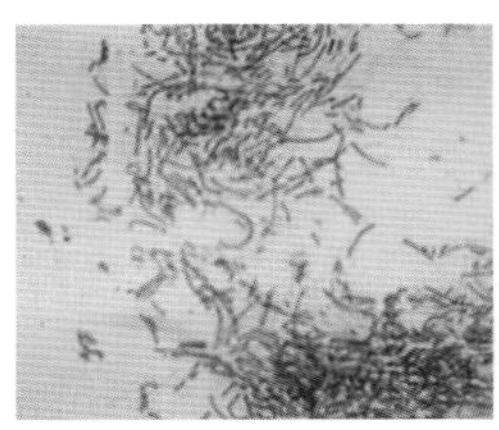

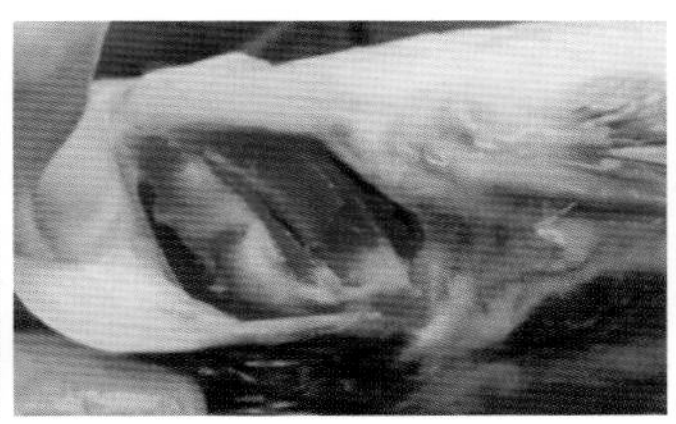

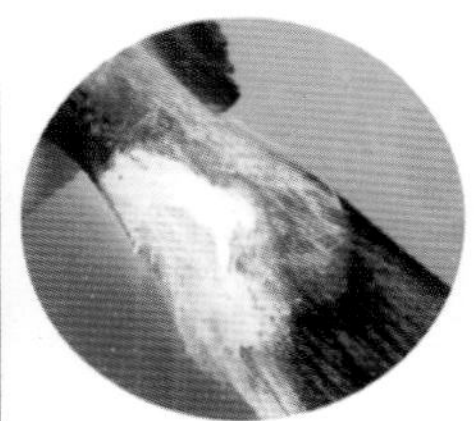

（a）病原体图　（b）鳃部症状　（c）尾部感染

彩图 8-54　柱状病病原体及症状图

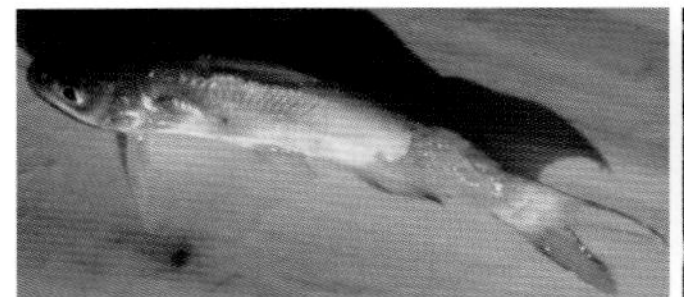

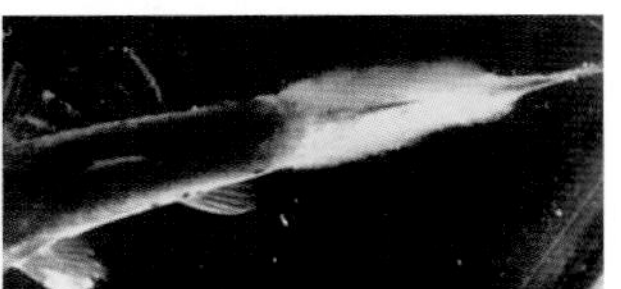

彩图 8-55　水霉感染图

彩图 8-57　小瓜虫感染图

彩图 8-60 翘嘴鲌

彩图 8-64 疖疮病

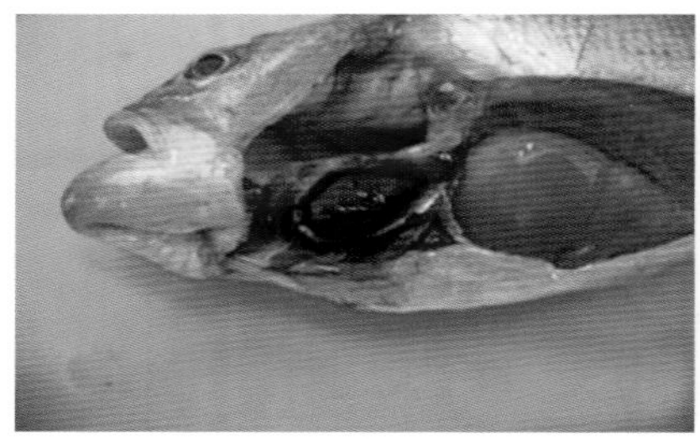

血瘤解剖

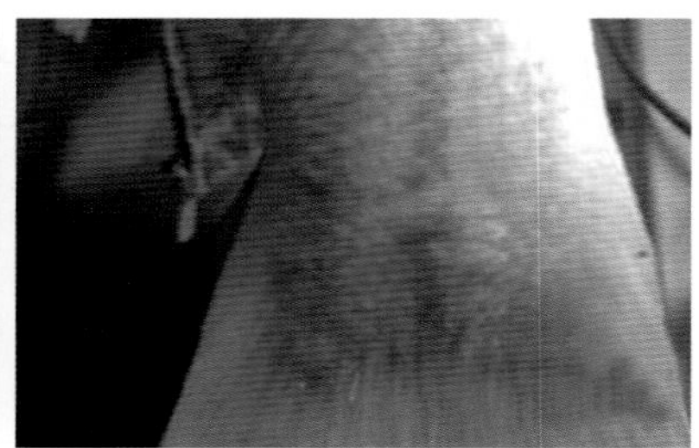

烂尾初期

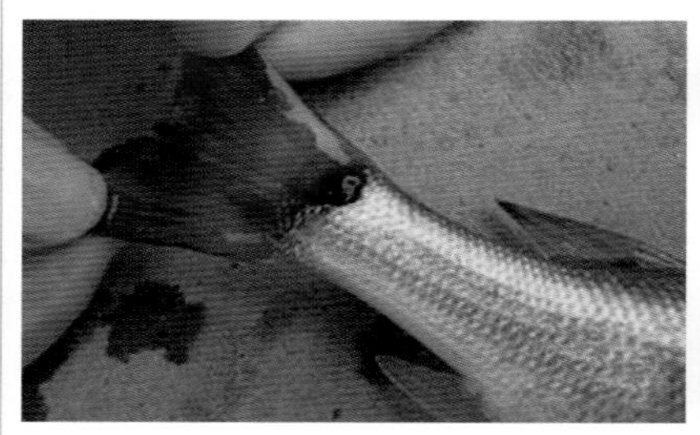

烂尾中期

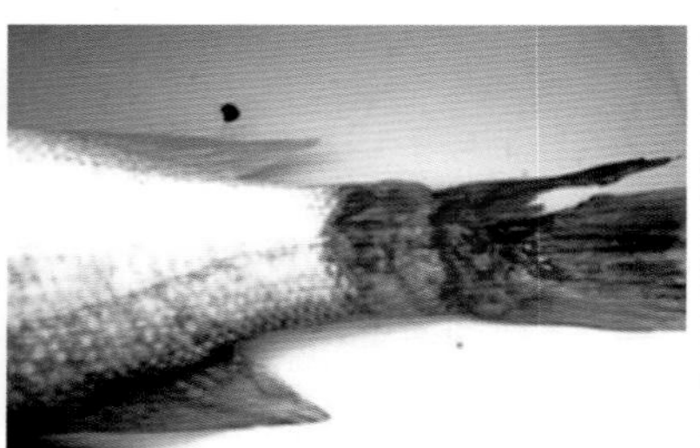

烂尾后期

彩图 8-66 烂尾病症状

彩图 8-67 纤维黏细菌病烂尾症状

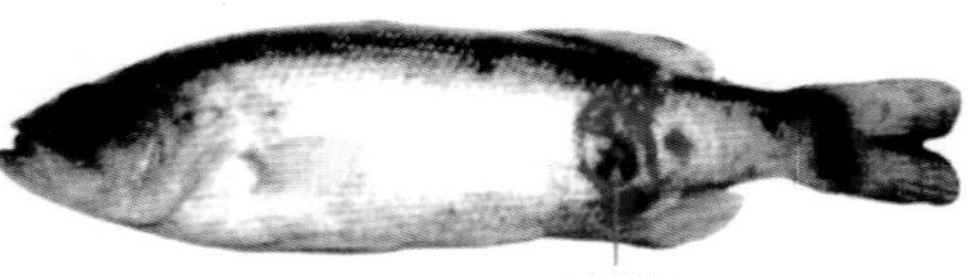

彩图 8-68 溃疡病症状

池塘标准化养殖致富丛书

标准化健康养特色淡水鱼

牟长军　叶雄平　程保琳　编著

化学工业出版社

·北京·

本书选取了在池塘养殖中最常见的鳜鱼、大口鲶、长吻鮠、黑鱼、黄颡鱼、斑点叉尾鮰、翘嘴白、鲈鱼、胭脂鱼、细鳞斜颌鲴10种最常见的特色品种，围绕标准化、规范化健康养殖，注重技术的先进性、实用性和前瞻性，对于池塘养殖、网箱养殖、单养、套养等高效益模式进行了讲解，具体讲解了鱼苗繁育、饵料饲养投喂、饲料分析配比、饲养管理秘诀、利润数据分析、养殖标准、病害诊断防治等内容，为政府产业结构调整提供技术依据；使有经验的从业者提高养殖效益；使初学者能够“看得懂、学得到、做得好”，尽快成为特色鱼类养殖的行家里手。

本书适合广大有志于养殖致富的朋友，规模养殖场管理与技术人员，农业技术推广员，相关科技人员阅读参考。

图书在版编目（CIP）数据

标准化健康养特色淡水鱼/牟长军，叶雄平，程保琳编著.
北京：化学工业出版社，2016.6
（池塘标准化养殖致富丛书）
ISBN 978-7-122-26707-8

Ⅰ.①标… Ⅱ.①牟…②叶…③程… Ⅲ.①淡水鱼类-鱼类养殖 Ⅳ.①S965.1

中国版本图书馆CIP数据核字（2016）第070767号

责任编辑：李　丽　　　　文字编辑：赵爱萍
责任校对：宋　玮　　　　装帧设计：关　飞

出版发行：化学工业出版社（北京市东城区青年湖南街13号　邮政编码100011）
印　　装：北京云浩印刷有限责任公司
850mm×1168mm　1/32　印张10½　彩插5　字数300千字
2016年6月北京第1版第1次印刷

购书咨询：010-64518888（传真：010-64519686）
售后服务：010-64518899
网　　址：http://www.cip.com.cn
凡购买本书，如有缺损质量问题，本社销售中心负责调换。

定　　价：43.00元

《池塘标准化养殖致富丛书》编委会

前言

鱼类，自古以来都是我国人民蛋白质的主要来源之一，也是大荤小宴中不可或缺的食材。改革开放以来，我国的淡水养殖业得到了前所未有的发展，不仅解决了我国人民吃鱼难的问题，而且成为我国农业出口创汇的一个新渠道。进入21世纪后，政府根据水产发展现状，及时提出了水产发展的新思路，把水产品生产从追求“量”的生产方式转变到对“质”的要求上来。对于“质”的要求，主要有两个含义：一个是水产品的食品安全；另一个就是养殖品种的调整，即从单一的大宗鱼生产转向优质鱼的生产上来，所谓优质鱼，就是特色水产养殖品种。本书编著的核心就是从水产品食品安全的角度介绍特色水产品养殖，使特色水产品养殖实现标准化健康养殖。

到目前为止，我国的淡水特色水产养殖品种已经达到50种以上，养殖规模因地而异，各地发展不平衡，养殖方式也不一样。本书选取了在池塘养殖中最常见的鳜鱼、大口鲶、长吻鮠、黑鱼、黄颡鱼、斑点叉尾鮰、翘嘴白、鲈鱼、胭脂鱼、细鳞斜颌鲴这10种最常见的特色品种，从标准化和规范化健康养殖角度进行了深入浅出的介绍，力求体现技术的实用性、先进性和前瞻性。使其成为政府进行产业结构调整的技术依据；使有经验的从业者能够从中获得自己想要补充的知识，充实技术，提高养殖效益；使初学者能够“看得懂、学得到、做得好”，尽快成为特色鱼类养殖的行家里手。其他淡水特色水产养殖，比如黄鳝养殖见《池塘标准化健康养黄鳝》分册；泥鳅养殖见《标准化健康养泥鳅》分册；小龙虾养殖见《标准化健康养小龙虾》分册；河蟹养殖见《河蟹标准化健康养殖技术》分册；龟鳖养殖见《池塘标准化健康养龟鳖》分册；虾类养殖见《池塘标准化健康养虾》分册；水蛭养殖见《标准化健康养水蛭》分册。

本书在编写过程中，参考了大量的技术文献和书籍，也从第一线的技术工作者手上获得了大量的技术资料，在此谨向原作者和出版单位及生产第一线的技术人员表示诚挚的谢意，向对本书提出宝贵意见的有关专家表示衷心的感谢。

我国地域辽阔，幅员广大，地域差异很大，请根据当地实际情况和自己的实践进行灵活应用，由于编者水平有限，难免会出现一些疏漏，敬请广大读者批评指正。

编著者

2016 年 3 月

目录

第一章

我国特色鱼养殖现状

淡水特色鱼类养殖应该不只是鱼类养殖这种比较狭隘的定义，应该是除青鱼、草鱼、白鲢、花鲢、鲤鱼、鲫鱼、鳊鱼大宗鱼以外的所有水产养殖品种。从分类学上讲，除了鱼类以外，还包括虾类、河蟹、甲鱼、乌龟、小龙虾等。

我国的特色鱼养殖自古以来就有，可以说与大宗鱼类养殖历史是同步的。但主要是作为养殖的搭配品种或者是作为一种消除养殖池中野杂鱼的一种手段进行养殖。基本没有进行大规模的养殖，只见于小规模的单养实验，如湖北省沙市区（现荆州）胜利渔场20世纪70年代的甲鱼养殖等。真正进行特色鱼养殖应该是在改革开放以后。改革开放以来，我国的水产业发生了巨大的变化，1990年我国的水产品总产量超过1237万吨，跃居世界第一位。增长原因主要是养殖业的发展。我国的水产品产量的迅速增加，使城乡居民吃鱼难的问题得到了有效的缓解，人们对水产品的要求也随之提高。随着人们收入的增加，对水产品的要求逐步从需求的基本满足向营养丰富、肉质好、味道鲜美、鲜活、滋补方面发展。面对这些要求，市场供应无法满足，促使特色鱼类的养殖得到了空前的发展。不仅从产量上有了大幅度的提高，而且从品种上也不断地推陈出新。我国各地先后推出了一系列加快特色水产品养殖的有关措施，使特色水产品养殖产量比例大幅度提高，有的不仅满足了我国国内市场的需要，而且还出口创汇，使我国的水产品真正走向了国际市场。如淡水水产品的三大出口产品：罗非鱼、斑点叉尾鮰、小龙虾；此外，还有鳗鱼、鳜鱼、河蟹、罗氏沼虾、黄鳝、泥鳅、甲鱼等都已经走向了国际市场。

可以说，我国的特色淡水鱼类养殖已经遍布全国各地，养殖品种达几十种之多。我国发展特色淡水鱼类养殖的主要地区有广东、广西、江苏、浙江、湖南、湖北、安徽、江西、福建、山东、上海、辽宁、河南、陕西、四川等，其中发展最好的还是传统的三个养殖区："两广""两湖""江浙"。

从我国特色淡水鱼类养殖现状来看，主要有如下特点。

一、养殖品种不断增加

淡水特色鱼类养殖最初的养殖品种只限于传统意义上的"小水产"，即除大宗鱼以外的黄鳝、泥鳅、黑鱼、甲鱼等几个有限的品种。随着市场的需求以及生产的发展，养殖品种不仅仅限于传统的几个养殖品种，其他养殖品种也被有效地开发。主要品种有：南方大口鲶、翘嘴鲌、黑尾鲌、细鳞斜颌鲴、黄尾密鲴、圆吻鲴、黄鳝、泥鳅、甲鱼、乌龟、怀头鲶、鳜鱼、鳡鱼、中华鲟、史氏鲟、黄颡鱼、黑鱼、月鳢、斑鳢、鳗鱼、赤眼鳟、鲈鱼、长吻鮠、胭脂鱼、河鲀、鲮鱼、岩原鲤、中华倒刺鲃、河蟹、青虾、小龙虾等；为满足国内市场的需要以及与国际市场接轨，还从国外引进了大量的品种，主要有：斑点叉尾鮰、罗非鱼、淡水白鲳、虹鳟、南美白对虾、罗氏沼虾、革胡子鲶、俄罗斯鲟、小体鲟、欧洲鳇、匙吻鲟、美国鲥鱼、牛蛙、美国青蛙、淡水白鲨、加州鲈、宝石鲈、欧洲鳗等；此外还有一些杂交品种，如杂交鲟、全雄罗非鱼、全雄黄颡鱼、中华鲶等。丰富的养殖品种不仅满足了国内不同消费习惯、不同阶层的需要，而且还大量出口，不仅满足了国际市场的需要，还增加了外汇收入。

二、养殖方式不断推新

传统的养殖方式始终是各种养殖的基础。在此基础上，各地根据不同的自然条件、资金能力、技术水平，因地制宜。传统的池塘养殖方式还是主流，其次是网箱养殖、水泥池养殖、循环水养殖、流水养殖、围栏养殖、稻田养殖等。值得一提的是黄鳝池塘网箱养殖，不仅利用了传统养殖的理念，还创造性地把网箱养殖应用到了池塘，把池塘变成了一个可调节养殖水质的可控小生境，带来了黄鳝养殖的一场革命，使黄鳝养殖得到了空前的发展。现代新技术的引进也是特色淡水鱼类养殖方式的一个特点，如设施渔业和循环水养殖的引进将是今后特色鱼类养殖的一个发展方向。

三、养殖产量不断提升

养殖方式的改变、养殖技术的提高、饲料营养的改变、养殖手段的增加，使得特色鱼类的产量有了很大的提高，有的从原有的每 $667m^2$（1 亩）几十斤、50～100kg，提升到几千斤，甚至超过 5000kg。如池塘养殖怀头鲶，目前高产养殖大都超过 5000kg。黄颡鱼亩产可以达到 1500kg 以上；黄鳝养殖也在 1000kg 左右。此外，设施养殖、循环水养殖、水泥池养殖、网箱养殖、流水养殖，每平方米的产量也在 25～100kg 不等。随着各项措施的不断使用，各种鱼类的单位面积产量还会进一步地提高。

四、养殖水面不断扩大

水产养殖单位面积产量的提高，不仅仅是特色鱼类的产量提高，大宗水产品的产量也在大幅度的提高，目前的产量每 $667m^2$ 一般都在 1000kg 以上，不仅如此，随着农业产业化结构的改变，养殖水面在逐年增加，随着大宗鱼单位面积产量的增加以及养殖面积的增加，大宗鱼供应市场的日趋饱和现象凸显端倪，使得大宗鱼养殖的经济收益下降，这就促使水产养殖产业内的养殖结构进行调整，人们不断从经济效益较低的大宗鱼养殖转向经济效益相对较高的特色鱼类养殖上来，这就使得特色鱼类的养殖面积不断增加。同时其他养殖形式基本上只限于特色鱼类养殖，所以，总的来讲，特色鱼类的养殖不仅养殖水面在不断扩大，而且养殖产量也在不断增加，产值增长速度更快。

五、养殖结构不断完善

特色鱼类养殖方式已经从开始的池塘单一养殖方式，形成了多元化的发展趋势，已经有网箱养殖、流水养殖、设施养殖、循环水养殖、围栏养殖等多种形式，既有传统的养殖方式，又有现代先进养殖方式。既有适合大众消费的一般性养殖产品，又有高附加值的"生态鱼"。还有地理标志的品牌鱼，有些已经实行了产品追溯制。

形成了不同消费结构的产品供应体系，养殖结构日趋完善。

六、养殖投入不断加大

特色鱼类在淡水养殖品种中一般属于中高档产品。产品的附加值高，投入大，技术要求高，风险大，进入门槛随养殖品种与养殖形式有所不同，但比大宗鱼养殖的门槛要高得多。所以，在改革开放初期涉足的人不多，规模也较小。近二十年以来，由于特色鱼类的营养价值、滋补价值和药用价值以及它们鲜美的味道逐步被人们认可和追捧，加上经济收入的增加以及市场的需求量不断增加，使得特色鱼类的养殖投入力度不断加大，投入形式也从开始的个人投入，转向大的企业性投入，形成了生产规模化、经营产业化、产品品牌化、质量标准化的产业模式。

七、养殖技术不断加强

任何一个养殖品种的关键技术主要是人工繁殖和苗种培育技术，这两个技术也制约着产业的发展。特色鱼也是一样。发展初期，除了市场认知以外，还有一个关键问题就是技术问题。比如中华鲟、娃娃鱼、南方大口鲶、翘嘴鲌、细鳞斜颌鲴、黄鳝、怀头鲶、鳜鱼、黄颡鱼、长吻鮠、胭脂鱼、中华倒刺鲃等都是因为人工繁殖技术和苗种培育技术的问题没有得到大的发展，随着这两项技术的突破，各自的产业发展得到了大的飞跃。其他一些品种，由于高产技术的应用，也步入了行业发展的快车道。

八、科研力度不断提速

“科技是第一生产力”在特色鱼养殖方面得到了很好的印证。无论是哪种鱼，都是科技的发展引领着产业的发展。大宗鱼的养殖技术得到突破与提高后，国家把水产科研的投入就转向了特色鱼类的养殖技术研究，也出现了无数个能够推动产业发展的科研成果，如“南方大口鲶的人工繁殖与苗种培育”“怀头鲶的人工繁殖与苗种培育”“中华鲟的人工繁殖与苗种培育”“全雄黄颡鱼的人工繁殖与苗种培育”“全雄罗非鱼的人工繁殖与苗种培育”“胭脂鱼的人工繁殖与苗种培育”“黄鳝的人工繁殖与苗种培育”等一大批科研成果。这些成果进行推广应用后，产生了巨大的经济效益和社会效益，有效地推动了产业的发展。近年来，国家推出了“行业专项资金”，如“黄鳝行业专项”“龟鳖行业专项”“鳜鱼行业专项”等多个专项资金进行科研攻关，给行业发展注入了催化剂，使特色鱼类养殖不断提升。

第二章 特色鱼养殖业中存在的问题与解决建议

第一节　特色鱼养殖业中存在的问题

一、宏观管理与调控

由于水产品的收益一般比农业的其他项目收益高，劳动强度也较低，季节性强，休闲时间较多，尤其是特色水产品的价格始终处于一个上涨的趋势，诱发了群众养殖的热情，也吸引了大量的资金投入，一哄而上，哄抬物价、抢购苗种、滥捕天然苗种或亲本的问题不断发生。分散的经营方式和低水平的技术加大了管理的难度，增加了生产的浪费和资源的损失，加剧了对自然资源的肆意掠夺。由于重复多、低效劳动，造成人力、物力、财力和技术力量的极大浪费。调研中发现，各地发展特色鱼类养殖多处于分散、自发和自由状态，缺乏合理的布局和行之有效的行业管理，没有有效的疏导，完全靠市场调控，而市场的信息又没有有效的途径反馈给经营者，致使经营者对市场信息不敏感，预测能力较差，形成市场的波动性较大，造成大起大落的被动局面，影响了行业的健康发展。例如甲鱼养殖的大起大落，黄鳝苗种的供应紧张造成的苗种价格暴涨，鲟鱼养殖热炒引起的价格回落等。

二、科研相对滞后

在特色鱼类的养殖过程中，都不同程度地发生过重大技术瓶颈问题，虽然国家投入了大量的科技力量，但还是没有得到很好的解决，有的甚至还一直阻碍着行业的发展。如鳗鲡的人工繁殖技术，到目前为止，国家几乎每个“五年计划”中都进行攻关，始终没有获得成功；黄鳝的规模化人工繁殖技术也是这样；鳜鱼的人工饲料问题等。另外还有疾病问题、饲料问题、新品种选育问题、苗种培育问题等，几乎每一个品种都有一个或几个瓶颈问题制约着产业的发展。这些年，国家也投入了相当的人力、财力和物力，取得了很大的进展，但仍然存在许多问题，科技滞后的问题仍相当严重。

三、市场营销

市场营销主要存在两个问题：第一个是市场营销体系没有建立；第二个是产品的品牌价值没有得到很好的体现。直到目前为止，市场营销还是单兵作战，生产、营销各自为政，价格说是市场说了算，其实就是营销方面说了算，生产者没有话语权。虽说近年来政府提倡产、供、销一体化建设，但也只是一个雏形，没有真正与市场融合在一起。一个产品，除了自身的价值以外，还有一个无形的价值，那就是品牌价值。特色鱼类本身就是一个品牌，它包括特色鱼类本身和特色鱼类所处的地理标签都可以实现价值的最大化。到目前为止，各地的特色水产品真正能够做到这一点的只有“阳澄湖大闸蟹”“千岛湖鱼”等几个有限的品牌。特色鱼在销售方面还有很多文章可做。

四、养殖观念的改变

养殖观念的转变主要需从两个方面调整：一个是大宗鱼传统养殖向特色鱼养殖方面的转变；另一个是特色鱼类养殖过程中的养殖品种改变。大宗鱼传统养殖目前的养殖形式还是以松散型的养殖形式存在，一般养一年，看一年，望一年。即在当年养殖成鱼的同时已经套养了第二年的成鱼养殖鱼种，同时也套养了部分第三年的鱼种，如果转型养殖特色鱼，可能会影响三年的生产，大多数养殖户明白传统的大宗鱼养殖越来越不赚钱，但唯恐改养特色鱼类不成功则再养大宗鱼就会影响三年，所以始终维持在低效益的大宗鱼养殖上。这种观念是传统观念与现代养殖观念之间的一种矛盾。另一个观念是在产品出现市场疲软的情况下的应变能力不够，或者在不恰当的时候切入，盲目投资带来经济损失。

五、特色鱼养殖的安全生产

由于特色鱼类的市场需求量大，市场价格可观，会引起养殖者片面地追求产量而忽视了生产的安全性。如为了提高鱼类的生长速度，投喂激素饲料来加快其生长。为了防治疾病，在饲料中长期添加抗生素、使用违禁药品等，这些追求眼前利益的做法，不仅损害了消费者的合法权益和健康，而且极不利于产业的发展。随着食品安全检查的重视度增加，市场监控力度一定会越来越大，这种行为最终也必将使自己受到惩罚，损失的还是经营者自己。

六、生态养殖的重要性

所谓生态养殖，就是在应用现代养殖技术和管理技术的条件下，还原鱼类原始生产状况，在这种生产状况下最大限度地提高单位面积产量，从养殖规模上要效益。也就是说，生态养殖方式可以生产出高质量的水产品。目前的养殖只是从单位面积产量上追求利益的最大化，而忽视了生态养殖带来的直接经济效益和社会效益。

七、饲料问题

饲料成本是养殖过程中最大的一笔成本，可以这么说，饲料成本的高低决定着经济效益的高低。所以一些养殖户在养殖过程中首先考虑的是饲料的成本，而不是考虑饲料的科学性。主要表现在，饲料配方的原材料使用低廉的原料，从而影响养殖效果和产品质量。多数特色品种养殖主要依赖天然动物性饲料，导致了饲料成本高、效率低和卫生质量差。而高效的、适合于不同品种、不同生长阶段、不同生长模式的人工配合饲料太少，多数依赖于进口，对养殖品种在不同生长阶段、不同养殖方式对营养性添加剂和非营养性添加剂（酶制剂、抗生素、益生素及促生长素等）的需要特点和配伍组合研究较少，系列配方技术和产业化工程与生产实际脱节太多，从而影响了特色鱼类养殖业的发展。

八、人工繁殖有待完善

在几十种特色鱼类中，有几个品种的人工繁殖技术还存在着很大的问题，比如鳗鲡的人工繁殖是一个世界性的技术难题，还需国家组织相关科研单位进一步攻关，突破制约鳗鲡产业发展的最大难题。再就是黄鳝的规模化繁殖技术有待提高，黄鳝的相对怀卵量十分低下，这是黄鳝的种质特点，如何有条件地提高黄鳝怀卵量是促进黄鳝规模化繁殖的技术要点之一。另外，如鳜鱼、小龙虾的人工繁殖技术都存在一定的技术难题。

九、孵化技术有待提高

孵化技术的提高，能够保证苗种培育的群体数量。在孵化技术上，有些鱼类也存在一些技术方面的问题。如黄鳝的人工孵化率不到30%，低于自然孵化率。此外还有怀头鲶、大口鲶、鳜鱼、中华鲟、虹鳟、长吻鮠、中华倒刺鲃、小龙虾等都不同程度地存在孵化方面的问题。

十、苗种培育技术

苗种是发展我国特色鱼类养殖业的关键因素之一。也可以说，苗种的供应影响着产业的发展。近年来，全国各地虽然很重视苗种的繁育，也取得了显著的成效，但还存在许多问题。如一些品种的育苗技术不完善、不成熟，苗种的质量、数量不稳定，导致了育苗和养殖的成活率低下、成本增加等，如黄鳝、小龙虾、怀头鲶、鳜鱼、鳡鱼等。从调查上看，一些育苗场、繁育场设备条件十分落后，近年来新建的育苗场有不少设施不配套，不能有效地发挥作用。有些还存在操作不规范等技术问题。从各地的发展情况来看，各地的发展极不平衡，有的地方苗种过剩，有的地方苗种短缺，有的地方还存在技术不过关的问题。总的来讲，技术力量和设备水平，南方好于北方，传统养殖区好于一般养殖区。由于苗种的短缺，使一些特色鱼类苗种的炒作现象严重，甚至出现假冒现象。如以越南鳖冒充中华鳖、溪蟹冒充河蟹等。

十一、品种的选育

品种的选育是产业发展的推进器，主要是对其生长速度、抗病性等优良性状进行选择。但许多品种的选育没有按照科学的选育方法进行，急功近利，没有通过多代选育，形成稳定性状后才进行推广，而是进行简单的对比试验后就推向市场，赚取眼前利润，不考虑品种的长期效益，甚至恶意炒作，赚取不义之财，成为了品种选育的一种怪现象。

十二、引种的误区

改革开放以来，为加快水产养殖业的发展，与世界养殖市场接轨，我国加大了对新品种的引进力度，各地想方设法、多渠道地实施新品种的引进和移植，对改善我国的水产品养殖结构，增加品种资源，提高鱼产量，繁荣市场，出口创汇等起到了很大的作用。但是，我们也清楚地看到，在新品种的引进过程中，盲目引进、重复引进现象日益突出。而且对引进后品种种质保护不够重视，不是为了品种的可持续发展进行持续引进，而是利用一次引进的种群进行扩种，近亲繁殖，严重影响了种质的质量。另外，苗种生产与养殖生产不配套，供苗渠道也不畅通，缺少统一性和计划性等，甚至也出现恶意炒作的现象，对特色鱼类养殖的可持续健康养殖产生了一定影响。

十三、特色鱼养殖中的资源保护

特色鱼类由于价格高，苗种供应紧张，特别是一些人工繁殖无法满足生产需要的品种，资源的破坏十分严重。比如由于黄鳝的规模化繁殖技术存在一定的问题，目前黄鳝养殖的苗种主要来源于天然捕捞，而天然捕捞的黄鳝苗进入网箱养殖后，直接养殖成成鱼进入消费市场，使这些黄鳝失去了生育的机会，从而影响了黄鳝的资源，自然资源急剧下降，长此下去，黄鳝的适龄雌鳝都会失去生育机会而出现黄鳝资源枯竭的可能。另外如鳗鲡苗的问题，河蟹天然苗种的问题，以及这些养殖品种原始基因的保护问题等都没有得到应有的重视。

十四、高产技术的提高

要想提高生产效益，最直接的措施就是提高单位面积的产量，即高产技术的提高。目前各个产业高产技术的研究主要靠养殖者自行摸索，没有统一的研究机构进行专项研究，缺乏理论依据。另外，新的养殖措施对提高生产的作用也没有得到应有的重视和科学的研究。如何挖掘生产力方面的研究有待进一步加强。

十五、病害防治

在水产养殖中，病害问题已成为普遍关注的焦点和难点。每年因为病害给水产养殖带来的损失数以亿计。不少地区因为病害绝产、减产。有些疾病的发病原因、病原、流行病学等至今还不清楚，不仅缺乏行之有效的快速检测预报体系，而且缺少行之有效的防治方法。一旦发病，往往难以控制，形成区域性的灾难。

第二节　特色鱼养殖业问题解决的建议

一、搞好综合规划，合理布局及宏观指导

要使我国特色鱼类养殖健康、有序地发展，必须做好因地制宜、统筹规划、分类指导、突出重点，切忌一哄而上。在整体布局上，应该遵循整体水系布局，不破坏原有设施，尽量较少固定资产的投入，注重水域环境保护。充分利用现有水域资源和技术经济条件，采取多种养殖模式的原则稳步发展。

在发展特色鱼类养殖过程中，要提倡因地制宜，适度规模经营，集中人力、物力、财力，尽快形成规模产量和效益，形成完整的产、供、销体系。提倡具有地方特色的品牌产品，围绕一个或几个品种做大、做强、做精。做到人无我有、人有我精。提倡一县一品、一乡一品，积极逐步地扩大经营规模。

二、确立主导产业，奠定特色鱼类养殖基地化

从特色鱼类的分布来看，各地都有地方特色品种。加上现在从

国外引进的一些品种，各地都具有形成规模生产的基础。但是，由于各地的经济发展不平衡，政府的支持力度不同，各地发展不平衡。因此，各地应该确立适合当地发展的主导产业。实现区域化布局，加强基本建设，做到以效益为中心的规模化经营。立足本地资源，以市场为导向，建立个体经营，合作化经营，龙头企业引领的多元化经营方式，形成自己的主导产业，奠定自己的特色鱼类养殖基地化体系。

三、养殖技术的进一步提高

所谓特色鱼类，不仅仅是与大宗鱼类在称谓上的区别，而且在养殖环境和技术方面是有很大区别的。由于品种较多，各个品种都有各自不同的养殖环境要求和技术要求。从总的技术来讲，基础技术还是来源于大宗鱼的养殖技术。近二十年来，我国的特色鱼类养殖技术提高很快，与大宗鱼养殖一样，在国际上处于领先水平，但还有很大的提升空间，我们可以从各方面进行技术探索，实现产量的最大化。如养殖搭配、池塘改造、饲料配方、病害防治、新技术的应用以及劳动效益的提高等多方面调控，提高养殖产量，丰富养殖技术。养殖技术的进一步提高是一个系统工程，需要各方面的立体配合，更需要科学的管理措施，在当今土地资源和水资源日趋紧张的形式下，养殖技术的进一步提高是传统养殖技术的延续性研究课题。

四、养殖方式的多元化

虽然特色鱼类养殖技术基础是大宗鱼养殖技术，但就养殖方式来讲，特色鱼类的养殖方式更为多元化，这是因为特色鱼类有些品种的养殖属于高投入、高收益项目，所以在基础设施投入方面是大宗鱼类养殖以及有些特色鱼类养殖设施投入无法比拟的。各个品种的养殖方式应该遵循各个品种的特点、当地的自然条件、资金投入、技术力量、市场形势等进行综合考评，选择合适的养殖形式，不要盲目模仿或照抄其他地方的养殖方式。但从全国总体来讲，已经形成了一个多元化养殖方式的局面，各种养殖形式也有其特有的要求，养殖者可以选择适合自身条件的养殖形式，获得最大的经济效益。

五、养殖产品的安全性生产

产品安全性生产是特色鱼类养殖中容易忽视的问题。总的来讲，特色鱼的养殖投入较大，鱼苗、鱼种的价格较高，而且养殖风险较大。一般情况下，为了保证鱼苗鱼种的成活率，在病害防控方面使用大量的抗生素，甚至使用一些违禁药品，致使水产品质量下降，出现食品安全指标超标现象。随着国家对此方面的日益重视，监测力度不断加强，质量控制越来越严格，如果出现质量问题，必将会使养殖者受到损失。特色鱼类养殖是质量安全生产的重灾区，也是今后质量检测的重点，所以所有从事特色鱼类养殖的从业者应该加强质量安全意识。

六、积极开展特色鱼类营养与饲料的研究及开发

众所周知，不同的鱼类对饲料的要求不用，鱼类的不同发育阶段对饲料的要求也不同。大宗鱼的饲料研究开展得比较早，配合饲料的研究在 20 世纪 60 年代就开始，当时只是研究天然饲料的替代品，从 80 年代开始，重点考虑的是营养配方。特色鱼类的饲料研究基础还是大宗鱼饲料研究基础，在此基础上对主要成分进行改变，真正从它们的营养需求上考虑的不多。所以，今后的特色鱼类饲料研究应该针对不同鱼类、不同阶段的营养需求、抗病能力的加强上进行研究，推出真正适合不同鱼类、不同阶段的配合饲料。营养饲料的研究不仅要在配方上改进，也要在投喂模式上改进，不仅可以降低饲料投喂量，减少饲料成本，同时还可以提高饲料的利用率，减少环境污染。饲料配方更科学，营养更为丰富，饲料成本更低，鱼类抗病力更强是今后配合饲料研究的方向。同时，通过对不同鱼类摄食行为的科学研究，制定出科学的投饵方式，实现饵料的综合利用也是今后投饵方式研究的方向，在这方面有关科研单位和企业已经作了一定的研究，取得了一定的成果，相信这些成果会对今后淡水鱼类饲料营养与投喂方式进行科学的改进，促进特色鱼类养殖朝着更为科学的方向发展。

七、重视养殖水环境及控制技术的研究

水产养殖（包括特色鱼类养殖）与其他动物的养殖不同，它们整个生命过程都在水中，水环境的好坏直接影响着它们的生活状态，各种养殖措施也是通过水环境反映到养殖对象上的。人为地控制水环境使其符合养殖对象的生长和生活的需要，特别是循环水养殖条件下尤为重要。因此，对于水环境的调控在养殖中具有十分重要的意义。

今后应切实研究主要养殖水体的物理性质、化学性质及其变化规律，尽快解决主要养殖水体水环境的控制技术和循环利用技术，如水质的控制与环境保护措施、室内工厂化养殖水质控制技术与控制系统等。

除了对养殖用水的水质控制外，还要对养殖用水的安全排放技术进行研究，使养殖用水既能重复利用，又能安全排放，真正做到环境友好、资源节约、物质循环。

八、抓好苗种基地和养殖基地建设

特色鱼类养殖对象的选择要遵循开发当地种质资源和适当引进外地品种相结合的原则，逐步筛选出具有优良性状的品种，同时重视苗种生产基地的建设和养殖基地的建设。循环水工厂化养殖是水产养殖的一种高级养殖方式。各地要逐步实现苗种生产和养殖的基地化与规模化，推广工厂化鱼苗、工厂化养殖。建议国家在各地建设一批特色鱼类苗种和养殖基地，形成稳定的苗种供应与养殖生产体系。与此同时，引进一些新技术、新品种替代老品种。

九、特色鱼产品的深加工

深加工的应用，可以进一步提升产品的价值，同时也可以进一步开拓产品的市场。传统的消费方式主要有两个途径：一个是进入大众的餐桌；另一个就是进入餐馆。特色鱼类主要是进入餐馆消费。这种消费受经济和政策的波动较大，也会给市场带来波动。从产品的价值提升和稳定市场两方面来讲，深加工这种第三种消费可以达到以上两个要求，既可以进一步提升产品的价值，又可以进一

步扩展消费市场。

十、病害防治技术的提高

水产养殖病害一直是影响产业发展的一大问题，引发的水产品食品安全问题，也多是养殖户为了自己养殖利益，采取的不合理用药带来的恶果，病害防治要加强疫苗和禁用渔药的替代产品的研发。

目前对于疾病的防控有了较新的进展，重点加强重大疫病的监测、预警、诊断与检测技术研究，可对鱼早期发病防患于未然，采用实时荧光定量PCR、多重PCR、基因芯片以及基于单克隆抗体的ELISA等新技术，针对微生物病原的快速检测技术进行较深入的研究，建立了快速检测技术，在此基础上开发了远程诊断专家系统。这些技术措施对今后特色鱼类养殖的病害防控起到重大作用。

十一、优质品系的选育

优良种类和品质对于养殖产量的提高、经济效益的增加具有极为重要的作用。实践证明，无论是鱼类，还是虾蟹类，种是三大要素（品种、饲料、水质）之一，良种的选择和培育是增产、增效的关键。通常情况下，优良品种较一般性品种要增产20%～30%。因此，今后特色鱼类养殖的发展必须把优良品种的选育放到重要的位置上，应该受到管理者、经营者的重视，也是广大鱼类育种专家长久的课题。

十二、药用价值的进一步开发

中医是我国的传统医学，博大精深。有许多关于利用鱼类进行食疗、滋补、保健以及美容的论述。其中大部分是关于利用特色鱼类的内容。利用特色鱼类的药用价值可以进一步开拓特色鱼类的消费市场。

十三、国际市场的开发

我国在国际市场上的淡水鱼销售，主要依靠特色鱼类来开拓市场。从三大出口支柱淡水水产品（鮰鱼、小龙虾、罗非鱼），到现在的黄鳝、泥鳅、黑鱼、鳜鱼、河蟹等，无一不是特色鱼类。由于消费习惯不同和大宗鱼的骨骼构造来看，大宗鱼的鲜活品及冻制品很难打开国际市场。随着各国消费市场的开发和生活习惯的融合，特色鱼类会更容易被国际市场接受。所以我国特色鱼市场的开拓方向，国际市场是不可或缺的。

十四、资源的保护利用及新品系的引进

水产资源的开发利用，首先要立足于保护，进行保护性开发。对于一些珍稀和地方特色鱼类要划分保护区，进行有效的种质资源保护；对于一些特色种类，比如黄鳝，要制定保护性捕捞措施，防止对1～2龄黄鳝进行过度捕捞，使这些个体失去生育机会而产生对资源的影响。最好对所有鱼类建立一个种质资源库，对这些鱼类的宝贵种质资源进行有效的保护。

在立足本地品种的选育基础上，应积极吸收国际上的先进技术，通过消化吸收和创新，加快我国特色鱼类养殖和科技发展的进程。从水产种质资源的角度来看，从国外引进一些生长周期短、适温性广、肉质鲜美的品种。国外品种的引进主要从以下两个方面来考虑。①品种的更新换代，主要对一些已经引进的品种进行更新换代，防止种质退化，这些品种包括：罗氏沼虾、虹鳟鱼、罗非鱼、斑点叉尾鮰等。②新养殖品种的引进及驯养，引进的原则就是生长周期短、适温性广、肉质鲜美的品种。除此以外，还应该对国外的一些集约化、高效水产品养殖技术（包括扩大养殖领域的生产技术）和关键设备等进行引进。

在引进的同时，对引进品种进行严格的检查，防止带来生态灾难和带入新型病害。切实做好保种和扩种工作，各地应该有计划地建立良种中心，防止重复引进和分散引种等问题的发生，防止种质退化，保证其优良经济性状。

十五、加强品牌建设，增强产业运行活力

目前特色鱼类的生产，基本采用大宗鱼的消费方式，产、供、销各成一体，相互之间只有利益制约关系，没有利益分享的机制。

这样不仅损害了生产者的利益，也减少了经营者的收入，消费者也没有享受到真正的实惠，好的产品没有卖出好的价钱，坏的产品混入好的产品中损害了消费者的利益。特色鱼类的产品有许多都带有特殊的地理标签，其产品质量也是有保障的。各地完全可以在经营上建立自己的经营体系，创立自己的品牌，提升自身的价值，增强产业的运行活力。

第三章 特色鱼标准化养殖的必要性

所谓标准化健康养殖，就是要对整个养殖过程规范操作、规范管理，对疾病进行有效的预防，使鱼类少生病、不生病。在发病后，科学地指导用药，达到既能够治好鱼病，又能减少对水产品质量安全产生影响，还能有效地降低养殖户的用药成本。

第一节 质量安全的需要

食品安全是关系到国计民生的问题，随着我国经济的发展、人们健康意识的加强，政府投入了大量的人力、物力进行监管和整治。我国特色鱼类养殖池塘与大宗鱼养殖池塘一样，大都修建于20世纪60～80年代，年久失修，底质肥沃，淤泥深厚，蕴藏了大量的病菌，加上养殖户片面地追求产量，放养密度不断加大，水体质量难以控制，一旦条件合适，那些处于休眠状态的病菌就会大量繁殖形成爆发性疾病，这些病菌长期以来对一些药物已经产生了强烈的抗药性，要想杀灭这些病菌就必须加大用药量，这些药物的过量使用，势必影响水产品的质量，加上水产养殖的特异性、给药形式与一般家畜、家禽养殖不一样，在用药量的计算上考虑水中溶解的一部分，就要加大用药量，使实际用药量更大，而且水体中也含有一部分药物，形成二次污染。加上疾病的频发，因为鱼病防治形成对水产品质量的影响就会更大，现在的鱼药市场缺乏有效的监管机制，一般鱼病的防治都是养殖户自己根据经验购买或在鱼药店咨询鱼药经营者购买，前者主要以把鱼病治好为目的，对于水产品质量安全考虑的很少，甚至不考虑。后者鱼药店以推销鱼药为主，鼓励养殖户多用药，甚至用一些没有作用的药物，对水产品安全形成隐患。如果不进行标准化的健康养殖，进行科学的指导、有序的防治，就会出现药物的泛用，造成对水产品质量的影响。

第二节　产业发展的需要

任何一个产业都有其产业要求，尤其是工业产业，它的生产必须是标准化、规范化生产，这样才能保证产品的质量。特色鱼类养殖虽然不完全是工业化生产，但随着产业的发展，养殖的规范化、标准化生产也将成为必然，这样才能生产出符合市场要求的水产品。市场对水产品的要求必须是健康产品，如果产品不健康，就会造成对消费者的伤害。现在特色鱼类养殖的生产虽然没有出现像养猪行业、养鸡行业出现的大范围的质量题，出现问题猪、问题鸡，影响行业的发展，但 2011 年银鱼、水银刀鱼问题的爆发，让水产品安全问题受到了消费者的质疑。虽然特色鱼类养殖目前还未发生大规模质量安全问题，但是仍要提高警惕，我们应该引以为戒，防止类似事故在特色鱼类养殖行业发生。现在的特色鱼类养殖，个体经营是行业生产的主体，生产的随意性较大，缺少相应的机构和组织进行规范化管理，政府职能部门的监管作用无法触及到每一个养殖户和每一个生产环节，要想行业健康发展，必须进行规范化、标准化生产教育和引导，使其生产的水产品符合食品卫生健康产品的要求。

第三节　农民生产发展的需要

我国的水产渔业从业人员大约有 2060 万人，其中约 70%是从事水产养殖业，这 70%从事水产养殖业的从业人员中，有部分从事的是特色鱼类池塘养殖，虽然特色鱼类养殖技术要求较高，但针对整个水产养殖来讲，主要属于一种劳动密集型行业，从事养殖的大部分人员是从种植或者其他行业转行过来的，有的受过一定的专业基础教育，有的从来就没有受到过这方面的教育，最多就是政府组织的短期培训，大多数还是凭着自身的经验和旁人的指导在进行养殖，所以养殖事故时有发生，养殖户的损失惨重。随着人们对健康要求的提高和政府对水产品质量要求的提高，以及养殖成本的提高，原有的技术和经验已经不太适应现代产业的要求，养殖户急切需要更新养殖知识，了解和掌握产业规范化、标准化健康养殖技术，适应市场对产品的要求。

第四节　地方经济发展的需要

水产养殖本属于小产业生产，相对于大农业来讲，无论从规模还是从产值来讲都无法相比。改革开放以来，随着水产技术的推广和普及，水产养殖发展迅猛，有些地方水产养殖已经成为地方经济的支柱性产业，形成了以特色鱼类养殖为特色的产业结构。水产养殖不仅成就了地方经济新的亮点，也成为地方政府提高农民收入新的途径，据统计，2011 年渔民人均纯收入达 10012 元，高出农民人均纯收入近 3000 元，特色鱼类养殖的收入更高，许多农民因此脱贫致富，过上了富裕的生活。不仅增加了地方收入，而且对稳定社会治安，引导农民就近就业有着积极的作用，因此地方政府对水产养殖十分重视，也对农民养殖技术的更新做了许多有益的工作，如农民再就业培训、水产知识培训等各种短训班经常举办，聘请有经验的专业技术人员授课，收到了很好的效果。近年来，各级政府已经认识到如果水产品的质量出现了问题，不仅影响从业农民的收入，也对地方经济的发展造成极大的影响，为确保水产品质量安全，使水产养殖朝着健康有序的方向发展，对从业农民的规范化、标准化养殖十分重视，需要有专业的知识进行指导。

第五节　产业结构发展的需要

产业结构调整并不是对产业规模的增加或减少，而是一种对行业发展的全方位的调整，它包括产业的设施建设、产品规模、结构调整以及经营理念和技术的调整。产业结构调整的目的是使其能够适应新的社会条件要求，健康发展。设施建设需要资金的投入，产品规模的调整是根据市场需求进行的调整，结构的调整是对产品比重的调整，技术的调整是新的结构对技术新的要求，是技术的更新过程。产业通过调整后，从业农民原有的经验技术已经不太适应新的结构，需要进行必要的更新。特色鱼类养殖在调整中是主要调整方向，这时对从业农民进行养殖技术的规范化、标准化教育是最为合适的时期，可以使从业农民今后生产出的水产品能够符合市场对水产品质量的要求，真正实现规范化、标准化健康养殖。

第六节　种质资源保护的需要

特色鱼类池塘养殖对种质资源的破坏和污染主要表现在以下几个方向。一是过度捕捞造成种质资源的匮乏和枯竭，主要有河蟹、鳗鲡、黄鳝、甲鱼、乌龟、南方大口鲶、怀头鲶、长吻鮠、胭脂鱼、岩原鲤、中华倒刺鲃等。二是可能会带来种质基因的污染，主要有：泥鳅、甲鱼、乌龟、怀头鲶、南方大口鲶、鲟鱼、黄颡鱼、黑鱼等。三是外来物种对本地物种的影响，虽然没有带来灾难性的事件，但外来物种的到来，一定会对本地鱼类造成一定的影响，这类鱼包括所有引进的鱼类。通过标准化、规范化健康养殖，在养殖过程中从进水、排水、苗种的进入与捕捞以及后期处理都有一套完整的标准化规程控制，就可以有效地保护宝贵的种质资源。通过建立保护区和隔离区等措施，使本地特色鱼类的种质资源得到有效的保护，对外来品种进行有效的隔离。要实现这些目标，没有统一的标准化健康养殖技术是很难实现的。

第七节　多元化生产的需要

特色鱼类的池塘养殖只是众多养殖形式中的一种，其他形式还有：网箱养殖、水库养殖、大湖养殖、围栏养殖、流水养殖、工厂化养殖等，不管哪种形式的养殖，最后都将进入市场，市场的准入是以质量标准来评判，如果质量标准不合格将会被禁止进入市场流通环节。如果每种养殖形式都按照其相应的标准化、规范化规定生产，就会生产出健康的水产品。一些养殖形式还会生产出高质量的有机鱼，比如水库养殖、大湖养殖、围栏养殖都是可以进行生态养殖的养殖形式。流水养殖与工厂化养殖是两种集约化的高密度养殖，其工业化程度较高，更应该进行标准化规范健康养殖，这样才能生产出高质量的水产品。

第八节　营养的需要

鱼类是我国人民蛋白质的主要来源之一，另外中国人讲究食材的滋补、食疗效果，不同的鱼类对各种疾病有不同的疗效，也有不同的滋补效果。特色鱼类的许多食疗作用和滋补效果有其独特的特点，已经被国人广泛接受。鱼类可以增加国人营养，提高国人体质，提供鲜美可口的食材，必须保证水产品的安全生产，这些在我国大宗鱼养殖中有着深刻的教训，一些不健康的养殖方式不仅影响水产品的质量，而且破坏了水环境资源，如在2000年左右风行一时的“化肥养鱼”就是最好的例证；20世纪的“污水养鱼”也是一种水环境有害物质通过水产品转移到人类身体的一种不健康的养殖方式。面对目前市场质量要求越来越高，监管力度越来越大，规范化、标准化健康养殖是保证水产品质量的基础。

第九节　市场的需要

中国的水产品市场是一个巨大的市场，虽然特色鱼类的比例只有30%左右，但生产比重越来越大，产值越来越高。其中绝大部分为国人消费，市场需要的是营养丰富、质量安全、鲜活新鲜的水产品。水产品的营养价值是众所周知的，也是我国人民最喜好的食材之一。水产品的质量保证，主要从两个方面控制：一个是养殖过程；另一个就是运输过程。鲜活要通过掌握捕捞时间和运输保鲜手段实现。鱼类因为运输出现的质量问题不多，因为现在的运输手段已经比较成熟。最主要的是在养殖过程中会因为水质、饲料、鱼药的使用出现质量问题。避免这些影响质量的隐患最有效的办法就是在养殖上实现规范化、标准化健康养殖。

第四章 特色鱼的前景与效益分析

第一节 养殖前景

一、营养价值

鱼类的营养价值是不容置疑的，也是我国传统的蛋白质来源。特别是特色鱼类独特的味道和营养价值使特色鱼类的养殖具有较好的前景。

二、苗种供应

几十个特色鱼类养殖品种中，有的苗种供应较为丰富，如南方大口鲶、翘嘴鲌、黑尾鲌、细鳞斜颌鲴、黄尾密鲴、圆吻鲴、甲鱼、乌龟、黄颡鱼、鲮鱼、河蟹、青虾、罗非鱼、革胡子鲶等。有的苗种供应受条件和技术水平限制，供应量还有一定的缺口，需要根据实际生产进行规模化调整，或者需要提高人工繁殖技术和苗种培育技术，主要品种有：泥鳅、怀头鲶、鳜鱼、鳡鱼、史氏鲟、黑鱼、月鳢、斑鳢、鳗鱼、赤眼鳟、鲈鱼、长吻鮠、胭脂鱼、河鲀、鲮鱼、岩原鲤、中华倒刺鲃、河蟹、青虾、斑点叉尾鮰、淡水白鲳、虹鳟、南美白对虾、罗氏沼虾、俄罗斯鲟、小体鲟、欧洲鳇、匙吻鲟、牛蛙、美国青蛙、淡水白鲨、加州鲈、杂交鲟、全雄罗非鱼、全雄黄颡鱼、中华鲶等。有些品种因为繁殖技术、物种自身原因、环境条件改变、过度捕捞等原因还需要进行进一步深化研究后进行技术推广，满足市场的需求，主要品种有：黄鳝、中华鲟、史氏鲟、黄颡鱼、鳗鱼、小龙虾、美国鲥鱼、宝石鲈、欧洲鳗等。虽然苗种供应有一定的缺口，有的甚至无法满足生产的需求，越是这样，市场需求量就越大，养殖前景更好。

三、养殖条件

比较大宗鱼类的养殖条件，特色鱼类由于价格高，养殖条件普遍比大宗鱼类的养殖条件好。而且对于淡水养殖的大宗资金投入都是对特色鱼类的投入，所以今后的养殖条件会更好，更适合特色鱼类产业的发展。

四、生长速度

我国的淡水鱼类品种有 800 余种，在这 800 余种鱼类中，人们最初根据其生活习性、生长速度、饵料来源、苗种来源等进行了筛选，确定的养殖品种就是四大家鱼、鲤鱼、鲫鱼、鳊鱼这七种大宗鱼类，这是我国淡水养殖品种的基础。特色鱼类的养殖品种筛选，也主要是从这几个方面选择的，生长速度是最主要的，虽然有些品种比大宗鱼类的生长速度慢，但群体生产力还是较高的。有一部分比大宗鱼的生长速度更快，但有一些条件限制，总的来讲，特色鱼类的生产速度在众多的淡水鱼类中是比较快的。引进品种的主要指标之一就是生长速度，其生长速度也是较快的。

五、放养密度

各种鱼类的放养密度不同，但在现代养殖技术条件下，都可以实现高密度养殖，以实现单位面积产量最大化。

六、养殖技术

从 3100 年前有淡水养殖技术记载以来，中国的淡水养殖技术的主要内容是池塘养殖技术。池塘养殖技术经过三千多年的不断丰富，现在已经是一门十分成熟的技术，这个技术在世界范围内处于领先水平。可以说，池塘养殖不缺技术，缺的是养殖技术的规范化、标准化使用。只要把池塘养殖技术进行规范化、标准化处理，就能实现特色鱼类的健康养殖。

七、饲料来源

大部分品种可以投喂人工配合饲料，这为这些品种的规模化养殖提供了条件，也扩大了饲料来源。有些还不能通过人工配合饲料进行养殖，在饲料的供应上存在一定的问题，会对生产规模产生一定的影响，比如鳜鱼，虽然目前还没有实现人工配合饲料的喂养，但水产育种专家利用杂交技术对鳜鱼品种进行了一定的改良，已经取得了一定的效果，有望通过品种改良而实现鳜鱼摄食习性的改变。总的来讲，像鳜鱼这样特异性的品种是少数，特色鱼类的养殖是不会出现饲料问题的。

八、养殖方式

特色鱼类除了适合大宗鱼类所有的养殖方式以外，目前各种集约化养殖及工厂化养殖主要是针对特色鱼类养殖的。可以说，特色鱼类的养殖方式比大宗鱼类更为多元化。

九、市场销售

市场销量是制衡特色鱼产业发展的最大因素，从目前我国鱼类产量来看，2011 年我国淡水养殖产量为 2471.9 万吨，其中特色淡水鱼养殖产量为 773.4 万吨，占 31.3%。虽然产量没有大宗鱼高，但产值已经接近大宗鱼类的产值。我国人口众多，平均到每一个人占有的数量很少，按照世界上寿命较长的国家荷兰、日本来看，他们的国人平均每年的吃鱼数量在 100kg 以上，按照这个计算，我国的差距十分巨大，需要的鱼产品更多，而我国的鱼产量主要靠淡水鱼的供应，淡水鱼主要靠大宗鱼，但随着经济的发展和人们对生活质量认识的提高，特色鱼类的需求量会进一步提高。因此从这个方面来讲，我国的特色鱼类生产存在巨大的缺口，只要在生产上控制好成本，市场销路不存在问题，不会因为市场问题影响特色鱼类的产业发展。

第二节 效益分析

特色鱼类有许多养殖方式，就养殖方式来讲，有池塘养殖、流水养殖、庭院养殖、网箱养殖、围栏养殖、大水面增殖放养、工厂化养殖以及种养结合模式等。放养方式也有许多种，如池塘主养、池塘套养以及搭配养殖等，各种方式以及各种放养形式不同，所产生的经济效益也不同，在此我们就池塘主养效果进行简单的分析，因为各地、各人采用的放养方式和技术投入不一样，鱼苗价格、成鱼价格也会根据市场价格而变动，在此介绍的混养模式以及经济效益分析仅作参考。

一、鳜鱼池塘主养

以鳜鱼为主的混养模式见表4-1。

表4-1　以鳜鱼为主的混养模式［以667m²（1亩）计算］

放养鱼类	鳜鱼	白鲢	青鱼	花鲢	鲫鱼	合计
放养规格/(kg/尾)	10cm	0.25	1	0.25	0.02	
放养数量/尾	1000	100	3	20	300	1423
鱼种价格/(元/kg)	2元/尾	4	14	10	10	
鱼种开支/元	2000	100	42	50	60	2252
饲料投入/元						10000
鱼药开支/元						100
水电开支/元						300
上市规格/(kg/尾)	0.6	0.75	3	1.25	0.25	
产量/kg	550	75	9	25	—	659
销售价格/(元/kg)	36	6	18	11	—	
销售收入/元	19800	450	162	275	—	20687
利润/元	20687－(2252＋10000＋100＋300)＝8035					

二、大口鲶池塘主养

以大口鲶为主的混养模式见表4-2。

表 4-2 以大口鲶为主的混养模式［以 667m² (1亩) 计算］

放养鱼类	大口鲶	白鲢	青鱼	花鲢	鲫鱼	泥鳅	合计
放养规格/(kg/尾)	10cm	400g	1	500g	15～20g	5g	
放养数量/尾	1000	200	3	30	200	200	1633
鱼种价格/(元/kg)	1.5元/尾	4	14	10	10	20	
鱼种开支/元	1500	160	42	150	36	20	1908
饲料投入/元							5500
鱼药开支/元							200
水电开支/元							3000
上市规格/(kg/尾)	1.5	1	3	1.5	—	—	
产量/kg	1500	200	9	45	—	—	1754
销售价格/(元/kg)	12	6	18	11	—	—	
销售收入/元	18000	1200	162	495	—	—	19857
利润/元	19857－10608＝9249						

三、长吻鮠池塘主养

以长吻鮠为主的混养模式见表 4-3。

表 4-3 以长吻鮠为主的混养模式［以 667m² (1亩) 计算］

放养鱼类	长吻鮠	白鲢	青鱼	花鲢	鲫鱼	鳜鱼	合计
放养规格/(kg/尾)	50g/尾	0.25	1	0.25	0.02	10cm/尾	
放养数量/尾	1200	100	3	20	300	4	1627
鱼种价格/(元/kg)	2元/尾	4	14	10	10	2元/尾	
鱼种开支/元	2400	200	42	50	60	8	2760
饲料投入/元							8000
鱼药开支/元							100
水电开支/元							1000
上市规格/(kg/尾)	0.6～0.75	0.75	3	1.25	0.25	0.5	
产量/kg	600	75	9	50	75	2	811
销售价格/(元/kg)	32	6	18	11	11	28	
销售收入/元	19200	450	162	550	825	56	21243
利润/元	21243－11860＝9383						

四、黑鱼池塘主养

以黑鱼为主的混养模式见表4-4。

表4-4　以黑鱼为主的混养模式［以667m²（1亩）计算］

放养鱼类	黑鱼	白鲢	花鲢	鲫鱼	合计
放养规格/(kg/尾)	10～15cm/尾	1.2	2.0	160尾/kg	
放养数量/尾	4500	250	50	1000	5800
鱼种价格/(元/kg)	1.5元/尾	4	10	10	
鱼种开支/元	6750	300	100	62	7212
饲料投入/元					40000
鱼药开支/元					100
水电开支/元					800
上市规格/(kg/尾)	0.75	0.75	1.25	0.2	
产量/kg	3000	175	60	175	3410
销售价格/(元/kg)	18	6	11	8	
销售收入/元	54000	1050	660	1400	57110
利润/元	57110－48112＝8998				

五、黄颡鱼池塘主养

以黄颡鱼为主的混养模式见表4-5。

表4-5　以黄颡鱼为主的混养模式［以667m²（1亩）计算］

放养鱼类	黄颡鱼	白鲢	青鱼	花鲢	鲫鱼	合计
放养规格/(kg/尾)	5	0.25	1	0.25	0.02	
放养数量/尾	8000	200	3	50	300	8553
鱼种价格/(元/kg)	30	4	14	10	10	
鱼种开支/元	240	200	42	125	60	667
饲料投入/元						11400
鱼药开支/元						100
水电开支/元						2000

续表

放养鱼类	黄颡鱼	白鲢	青鱼	花鲢	鲫鱼	合计
上市规格/(kg/尾)	60	0.75	3	1.25	0.25	
产量/kg	900	150	9	50	75	1184
销售价格/(元/kg)	24	6	18	11	11	
销售收入/元	21600	900	162	550	825	24037
利润/元	24037－14167＝9870					

六、斑点叉尾鮰池塘主养

以斑点叉尾鮰为主的混养模式见表 4-6。

表 4-6　以斑点叉尾鮰为主的混养模式［以 667m² （1 亩）计算］

放养鱼类	鮰鱼	白鲢	青鱼	花鲢	鲫鱼	鳊鱼	合计
放养规格/(kg/尾)	10～15cm/尾	0.1	1	0.15	0.02	0.05	
放养数量/尾	1200	220	3	30	300	30	1783
鱼种价格/(元/kg)	16	4	14	10	10	10	
鱼种开支/元	950	88	42	45	60	15	1200
饲料投入/元							6200
鱼药开支/元							100
水电开支/元							1500
上市规格/(kg/尾)	0.75	0.5	3	1.25	0.25	0.5	
产量/kg	800	100	9	35	70	12.5	1026.5
销售价格/(元/kg)	14	6	18	11	11	10	
销售收入/元	11200	600	162	385	770	125	13242
利润/元	13242－9000＝4242						

七、翘嘴鲌池塘主养

以翘嘴鲌为主的混养模式见表 4-7。

表 4-7 以翘嘴鲌为主的混养模式［以 667m² （1 亩）计算］

放养鱼类	翘嘴鲌	白鲢	青鱼	花鲢	鲫鱼	合计
放养规格/(kg/尾)	6～7cm	0.15	1	0.5	0.02	
放养数量/尾	2000	250	3	30	1000	3283
鱼种价格/(元/kg)	30	4	14	10	10	
鱼种开支/元	250	150	42	150	200	792
饲料投入/元						6000
鱼药开支/元						100
水电开支/元						500
上市规格/(kg/尾)	0.4～0.5	0.75	3	1.5	0.2	
产量/kg	750	150	9	45	100	1054
销售价格/(元/kg)	14	6	18	11	11	
销售收入/元	10500	900	162	495	1100	13157
利润/元	13157－7392＝5765					

八、鲈鱼池塘主养

以鲈鱼为主的混养模式见表 4-8。

表 4-8 以鲈鱼为主的混养模式［以 667m² （1 亩）计算］

放养鱼类	鲈鱼	白鲢	青鱼	花鲢	鲫鱼	鲤鱼	合计
放养规格/(kg/尾)	10cm	0.25	1	0.5	0.025	0.1	
放养数量/尾	3000	120	3	20	100	20	3263
鱼种价格/(元/kg)	4	4	14	10	10	6	
鱼种开支/元	6000	120	42	100	25	12	6299
饲料投入/元							25000
鱼药开支/元							100
水电开支/元							800
上市规格/(kg/尾)	0.5	0.75	3	1.5	0.25	0.75	
产量/kg	1250	90	9	30	26	16	1421
销售价格/(元/kg)	32	6	18	11	11	8	
销售收入/元	40000	540	162	330	286	128	41446
利润/元	41446－32199＝9247						

九、胭脂鱼池塘主养

以胭脂鱼为主的混养模式见表 4-9。

表 4-9 以胭脂鱼为主的混养模式［以 $667m^2$（1 亩）计算］

放养鱼类	胭脂鱼	白鲢	青鱼	花鲢	草鱼	鳊鱼	合计
放养规格/(kg/尾)	25～50	0.2	1.5	0.25	0.25	0.05	
放养数量/尾	800	200	3	50	30	30	1113
鱼种价格/(元/kg)	20	4	14	10	10	10	
鱼种开支/元	8000	160	42	125	75	15	8417
饲料投入/元							7200
鱼药开支/元							100
水电开支/元							1800
上市规格/(kg/尾)	0.75	0.75	3	1.25	1.5	0.5	
产量/kg	600	150	9	62.5	45	15	881.5
销售价格/(元/kg)	40	6	18	11	10	12	
销售收入/元	24000	900	162	687.5	450	180	26379.5
利润/元	26379.5－17517＝8862.5						

十、细鳞斜颌鲴

细鳞斜颌鲴一般不作为主要鱼类，只作为搭配鱼类，也不需要增加饲料、药品开支，所以，细鳞斜颌鲴的收入是额外的收入，是充分发挥池塘生产产能的结果。一般搭配放养产量在 25～40kg/$667m^2$，可以额外增加收入 400 元左右。

第五章

特色鱼类标准化健康养殖的质量要求

第一节　健康养殖质量要求的意义

为了适应我国新时期农业发展的需要，2001 年农业部在全国启动了“无公害食品行动计划”。“无公害食品行动计划”以全面提高农产品的质量安全水平为核心，以农产品质量标准体系、检验检测体系和认证体系建设为基础，以“菜篮子”产品为突破口，以市场准入为切入点，从产地和市场两个环节入手，实现“从农田到餐桌”的全程质量控制，以推动农产品的无公害生产和产业化经营，满足我国经济发展和人们生活水平日益提高的需要。特色鱼类养殖作为水产品已经纳入“无公害食品行动计划”。所以特色鱼类养殖必须按照无公害水产品标准进行生产。

无公害水产品生产对水域环境、土质条件、苗种质量、生产用药、饲料质量等都有明确的规定，只有按照此标准进行了生产，才能生产出无公害的特色鱼类水产品，才能顺利地进入市场销售。

第二节　环境要求

一、养殖场地的环境要求

养殖场地环境要符合国家标准《无公害食品　淡水养殖产地环境要求》：生态环境良好，无或不直接接受工业“三废”及农业、城镇生活、医疗废弃物污染的水（地）域；养殖水域及上风向、灌溉水源上游没有对产地环境构成威胁的（包括工业“三废”、农业废弃物、医疗机构污水及废弃物、城市垃圾和生活污水等）污染源。

二、土质

利用池塘和稻田养殖特色鱼类的，还要注意无公害养殖对土壤的要求。土质以壤土最好，砂质壤土和黏质土次之，沙土最差。壤土透气性好，利于土壤气体交换；黏质土容易板结，用于筑埂较好；砂质土渗水性大，不易保水且容易崩塌。养殖池底应无工业废弃物和生活垃圾，无大型植物碎屑和动物尸体；底质无异色、异臭，自然结构。底质有毒有害物质残留应符合 NY 5361—2010《无公害食品　淡水养殖产地环境要求》的规定（表 5-1）。

表 5-1　底质有毒有害物质最高限量

项　目	指标(干重)/(mg/kg)
汞	≤0.2
镉	≤0.5
铜	≤3.5
铅	≤60
铬	≤80
砷	≤20
硫化物	≤300

池塘养殖会出现淤泥。淤泥过多，所含有机质就多，就会消耗大量氧气，容易造成缺氧，还会产生氨和硫化氢的有害气体，会影响特色鱼类的生长和生存。特色鱼类养殖水体，包括稻田、池塘、水库、沟渠、河流、湖泊、塘堰等最适淤泥厚度为 30cm 以内。特色鱼类养殖水体的大小、水深根据具体的养殖要求而定。

三、水质

特色鱼类养殖要有充分的水源，良好的水质供应。因为特色鱼类养殖一般溶氧要求较高，多采用高密度养殖，投喂的饵料蛋白含量比较高，很容易造成水质恶化。需要及时补充和更换新水。水源以无污染的河水或湖水为好。这种水溶解氧较高，水质良好。井水也可作为水源，但水温和溶解氧量均较低。使用时可现将井水抽至一蓄水池中，让其自然曝气和升温，最少 3 天后进入池塘；切不可一次性大量加井水进入养殖水体。加注井水的渠道要尽量长一些，这样可以最大限度地增加水中的溶氧。

养殖水体水质要求：pH 值 6.5～8.5，溶氧量在连续 24h 中，16h 大于 5mg/L，其余时间不低于 3mg/L，总硬度为 89.25～142.8mg/L（以碳酸钙计），有机耗氧量在 30mg/L 以下，氨低于 0.1mmol/L，硫化氢不允许存在。工厂和矿山排出的废水没有经过分析和处理不宜作为养殖用水。水中有毒有害物质含量应符合 NY 5361—2010《无公害食品　淡水养殖产地环境条件》要求（表 5-2）。

表 5-2　淡水养殖用水水质要求

项　目	标　准　值
色、臭、味	无异色、异臭、异味
总大肠菌群(MPN/L)	≤5000
汞/(mg/L)	≤0.0001
镉/(mg/L)	≤0.005
铅/(mg/L)	≤0.05
铬/(mg/L)	≤0.1
砷/(mg/L)	≤0.05
硫化物/(mg/L)	≤0.2
石油类/(mg/L)	≤0.05
挥发酚/(mg/L)	≤0.005
甲基对硫磷/(mg/L)	≤0.0005
马拉硫磷/(mg/L)	≤0.005
乐果/(mg/L)	≤0.1

第三节　饲料

配合饲料是由各种原料和添加剂经过一定的加工工艺制成的，特色鱼类的配合饲料也是一样。原料在生产、收获、运输中可能会受到一些有害物质的污染，饲料在加工过程中可能受直接来自添加物的化学物污染，造成对鱼类的危害。所以，配合饲料不仅营养指标和加工质量需要符合要求，其安全指标也应该符合无公害水产品生产要求。否则就会影响水产品的质量，并有害于人们的健康。配合饲料的饲料安全指标限量应该遵循渔用配合饲料的安全指标限量（表 5-3）。

表 5-3　渔用配合饲料的安全指标限量

项　目	安全指标限量
铅(以 Pb 计)/(mg/kg)	≤5
汞(以 Hg 计)/(mg/kg)	≤0.5
无机砷(以 As 计)/(mg/kg)	≤3
镉(以 Cd 计)/(mg/kg)	≤3
铬(以 Cr 计)/(mg/kg)	≤10
氟(以 F 计)/(mg/kg)	≤350
游离棉酚/(mg/kg)	≤300
氰化物/(mg/kg)	≤50
多氯联苯/(mg/kg)	≤0.3
异硫氰酸酯/(mg/kg)	≤500
噁唑烷硫酮/(mg/kg)	≤500
油脂酸钾(KOH)/(mg/kg)	≤2(育苗配合饲料)
	≤6(育成配合饲料)
黄曲霉毒素 B_1/(mg/kg)	≤0.01
六六六/(mg/kg)	≤0.3
沙门菌/(cfu/25g)	不得检出
滴滴涕/(mg/kg)	≤0.2
霉菌/(cfu/g)	≤3×10^4

第四节　种苗

特色鱼类养殖跟其他鱼类养殖一样，苗种的质量是最根本的条件。苗种选择得好，就为养殖打好了基础。特色鱼类的苗种主要是人工繁殖苗种或自然繁殖苗种。苗种的质量控制按照不同鱼类的苗种质量要求进行培育和挑选。

第五节　防病治病的药物控制

特色鱼类疾病的预防与治疗用药也应该遵循以不危害人类健康和不破坏水域环境的原则。坚持“以防为主，治疗为辅，防治结合”的方针。药物使用应该严格遵守国家有关规定，严禁使用未获得生产许可证、批准文号与没有生产标准的药品。提倡使用“三效”（高效、速效、长效）、“三小”（毒性小、副作用小、用量小）的药品。提倡生物防治和使用生物制品防治。提倡对症下药，禁止滥用药或者增大使用剂量和次数及延长用药时间的做法。所有鱼类在上市之前应该有一段时间的休药期。确保上市的水产品药物残留量符合《无公害食品　水产品中渔药残留限量》要求（表 5-4）。不得使用国家规定禁止使用的药物或添加剂，也不得在饲料中长期添加抗菌药物。

表 5-4　《无公害食品　水产品中渔药残留限量》主要技术指标

药物类别		药物名称	指标(MPL)/(μg/kg)
抗生素类	四环素类	金霉素	100
		土霉素	100
		四环素	100
	氯霉素类	氯霉素	不得检出
磺胺类及增效剂		磺胺嘧啶	100 （以总量计算）
		磺胺甲基嘧啶	
		磺胺二甲基嘧啶	
		磺胺甲噁唑	
		甲氧苄啶	50

续表

药物类别	药物名称	指标(MPL)/(μg/kg)
喹诺酮类	噁喹酸	300
硝基呋喃类	呋喃唑酮	不得检出
其他	己烯雌酚	不得检出
	喹乙醇	不得检出

水产品中有毒有害物质限量见表5-5。

表5-5 水产品中有毒有害物质限量

项 目	指 标
组胺/(mg/100g)	≤100(鲐鲹鱼类) ≤30(其他红肉鱼类)
甲基汞/(mg/kg)	≤0.5(所有水产品,不包括食肉鱼类) ≤1.0(肉食性鱼类,如鲨鱼、金枪鱼等)
砷/(mg/kg)	≤0.1(鱼类) ≤0.5(其他动物性水产品)
铅(以Pb计)/(mg/kg)	≤0.5(鱼类)
镉(以Cd计)/(mg/kg)	≤0.1(鱼类)
铜(以Cu计)/(mg/kg)	≤50
氟(以F计)/(mg/kg)	≤2(淡水鱼类)
石油烃/(mg/kg)	≤15
多氯联苯(PCBs)/(mg/kg)	≤2.0(海产品)

禁用渔药见表5-6。

表5-6 禁用渔药

药物名称	别名	药物名称	别名
地虫硫磷	大风雷	六六六	
林丹	丙体六六六	毒杀芬	氯化莰烯
滴滴涕		甘汞	
硝酸亚汞		醋酸汞	
呋喃丹	克百威、大扶农	杀虫脒	克死螨

续表

药物名称	别名	药物名称	别名
双甲脒	二甲苯胺脒	氟氯氰菊酯	百树菊酯、百树得
氟氰戊菊酯	保好江乌、氟氰菊酯	五氯酚钠	
孔雀石绿	碱性绿、盐基块绿、孔雀绿	锥虫砷胺	
酒石酸锑钾		磺胺噻唑	消治龙
磺胺脒	磺胺胍	呋喃西林	呋喃新
呋喃唑酮	痢特灵	呋喃那斯	P～7138(实验名)
氯霉素(包括其盐、酯及制剂)		红霉素	
杆菌肽锌	枯草菌肽	泰乐菌素	
环丙沙星	环丙氟哌酸	阿伏帕星	阿伏霉素
喹乙醇	喹酰胺醇羟乙喹氧	速达肥	苯硫哒唑氨、甲基甲酯
己烯雌酚(包括雌二醇等其他类似合成雌性激素)	乙芪酚、人造求偶素	甲基睾丸酮(包括丙酸睾丸素、去氢甲睾酮及其同化物等雌性激素)	甲睾酮、甲基睾酮

第六节　管理控制

无公害生产还体现在生产管理上，比如工具的消毒、工具的相互串用，外来物品的管理、外来人员的管理、安全质量意识的教育等。要制定出相应的规章制度与管理措施，安排专门的人员负责管理。

第七节　暂养、运输控制

在准备销售时的暂养也是质量控制的一个环节，防止被动污染以及销售前的饵料药物控制是必须注意的。在运输过程中的运输工具的污染控制、防伤、防冻、防缺氧等药物的应用，增加商品成色及增加活性的有关药物的应用等，都要严加控制，保证养殖的最后一个环节不出质量问题。

第八节　市场质量要求

市场对水产品的要求主要从感官、鲜度和微生物指标来衡量。

1. 感官

对水产品的销售感官要求可以参照鲜鱼感官要求（表5-7）。

表5-7　鲜鱼感官要求

项目	要　求
形态	形态正常，无畸形
体表	体表光滑并有正常黏液、无病灶
行为	反应敏捷，活动能力强

2. 鲜度

鲜度主要是指鲜鱼销售，不包括活体。特色鱼类销售包括活体销售和鲜鱼销售。质量标准对鲜鱼的鲜度要求比较简单，除基本感官以外，要求挥发性盐基氮小于20mg/100g。活体质量要求除符合食品卫生标准外，还要保证成鱼质量标准。

3. 微生物指标

微生物指标参照表5-8。

表5-8　微生物指标

项　目	指　标
细菌总数/(个/g)	$\leqslant 10^6$
大肠菌群/(个/100g)	$\leqslant 30$
致病菌(沙门菌、李斯特菌、副溶血性弧菌)	不得检出

第六章 特色鱼类的饲料

鱼类的饲料可以分为天然饵料和人工饲料，天然饵料是指水中自然繁殖生长的鲜活动植物饵料；人工饲料是经过人工采集、加工投喂的饲料。鱼类饲料是水产养殖的物质基础，自然条件下，水中的天然饵料是无法满足鱼类需求的，必须投喂人工饲料。

第一节 饲料的营养成分

鱼类的营养主要包括蛋白质、脂肪、糖类、维生素、矿物质，这 5 种营养成分对鱼类生长有各自不同的作用，在人工配制时要注意各自的比例，相互协调，相互补充，达到平衡营养的目的，或多、或少不仅会产生浪费，还会影响鱼类的生长，甚至使鱼类产生疾病。

一、蛋白质

蛋白质是构成生命的物质基础，生命的特征就是蛋白质不断地自我更新。植物可以通过对无机物的吸收合成蛋白质，动物则要通过从食物中摄入必需的蛋白质。

鱼类对能量物质的吸收比陆生动物少，但蛋白质的含量要远高于家禽。几种特色鱼类中投饲性鱼类饲料蛋白质最适含量见表 6-1。

表 6-1 投饲性鱼类饲料蛋白质最适含量参考表 单位：%

养殖鱼类	鱼苗到鱼种	鱼种至成鱼	成鱼、亲鱼
翘嘴鲌	40～45	40～45	36～49
泥鳅	40	38	36

续表

养殖鱼类	鱼苗到鱼种	鱼种至成鱼	成鱼、亲鱼
黑鱼	44～45	43～44	42～43
黄颡鱼	42	42	41
长吻鮠	44	42	40
斑点叉尾鮰	41～42	39～40	36～39
黄鳝	43	42	41
蛙类	40～45	40～42	40

鱼类对蛋白质的需求随着种类、规格、食性、所处生态环境不同而不同，从表 6-1 中可以看出，肉食性鱼类蛋白质含量要求要高一些，鱼苗阶段要高一些，杂食性、草食性及成鱼阶段和亲鱼阶段要低一些。但特色鱼类的蛋白需求普遍比大宗鱼类的高。

氨基酸是蛋白质的基本组成单位，饲料中的蛋白质通常被鱼类消化器官分泌的消化酶分解成氨基酸然后被鱼体吸收利用。氨基酸的种类有很多，有的可以自己合成，有的则需要从饲料中摄取，这种氨基酸称为必需氨基酸，我们在饲料配方中主要考虑这类氨基酸，这类氨基酸是按照一定的比例搭配的，我们的饲料配方就是要使饲料中的氨基酸含量及比例恰好与鱼体内对氨基酸的需要相近。如果某种氨基酸的量不足，鱼类就会按照数量最少的氨基酸相应比例利用，这样就会限制其他氨基酸的利用，造成饲料的浪费。

蛋白质的来源主要有动物蛋白和植物蛋白。动物蛋白主要是鱼粉、肉骨粉、血粉、蚕蛹粉、昆虫粉、蚯蚓粉、乳类等。植物蛋白主要是豆类、油料、谷物、饼类等。动物蛋白蛋白质含量高，营养全面，特别是含有植物性饲料中缺乏的赖氨酸、蛋氨酸、色氨酸等限制性氨基酸，但价格较高。植物蛋白来源广泛，价格便宜，但含量低，营养不全面，科学的饲料配方应该有效地利用这两种蛋白来源，做到营养全面、价格便宜。

二、脂肪

脂肪是一种高能量物质，它产生的能量是蛋白质和糖类的2.25倍。脂肪不能直接被鱼类利用，而是要通过消化道中经消化酶-脂肪酶的作用，分解为甘油和脂肪酸后才能利用。脂肪只能作为能量消耗，因此在脂肪的添加上要考虑不同时期的脂肪应用，如在越冬前脂肪的添加量应该加大等特殊原因。脂肪还有一个重要的用途，脂肪的加入，可以减少蛋白质参与能量的消费，利于鱼类的生长发育。鱼类的配合饲料中脂肪的添加量最好控制在4%～8%。

三、糖类

糖类也是一种能量物质，一部分作为能量被消耗，另一部分可以转化成脂肪进行能量储备。一般认为，温水性鱼类饲料中糖类的含量为30%左右，但不能超过45%。

四、维生素

维生素是维持鱼类正常生理功能所必需的、少量的、具有高度生物活性的有机化合物。一般不能合成，能够合成的也不能满足自身机体的需要，必须从食物中获取。维生素不属于构成机体的主要原料，更不是能量物质，它需要量很少，通常以毫克计算，但维生素参与新陈代谢的调节，控制生长发育过程，提高机体抗病能力。若缺少某种维生素就会导致代谢紊乱、功能失调、生长停顿，产生各种维生素缺乏症，严重时造成死亡。

维生素广泛存在于各种食物中，特别是鲜活食物中维生素的含量极为丰富。在天然条件下一般不会缺乏，但在广泛应用的配合饲料中，由于选择的原材料不用，很容易造成维生素缺乏，这是在配合饲料配方中必须注意的。

五、矿物质

矿物质是组成骨骼所必需的也是其他细胞组织的构成物质；有些以离子形式还起着平衡体液、生理调节功能；与蛋白质协调，维持组织细胞的渗透压；还是鱼体内酶系统的主要催化剂，在生理功能上起着多方面的作用；可以促进鱼类生长，提高营养物质的利用率（表 6-2）。

表 6-2 鱼类矿物质需要量与生理功能

矿物质	主要代谢功能	缺乏症	需要量(每千克干饲料)
钙(Ca)	参与骨骼和软骨形成；血液凝固；肌肉收缩	生长缓慢、组织钙减少	5g
磷(P)	参与骨骼形成；形成其他有机磷化合物	背部与头部畸形，肝、肌肉、脂肪浸润	7g
镁(Mg)	脂肪、糖类和蛋白质代谢中大量存在的酶辅助因素	食欲减退、生长缓慢、肌肉、强直、惊厥、死亡	500mg
钠(Na)	参与神经作用和渗透压调节作用	未定	1～3g
钾(K)	参与神经作用和渗透压调节作用	未定	1～3g
硫(S)	含硫氨基酸和胶原蛋白的必要组成成分；参与芳香族化合物解毒作用	未定	3～5g
氯(Cl)	细胞液中主要的单价离子、消化液的成分，有调节酸碱平衡作用	未定	1～5g
铁(Fe)	血红蛋白、血红素、过氧化物等的主要成分	贫血	50～170mg
铜(Cu)	血清蛋白中血红素成分；酪氨酸酶和抗坏血酸氧化酶中辅助因素	生长缓慢	1～4mg

鱼体内的矿物质有钙、镁、钾、钠、磷、硫及氯 7 种常量元素。还有铁、铜、锰、锌、钴、镍、铅等 20 多种微量元素和超微量元素。如果鱼体内缺少某种元素，就会引发许多明显的缺乏症。如果缺乏碘，就会引起甲状腺肿大；缺铁，可引起缺铁性贫血；缺钙或磷，鱼容易产生软骨病。

鱼类所需的矿物质可以通过渗透、扩散等多种形式从水中获得，也可以从食物中获得。在自然养殖状态下，这些物质不会缺乏，在人工配合饲料中就要注意这些物质缺乏引起的缺乏症。如果添加多了也会产生一些病变，应该注意添加量。

第二节　饵料的种类

一、植物性饲料

1. 谷物类

谷物类主要有玉米、高粱、稻谷、大麦、小麦、燕麦等（图6-1）。这些谷实饲料蛋白质含量较低，一般为8%～12%，所含必需氨基酸也很少，糖类占55%～57%，主要为能量物质。但是，这些谷物中含有大量的维生素，尤其是维生素E能够促进亲鱼的性腺发育，所以在草鱼亲鱼培育时常投喂部分麦芽、谷芽。

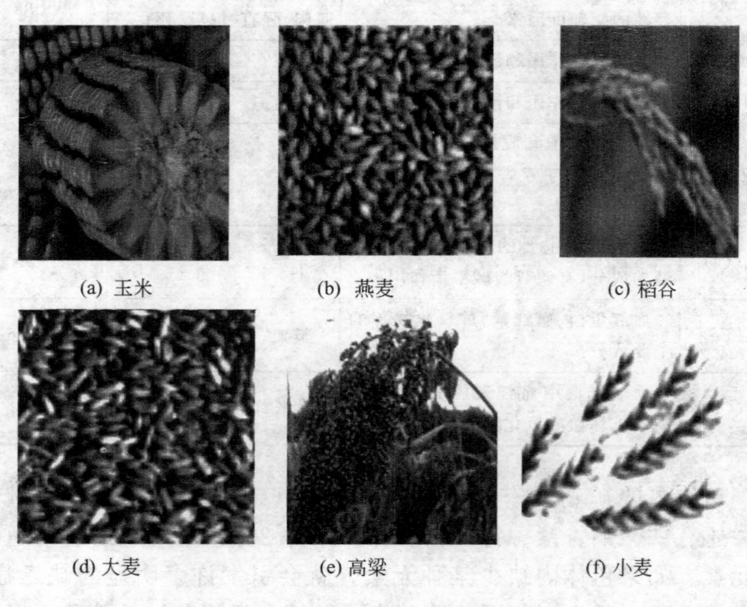
(a) 玉米　(b) 燕麦　(c) 稻谷　(d) 大麦　(e) 高粱　(f) 小麦

图6-1　几种谷物类

2. 豆类

豆类主要为大豆、豌豆、蚕豆等（图6-2）。豆类糖类含量较低，为22%～56%，蛋白质含量较高，平均达22%～40%，是植物饲料中营养最好的。以100g黄豆为例：钙191mg、磷465mg、

(a) 蚕豆　(b) 豌豆　(c) 黄豆

图 6-2　几种豆类

钾 1503mg、钠 2.2mg、镁 199mg、铁 8.2mg、锌 3.34mg、硒 6.16μg、锰 2.26mg、碘 9.7mg、硫胺素 0.41mg、核黄素 0.2mg、尼克酸 2.1mg、维生素 E 18.9mg、维生素 A37mg、胡萝卜素 220mg、水分 10.2g、热量 359kJ、能量 1502kJ、蛋白质 35g、脂肪 16g、碳水化合物 25g、膳食纤维 6.5g、灰分 4.6g。

3. 油饼类

饼类主要是指大豆饼、花生饼、棉籽饼、菜籽饼、芝麻饼等

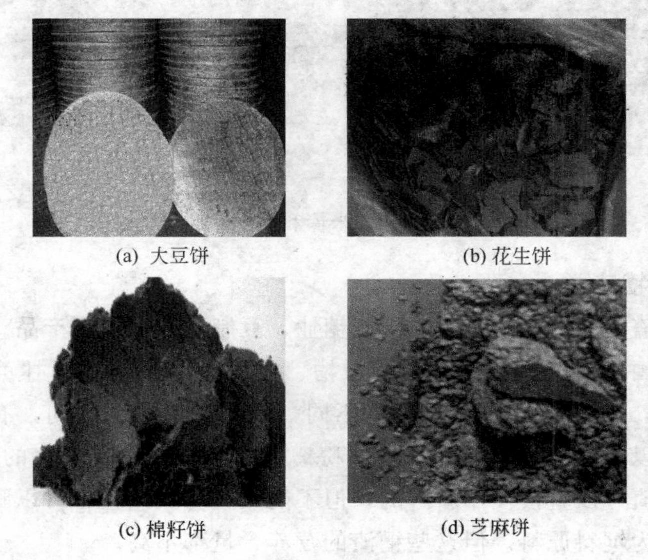
(a) 大豆饼　(b) 花生饼　(c) 棉籽饼　(d) 芝麻饼

图 6-3　几种油饼类

（图 6-3）。油饼的营养值随原料的种类和加工方法而不同。油饼是大豆、花生、棉籽、菜籽、芝麻把脂肪榨出后的产物，脂肪含量低，蛋白质含量较高，一般为 30%～45%，是优质蛋白质来源，缺点是消化率低，必需氨基酸含量少且不平衡。各种油饼的缺陷不同，需要与其他原料配合使用。

4. 糠麦麸

糠麦麸类饲料是粮食加工业的主要副产品，来源广泛，主要有米糠、麸皮等（图 6-4）。米糠是稻谷的副产品，麸皮是小麦的副产品，糖类含量较低，其他各种营养物质含量很高。它们的磷含量常达 1%以上，并富含 B 族维生素。但它们的营养不平衡，需要搭配其他原料使用，但在大宗鱼苗种培育阶段，特别是白鲢、花鲢苗种培育后期使用有很好的效果。

(a) 米糠

(b) 麸皮

图 6-4　米糠和麸皮

5. 糟渣类

糟渣为酿造业、制粉业、制糖业、豆制业的主要副产品。有酒糟、啤酒糟、醋糟、酱油糟、粉糟、豆腐糟、甜菜糟、甘蔗糟等（图 6-5，彩图）。这些渣因原料不同，营养和用法也不同，有的新鲜的可以直接投喂，如豆腐糟、粉糟，有的可以作为肥水的肥料。这些糟渣可以直接使用新鲜的，但不能放置得太久，也可以晒干磨成粉作为饲料原料。但这些糟渣的营养含量都不高。

一些常用植物性饲料的营养成分见表 6-3。

(a) 酒糟　(b) 啤酒糟　(c) 醋糟　(d) 酱油糟　(e) 粉糟　(f) 豆腐糟　(g) 甜菜糟　(h) 甘蔗糟

图 6-5　几种糟渣类

表 6-3　一些常用植物性饲料的营养成分　　单位：%

种类	水分	粗蛋白	粗脂肪	粗纤维	无氮浸出液	灰分
黄豆	10	36.3	18.4	4.8	25	5
豆饼	13.5	42	7.9	6.4	25	5.2
花生饼	10	45.5	8	4.8	25.2	6.5
棉籽饼	9.5	31.4	10.8	12.3	30	6.3
菜籽饼	10	33.1	10.2	11.1	27.9	7.7
芝麻饼	8.1	33.3	13.3	5.1	15.1	25.2

续表

种类	水分	粗蛋白	粗脂肪	粗纤维	无氮浸出液	灰分
糠饼	10.4	16.5	5.8	8.2	49.1	9.9
米糠	13.5	11.8	14.5	7.2	28	25
麸皮	12.8	11.4	4.8	8.8	56.3	5.9
酱油糟	50	13.5	13.2	4.5	9.1	9.7
啤酒糟	76.9	6.8	2.2	4.2	8.7	1.3
豆渣	85.1	5	1.8	2.1	5.4	0.6
甜菜糟	91	0.9	—	1.8	5.8	0.5

二、动物性饲料

动物性饲料是鱼类最好的饲料，它们的蛋白质质量好、含量高，一般为40%～80%，氨基酸不仅丰富，而且较为平衡，还含有多种维生素、脂肪、钙、磷等促进鱼类生长的必需物质，鱼类食用后消化吸收利用率高。

动物性饲料共有三类。第一类是可以人工在自然水域捞取的，如蚌、螺蛳、黄蚬、生鲜野杂鱼等。这类饲料随着用途的扩展，资源越来越少，另外劳动成本的增加，靠采用这些天然活饵料喂养大宗鱼已经不现实了。第二类动物性饲料为屠宰场、肉食品厂、水产品加工厂、缫丝厂等的副产品如鱼粉、肉骨粉、血粉、蚕蛹粉等，这类产品随着加工厂的进一步深加工和人们的饮食需要，使这类原材料的价格上涨，已经不能适应于水产养殖。第三类为人工养殖的饵料生物，如蝇蛆、蚯蚓、黄粉虫等。下面就动物性饵料分别作一下介绍。

1. 田螺

田螺（图6-6）是最常见的软体动物之一，包括其他一些底栖中小型软体动物，都是肉食性鱼类喜食的饵料。田螺喜欢栖息于稻田中、沟边池塘中，食性广，最适水温20～25℃，15℃以上开始繁殖。田螺大都生活在稻田和河沟的浅水处，可以直接用手拾捡或用专门的工具收集；有些中小型浅水性湖泊田螺非常丰富，可以用

图 6-6 田螺

专门的作业船进行打捞。田螺疾病少，易繁殖，苗种来源容易，可以在池塘养殖，也可在稻田养殖，还可与鱼类混养。目前进行田螺专门养殖的不多，都是以天然捕捞为主，但随着田螺应用范围的扩大和现代饮食需求的日益增多，人工养殖必将成为今后田螺生产的发展方向。田螺的养殖还是利用自然繁殖、人工培苗的方法。在稻田中养殖，放养密度可以掌握在每平方米 150～200 个，米糠、麸皮、菜叶、豆渣、土豆、红薯等都可以作为它的饲料。它对溶氧的要求比较高，不能低于 3.5mg/L，1.5mg/L 就开始死亡，因此在饲养的过程中要保持水体中有充分的溶氧量。池塘养殖可以参照稻田养殖方式进行，只是在放养密度上可以适当提高，池塘水位控制在 1～1.5m，在池塘中种植适当的水草，水草的密度控制在不连片生长，或放置适当的网片、树枝等，利于田螺攀爬，提高田螺的活动空间，提高产量。

2. 福寿螺

福寿螺于 1984 年引进我国，适应性强、食性杂、生长快、个体大、产量高、繁殖力强、营养丰富，不仅适于人类食用，而且是鱼类理想的活饵料。它与我国其他螺蛳品种有着相似的特点，喜欢温暖潮湿的环境，喜阴暗、怕光照，最高适应水温达 45℃，最适水温 25～32℃，不太适应较低水温，最低适应水温为 8℃。适应高水温比一般螺蛳强，但适应低水温比一般螺蛳差，存在越冬问题。

福寿螺食性广，是以植物性饵料为主食的杂食性螺类，如浮萍、水草、蔬菜、瓜果、玉米粉、麸皮、米糠、家禽粪便、腐殖质及有些浮游动植物等都是它的饵料。福寿螺（图 6-7）是原产于南美洲亚马孙河流域的软体动物。我国福寿螺的养殖从台湾开始，后在广东、广西、海南等南方省份开展，主要是用于餐饮，福寿螺的养殖比较简单，方法多种多样，池塘、稻田、沟渠、土坑、洼地，凡是能够盛水的容器都可以进行养殖。养殖产量最高亩产可达 5000kg。目前主要用来养殖的形式有池塘养殖、稻田养殖、沟渠养殖、水泥池养殖、土坑养殖和庭院养殖。福寿螺的繁殖也比较容易，当雌螺长到 10g 以上时，在养殖水面中插上竹子枝杈、树枝或尼龙布条等，作为成螺附着、攀爬、交配和产卵的场所。交配 3～5 天后，雌螺就会在夜间爬出水面，产卵于这些附着物上，受精卵呈红褐色，集结成条块状，将卵刮下放置在平放水面以下的竹排上孵化，气温 18～20℃时，经过 27～29 天，28℃以上，经过 8～12 天可孵化成幼螺。刚孵化出的幼螺宜放在水深 5～10cm 的水池中专养，每平方米水面放 5000 只左右。幼螺长到 1～3g 时，转入成螺养殖池饲养，随着螺体的长大，水深可以逐渐加深到 60～80cm，放养密度相应递减为每平方米 100～200 只，直到 2～30 只/m^2。福寿螺的饲养管理很重要，刚孵化出来的幼螺，抵抗力差，摄食力弱，宜投喂一些鲜嫩的菜叶、浮萍等，也可撒一些细米糠，随着螺体的

图 6-7 福寿螺

长大，可以投喂一些水草、瓜果、蔬菜等饲料，也可投喂一些配合饲料，一般早、晚各1次，均匀撒遍全池，注意投喂要适量，不能过度投喂。要及时清除食物残渣，以免影响水质，水质要保证清新，勤换水，换水时要注意设置过滤网，防止敌害生物进入。溶氧量保持在4mg/L以上。因为福寿螺的个体较大，采用福寿螺喂养肉食性鱼类应该把螺砸碎后喂养。

3. 黄蚬

黄蚬（图6-8）属于一种小型的软体动物，又名河蚬、蚬子，生活在河流、湖泊中的底泥中，以腐殖质及底层浮游生物为食，由于个体太小，目前还没有进行人工养殖的报道。与黄蚬生活在一起的还有一种大小似南瓜子的湖球蚬，俗称“饭蚬”，壳薄而脆，色灰白，这两种都是肉食性鱼类的好饲料。

图6-8 黄蚬

4. 蚌

蚌（图6-9）也是鱼类养殖很好的天然饵料之一，它的营养价值高，资源丰富，易采集，易运输，一般河流、湖泊、沟渠、水库、塘堰、沼泽等都有，它的品种也很多，都可以作为鱼类的活饵料。河蚌一般生活在水域底层淤泥中，以腐殖质及底层浮游生物为饵料，是水体底部的清洁工，它活动缓慢，一般侧身扎入淤泥中，头部露出淤泥进行呼吸和过滤底层水从中摄取浮游生物。河蚌一年

图 6-9　河蚌

四季都可以采集，采集的方法也很简单，不同的季节可以采用不同的方式进行采集。春秋季水温比较低，可以用专用耙子在水中捞取；水浅可以穿下水裤在水中摸取。夏秋季可以潜水作业，直接在水中摸取。冬季可以利用沟渠、池塘及小型河流干枯时直接捡拾，放入专用小池暂养或装入一个个小网兜沉入水中或吊养，暂养的密度可以适当大一些，每 667m^2 可以暂养 2500～5000kg，但在夏季之前必须减少密度。如果有足够的河蚌资源，可以采用集中收集暂养的方式，在喂养时随用随取。河蚌的运输比较简单，湿运干运都可以，不需要包装，夏天最好不要超过 10h，在河蚌上盖上遮阳布或水草，避免阳光直晒；秋天春天不要超过 15h，选择天气比较凉爽的时候运输；冬天不要超过 8h，河蚌上要加盖帆布或水草，一般在晴天上午 9 点以后运输，防止冻伤。

如果要进行河蚌的规模化繁殖，就要修建专门的繁育设施及配套的育苗池、亲蚌池、养殖池。建议聘请专门的技术人员进行操作。也可以采用简单的自然繁殖的方式进行，具体做法有两种。第一种方法是在每年春季利用专用池塘或养鱼塘，进行清塘消毒，施底肥 500～800kg，待水色变为淡茶水色时把雌雄比例（3∶2）搭配好的成熟河蚌吊入笼中，每笼 5 只，吊养河蚌的笼与笼之间间隔 1m 左右，每排之间间隔 1～1.5m。在 5～7 月间多次检查河蚌，看能否进行人工繁殖，有条件和有经验的可以利用河蚌开口器检查钩介幼虫的发育情况，一旦发现可以进行人工繁殖，可以把能够繁殖的雌蚌放在太阳下面暴晒 15～30min，然后放入盆装清水中，雌蚌受清水冰凉水温的刺激，会迅速排出钩介幼虫，这时可以拿出排完钩介幼虫的河蚌，搅动水体使钩介幼虫在水中分布均匀后放入感染鱼类，鱼类可以选择黄颡鱼成鱼、鲴鱼鱼种或花、白鲢鱼种，每个蚌配 30 尾左右感染鱼，感染鱼放入盆中后，由于钩介幼虫的寄生，会使鱼类高度不适而跳跃、乱蹿，待鱼平静后把感染鱼转移到专门的育苗池中或池塘中进行河蚌的苗种培育。如果没有设备，也没有经验，可以每隔 20 天左右分批把雌蚌放在太阳下进行暴晒，使发育好的钩介幼虫排出，把没有排出的雌蚌放入笼中继续喂养。钩介幼虫的感染同上。第二种方法就是按照雌雄比例搭配把河蚌放入池中，并放入上述感染鱼，感染鱼的规格为 40 尾/kg，放养密度为 8000～10000 尾/667m^2。在整个繁殖孵化和培育中要保证池水有一定的肥度，在施好底肥的情况下，每隔一段时间施追肥 150～250kg/667m^2，透明度保持在 30～40cm。8 月上旬移出所有亲蚌，降低水位至 1m 左右，施追肥，保持水色为茶褐色。到第二年春天可以抽干池水，收集幼蚌进行专门培育或继续进行培育。这里特别要注意的是一旦发现有钩介幼虫病时切莫杀灭，否则不能保证有足够的幼蚌成活。

5. 冰鲜鱼

冰鲜鱼（图 6-10）主要是指海洋捕捞中捕捞的一些经济价值不高的小型鱼类冰冻后作为一些特色鱼类的饲料，如黑鱼、鳜鱼、大口鲶、怀头鲶等都可以投喂冰鲜鱼。

6. 野杂鱼

淡水中一些经济价值不高的、不容易保存的小型鱼类（图 6-11），如餐鲦、鳑鲏等，这些鱼如果数量较多，可以作为一些肉食性鱼类的饵料，如黑鱼、鳜鱼、大口鲶、鲈鱼、怀头鲶等。

7. 饵料鱼

在一些特色鱼类养殖中，常采用人工养殖饵料鱼的方式喂养，如南方大口鲶、怀头鲶、鳜鱼、鳡鱼、黄鳝、黑鱼、甲鱼、乌龟等，特别是鳜鱼，到目前为止，还没有解决人工配合饲料的问题。用于饵料鱼的鱼类主要是价格比较低廉的白鲢和鲮鱼（图 6-12，彩图）。白鲢采用宰杀后投喂或煮熟后投喂；鲮鱼采用活体投喂或在养殖池中直接放养肉食性鱼类的方式。除这两种鱼类以外，还有

图 6-10 冰鲜鱼

图 6-11 野杂鱼

在肉食性鱼类苗种培育中投喂其他鱼类苗种作为它们的饵料的方式培育肉食性鱼类苗种。这种方式主要在鳜鱼的苗种培育中采用，饵料鱼主要包括鳊鱼、鲤鱼、鲫鱼、白鲢的苗种。

8. 鸡肠

鸡肠是活鸡屠宰场的下脚料，由于数量较大，一般都进行冰冻

(a) 白鲢

(b) 鲮鱼

图 6-12　白鲢与鲮鱼

(图 6-13) 后作为肉食性鱼类的饲料，价格便宜，投喂方便。在大口鲶和怀头鲶及中华鲶的喂养中采用。

图 6-13　冰冻鸡肠

9. 鱼粉

鱼粉 (图 6-14) 是把鱼可供人食用的部分除去后或者缺乏市场价值的全鱼，经加工而成的商业产品。鱼粉呈棕色粉末状或饼状，具体而言是把上述原料挤压去除油分而成。鱼粉的用途在于其富含蛋白质，可以做动物饲料。全世界的鱼粉生产国主要有秘鲁、智利、日本、丹麦、美国、俄罗斯、挪威等，其中秘鲁与智利的出口量约占总贸易量的 70%。中国鱼粉产量不高，主要生产地在山东省、浙江省，其次为河北、天津、福建、广西等省市。20 世纪末期，我国每年大约进口 70 万吨鱼粉，约 80%来自秘鲁，从智利进口量不足 10%。此外从美国、日本、东南亚国家也有少量进口。虽然我国饲料工作者一直研究探索低鱼粉日粮和无鱼粉日粮，但迄今为止鱼粉仍为重要的动物性蛋白质添加饲料，尚无法以其他饲料

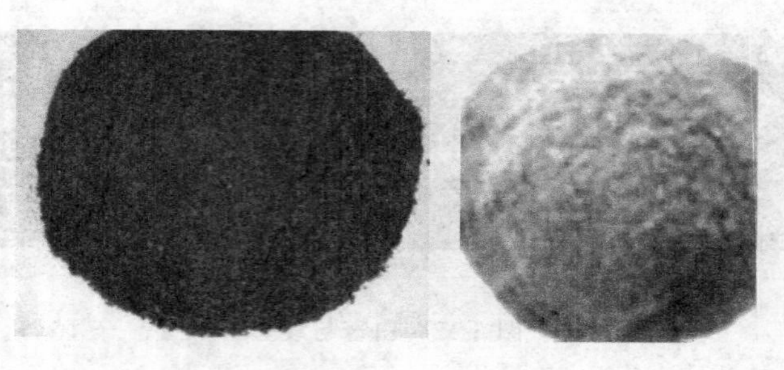

图 6-14 鱼粉

取代。

鱼粉分白鱼粉和红鱼粉，白鱼粉一般由鳕鱼、鲽鱼加工得到。粗蛋白含量可高达 68%～70%，价格昂贵，主要用于特种水产饲料。大宗鱼饲料用的是红鱼粉。红鱼粉主要原料包括鲢鱼、沙丁鱼、凤尾鱼、青皮鱼及其他各种小杂鱼、鱼虾食品加工后的下脚料等。红鱼粉的粗蛋白含量一般在 62%以上，高的可达 68%以上。

鱼粉应该是鱼类养殖最合适的饲料，它营养丰富，氨基酸配比合适，矿物质全面，鱼类消化吸收利用率高。

10. 肉骨粉

肉骨粉（图 6-15）是由不能食用的家畜、家禽尸体或屠宰时的各种脏器废品蒸煮加工而成，是肉类加工厂的副产品。因为原料不一样，所以质量也不一样。总的来讲，肉骨粉含有较丰富的蛋白

图 6-15 肉骨粉

质和无机盐。粗蛋白含量为40%～65%。但是，肉骨粉的氨基酸组成配比没有鱼粉好，这是在进行配合饲料加工时应该注意的。

11. 血粉

血粉（图6-16）是由动物血经过凝固干燥而成的粉状物。采用低温喷雾干燥法或高温干燥法制成。血粉的蛋白质含量很高，达80%以上，虽然血粉的蛋白质含量高，但是除了铁等矿物质含量较高外，氨基酸的配比失调，只能作为饲料中蛋白补充原料。

图6-16　血粉

12. 蚕蛹

蚕蛹（图6-17）是缫丝厂的副产品。新鲜的可以直接投喂。蚕蛹的蛋白质含量为17.1%、脂肪含量为9.2%，营养价值较高。但因多为不饱和脂肪酸，容易腐败，不能久放，可以烘干制成干蚕蛹。蚕蛹质量优良，营养价值与鱼粉相当，但如果过多投喂会对鱼肉的食用价值产生一定的影响，所以，一般饲料中的蚕蛹含量控制在30%以下。

13. 蚯蚓

蚯蚓（图6-18）的蛋白质含量是这些生物饵料中最高的，也是在自然条件下青鱼、鲤鱼、鲫鱼最爱吃的一种饵料。蚯蚓喜欢在夜晚出现在水边，蚯蚓出现在水边是喜欢那种潮湿的环境，这种地方有更多的腐殖质可以摄取。蚯蚓蛋白质含量高，脂肪含量低，是标准的高蛋白低脂肪食物。蚯蚓干体含粗蛋白质61.93%、粗脂肪7.9%、碳水化合物14.2%，是营养十分丰富的生物饵料，蚯蚓养

图 6-17　蚕蛹

图 6-18　蚯蚓

殖（图 6-19）方法简单，投入少，不仅可以进行简易的养殖，而且可以进行规模化养殖，养殖条件要求也低，饵料来源易于解决。在成鱼养殖中应用蚯蚓喂养，不仅可以提高产量，减少成本，增加收入，而且成鱼的品质也会大大提高。蚯蚓喜温、喜湿、喜静、怕光、怕盐，适宜温度为 5～30℃，最适温度在 20℃左右，32℃以上停止生长，10℃以下活动迟缓，5℃以下处于休眠状态。蚯蚓生长繁殖环境以中性或微酸性为主，一般栖息深度为土壤下 1～12cm，

图 6-19　蚯蚓养殖

饵料为土壤中的有机质和腐烂的杂草、菜叶、秸秆、家畜家禽粪便等。野生蚯蚓的捕捞可以采取以下几种方法：一是在富含腐殖质的阴凉地方直接用锹挖；二是利用蚯蚓怕光，一般夜晚出来活动的特点，可以在夜晚用灯光捕捉；三是在雨过天晴，特别是雷雨天气后直接捕捉；另外，也可以采取药捕和诱捕的方法。药捕的方法是在蚯蚓多的地方每平方米喷洒 1.5％的高锰酸钾溶液 7L，这时蚯蚓会立即爬出地面，捕捉后用清水漂洗即可投入使用，药捕虽然效果好，但是不提倡，主要是因为捕捞太彻底，影响地域性资源，使用药品对土壤也有一定的污染；诱捕是在蚯蚓多的地方将发酵腐熟的饲料与等量的泥土堆成堆，蚯蚓在夜晚出来觅食时实施捕捉，或者堆放 5～7 天后翻堆捕捉。

在实际的养殖活动中，靠捕捉野外的蚯蚓来维系养殖所需的蚯蚓是不现实的，它只能作为一种饲料的补充，要想完全或部分用蚯蚓来喂养就必须进行人工养殖。蚯蚓的养殖条件要求很简单，可以因时而异、因地而异，可以利用现有的条件进行养殖。蚯蚓食性很杂，摄取的食物为土壤中的细菌、真菌、原生动物、昆虫尸体及土壤中的腐殖质碎片等。人工培育时可以利用一些现有的条件，就地取材，例如：家畜、家禽的粪便，食品厂的加工下脚料，烂蔬菜、烂水果和造纸厂、制糖厂、酿酒厂等的下脚料经过发酵后即可，使用最多的是牛粪或这些东西的混合物，其中粪料占 70％、草料占 30％。饲料的发酵采用分层叠放的方法，具体为：每放一层粪肥浇水后再放一层草料，再浇水后放一层粪肥，这样多次分层堆放，下面少浇水，上面多浇水，以免下面积水太多，湿度太大影响蚯蚓的生长，一周翻堆1次，经过2～3次翻堆，使有机物得到充分发酵和分解即可制成营养丰富的蚯蚓饲料。养殖场所可以是专用水泥池、专用养殖箱，也可以在庭院的空地、田间地头的空地和菜地、稻田、棉地、麦地等，最好是选择在树林当中，利用大树遮阴，以保持温度和湿度的一致，避免阳光的直射引起土壤温度过高影响蚯蚓生长，可以在地面上挖槽，放进饲料；也可堆积在地表。在培育过程中，采取一层饲料、一层肥土分层相间堆放的方法，一般2～4层，也可以下面全部是肥土，上面全部是饲料。蚯蚓的养殖床铺好后就可以投放蚯蚓种了，一般每平方米投放蚯蚓种1.5万～3万条。蚯蚓的品种决定着蚯蚓的产量，蚯蚓的品种很多，一定要选择生长快、适应力强、繁殖力旺盛的种源，目前最好的就是美国红蚯蚓与日本花蚯蚓杂交的大平二号。蚯蚓的食量很大，一天可以摄取身体等量的饲料，所以在养殖过程中发现有许多蚯蚓粪便时就应该添加饲料了，在养殖过程中要保证饲料的湿度，鉴别方法就是把饲料轻轻一捏指间有水但不流出，如果湿度过大，要注意通风；湿度过小，可以洒水增加湿度。养殖60～80天后就可以收获，以每年养三批计算，每平方米可产蚯蚓25～45kg，蚯蚓的搜集比较简单，只要把上面的饲料翻开即可收获。

14. 黄粉虫

黄粉虫（图6-20）的蛋白质含量适中，脂肪和糖类含量较高，黄粉虫干制品蛋白质含量为47.68%、脂肪含量为28.56%、糖类含量为23.76%，营养丰富。是替代蚯蚓、蛆等作为鱼类饵料的最佳替代品。黄粉虫的饵料来源广泛，养殖条件要求低，管理方便，卫生无臭味，是唯一在养殖过程中对环境及人类生活不造成影响的饵料生物。黄粉虫养殖技术简单，一个人可以管理几十平方米的立体养殖面积。黄粉虫养殖成本低，1.5～2kg麦麸可以养成0.5kg的黄粉虫。黄粉虫食性杂，五谷杂粮及糠、麸皮、果实、菜叶等均可作为饲料，甚至有的树叶也可作为饲料，人工饲喂主要喂麸皮、米糠、菜叶和果皮等。黄粉虫养殖温度广泛，0℃以上可以安全越冬，也就是说在主养殖区黄粉虫可以一年四季进行养殖。黄粉虫幼

图 6-20 黄粉虫

虫和成虫昼夜都能活动和摄食，以黑夜较为活跃，成虫有翅但不会飞翔。成虫羽化 4～5 天后开始交配产卵，交配活动不分黑夜和白天，一次交配需要几个小时，一生交配多次，多次产卵，一般一只成虫一生可产卵 150～200 粒，成虫寿命为 3～4 个月。虫卵孵化时间随温度的变化时间相差较大，10～20℃时孵化时间需要 20～25 天，25～30℃时只需要 4～7 天。从幼虫养殖到成虫需要 75～200 天，养殖适宜温度为 13～32℃，最适温度为 25～29℃，低于 10℃时很少活动，低于 0℃或高于 35℃时难以生存。最适湿度为 80%～85%。

黄粉虫可以进行工厂化培育，也可以进行家庭培育，家庭培育比较简单，只要是容器即可，面盆、木箱、纸箱甚至瓦罐都可以，因为无臭味，放在阳台或床下养殖均可。工厂化培育可以用木头或钢管做成 3～4 层的架子，每层相隔 50cm，每层放用铁皮或木板做的长 2m、宽 1m、高 0.2m 的培育盒。做好后，进行适当的消毒处理，装好纱门纱窗即可进行养殖。黄粉虫的饲料投喂有两种，一种为米糠、麸皮等精饲料；另一种为瓜果皮、蔬菜的新鲜青饲料，也可两种结合投喂。青饲料必须洗净泥土并晾干才能投喂，不能带有水滴，用青饲料喂养每天必须把没有吃完的变质的青饲料清理出去。黄粉虫的饲养管理也比较简单，关键是控制好温度和湿度，一般来讲，卵的最适温度为 18～26℃，湿度为 75%～85%；幼虫的最适温度为 24～28℃，湿度为 72%～85%；蛹的最适温度为 25～30℃，湿度为 76%～85%；成虫的最适温度为 26～28℃，湿度为

78%～85%。夏天温度较高，水分蒸发得较快，应在地面洒一些水降低温度，增加湿度，水不能洒在养殖盒内，梅雨季节湿度过大时应该开窗通风，冬季气温较低，应紧闭门窗，也可进行室内加温，但要注意保持相应的湿度。黄粉虫的成虫、蛹都可以作为饲料。一般只把成虫作为饲料进行鲜活投喂，在生产过量有富余时还可以烘干保存，以备在饵料短缺的时候补充。

15. 蝇蛆

蝇蛆（图 6-21）是鱼类饵料中营养最丰富、鱼类最喜食的一种天然饵料生物，如果不进行人工培育，只靠野外收集是无法满足养殖需求的，只能作为饵料的一种补充。收集的蝇蛆也不卫生，如果直接投喂会引起鱼类某些肠道疾病的发生，所以在投喂时必须进行消毒处理。要想利用蝇蛆养殖就必须进行人工培育。人工培育的方法简单，投资成本低，蝇蛆繁殖能力强，能够大大降低生产成本，提高鱼类的生产速度，同时生产出的成鱼都是无公害的有机产品。经过测算，养殖每斤鲜活的蛆成本价在 0.3～0.4 元，养殖成本是可想而知的。

图 6-21　蝇蛆

蝇蛆不仅营养价值高，而且营养丰富全面，鲜蛆粗蛋白含量为 12.9%、脂肪含量为 2.61%，还含有鱼类生长的必需氨基酸、维生素和无机盐。国外通过用蝇蛆喂养小鸡实验，投喂蝇蛆的比不投喂蝇蛆的增重快 1.5 倍。

蝇蛆，俗称蛆，是家蝇的虫蛹。家蝇在室温 22～32℃、相对湿度60%～80%时，蝇蛹经过3天发育由软变硬，由米黄色、浅棕色变成黑色，最后成蝇。蝇3日后性成熟，6～8日龄为雌蝇产卵高峰期，15日龄后基本失去产卵能力，蝇卵经半天至1天孵化成蛆，蛆一般第五天成蛹。

蝇蛆的培育方法很简单，首先选择好种蝇，种蝇可以在有关的科研单位购买，也可以自己选种。种蝇的选择首先从蛆蛹开始，选择个大、健壮、活动力强的成蛹作为种源，在经过专门的培养后使其孵化成成蝇，培养方法与蝇蛆的养殖方式基本相同。其次搭建合适的养殖房，种蝇必须在封闭的房子或温棚中饲养，温度保持在22～32℃，相对湿度保持在60%～80%，还要保证室内空气流通通畅。养殖采用多层分架式养殖，每层空间为50～60cm，每层放置规格为40cm×30cm×50cm用铁皮或木条外罩纱网的蝇笼，每只蝇笼可投放养蝇1万只，雌雄各半。成蝇的饲料采用5%的糖浆和奶粉喂养或者给喂养蛆的饲料一样，饲料放入专用盒，隔天加水加饲料1次即可。另外，笼内放置纱布或尼龙布供产卵用，每天取卵1次。每批蝇饲养20～25天后杀死用作饵料，然后更换新的种蝇。收集的卵放入专门的育蛆房培育，育蛆房与种蝇房基本相似，分层喂养，可以用砖砌，也可以用木盒，还可以购置1m^2、深30cm的塑料盒，这些培育工具必须用网罩罩住，防止蝇蛆爬走。育蛆饲料用猪粪1/3～2/3、鸡粪1/3～2/3，加水混合发酵备用，发酵时间根据气温而定，一般3～5天即可。育蛆时，每平方米育蛆池放入40～50kg饲料，饲料必须平整均匀，不能随意堆放。每平方米放卵22万粒左右（每粒0.1mg，1g卵约为1万粒），饲料的温度应控制在28～32℃为宜，经1h左右就可孵化出蛆，培育4～5天使蛆变成黄色的就可作为饲料喂鱼了，2万粒卵可产蛆5kg。蝇蛆培育期间保持室内温度22～25℃，如果天气干燥闷热可以洒水降温，增加湿度。在蝇蛆收获时可以留出种蝇。另外，蛆的培育还有一种简易的培育方法：利用马粪、羊粪、牛粪等热性材料或死鱼烂虾放入背风向阳、较干燥的4.5m×0.5m×0.8m规格的土池中，上搭塑料薄膜密封加入蝇卵即可。蛆的收集方式很简单，利用蝇蛆怕强光的特点，用强光直照，蛆就会集中隐蔽在饲料下面，拨开上面的饲料即可收获。

16. 浮游动物

浮游动物由于适口性好、营养丰富、个体小、游动慢、密度大、易捕捉等特点，是绝大多数鱼类最好的开口生物饵料。最开始是轮虫、小型原生动物和小型枝角类（图 6-22），以轮虫为最好。稍大一些以中型、大型枝角类和桡足类为食。

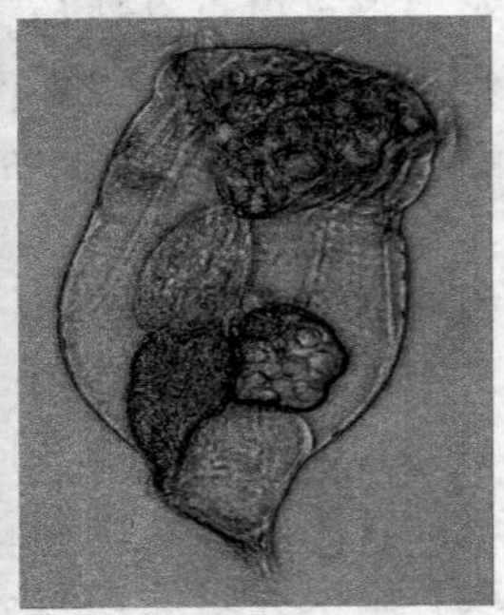

(a) 轮虫

(b) 桡足类

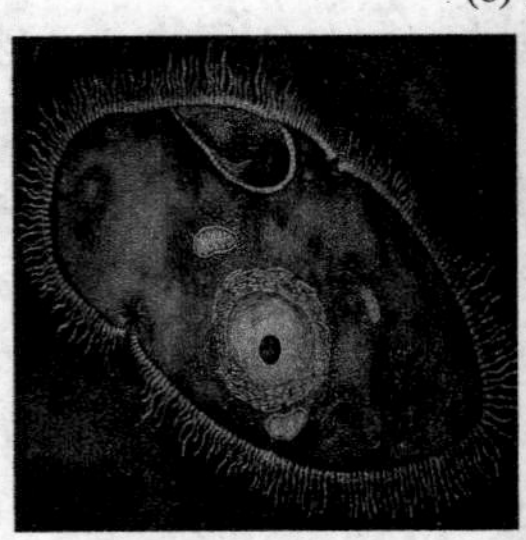
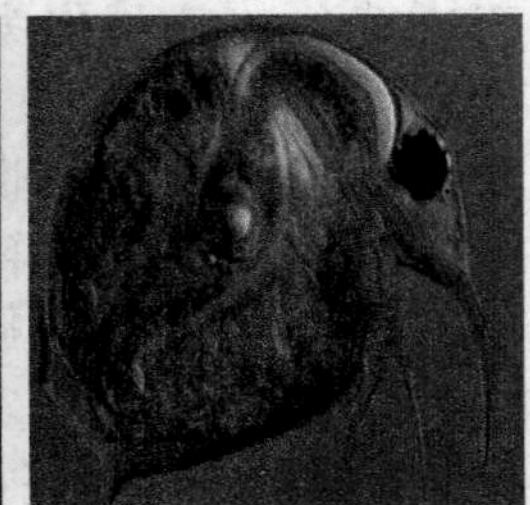

(c) 原生动物

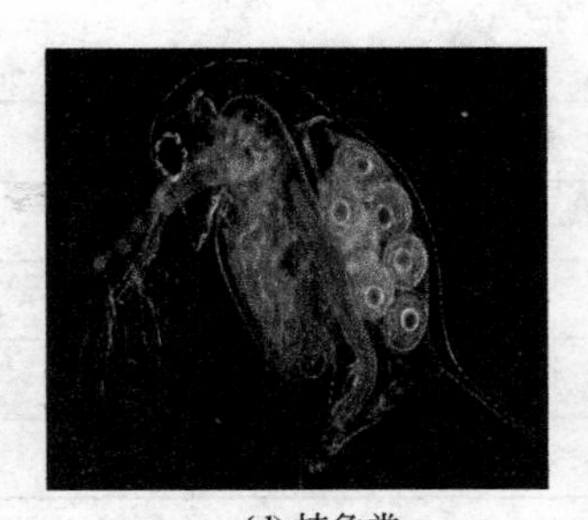

(d) 枝角类

图 6-22　浮游动物

浮游动物的培育在大宗鱼养殖中叫“发塘”，浮游动物的培育在鱼类苗种培育阶段是必备的前期准备条件，一般水温在 26℃以下较好，水温可能会上升到 26℃以上，这样培育浮游动物可能有一定的难度，但只要水温控制得好，肥料使用得当，还是可以达到目的的。浮游动物的培育方法主要有以下几种。①传统的培育方法是选择土坑或池塘，清塘后加基肥 500～100kg/667m^2，加水 30～80cm，5 天后就有白色的小型枝角类出现，以后每 3 天加菌肥 1.5～2.0kg/667m^2，可以保持一定的浮游生物密度，在水温较高时应加注新水或井水降温，也可搭建凉棚遮阴。②每天每 667m^2 用黄豆 1.5kg 磨浆或猪血 2.5kg，全池泼洒。③第一天每 667m^2 泼洒生物菌肥 3～5kg，以后每隔 1 天泼洒 1.5kg，5 天后可见效。④泼洒专用浮游动物培育糖浆，1～2 天见效，具体用法参照使用说明。也可以利用水泥池进行培育，培育方法与池塘基本相似，但最好用遮阳布遮盖，防止水温过高影响浮游动物的生长繁殖。

几种常用动物饲料的营养成分见表 6-4。

表 6-4　几种常用动物饲料的营养成分　　单位：%

种类	水分	粗蛋白	粗脂肪	粗纤维	糖类	灰分
鱼粉	9.8	62.6	5.3	—	2.7	19.6
蚕蛹	6.2	54.4	23.1	5.1	8.6	2.0
肉骨粉	6.7	48.6	11.6	1.1	0.9	31.3
血粉	9.2	83.8	0.6	1.3	1.8	3.3

续表

种类	水分	粗蛋白	粗脂肪	粗纤维	糖类	灰分
螺蛳	75.76	19.1	0.55	—	—	4.59
蚬子	85	5.3	2	—	7	0.7
蚯蚓	—	61.93	7.9	—	14.2	—
蝇蛆	—	59.39	12.61	—	—	14.1

三、配合饲料

配合饲料是按照不同鱼类不同阶段对营养的需要，按照不同原料的营养成分进行科学的配比，使混合的饲料能够满足鱼类营养和生长需要，并根据鱼类的摄食行为按照一定的工艺合成的饲料。配合饲料相对于单一的饲料有以下好处。

① 能够避免单一饲料营养不全面的现象，它的配比是完全按照鱼类的营养需要进行配制的，更适合鱼类生长，可以提高饲料的利用率。

② 可以根据不同鱼类不同阶段配制适合鱼类摄取的硬饲料和软饲料。

③ 可以扩大饲料源，把一些可以利用的原料加以利用，减少生产成本。

④ 配合饲料在水中的黏合时间长，既提高了饲料的利用率，又减少了因饲料散落后造成的水质污染。

⑤ 配合饲料的应用给鱼病防治提供了方便。在鱼病防治中，特别是肠道疾病，可以通过把药品拌入配合饲料中的方法达到预防和治疗的目的。

⑥ 配合饲料便于运输、投喂、储藏，减少了劳动力投入，同时给大规模的工业化生产和自动化生产提供了有利条件。

（一）配合饲料的种类

配合饲料根据配制方法和要求不同可以分为粉料、糊状料和颗粒料。目前主要采用的是颗粒料，颗粒料又可分为硬颗粒、软颗粒和膨化颗粒三种。

粉料喂养主要在特色鱼的喂养中采用。目前在杂食性鱼类的鱼种喂养中为了保证营养的全面性，主要采用配合饲料成型后再进行破碎，通常称为“破碎料”，就是一种粉料。糊状料也是在特色鱼的喂养中采用。硬颗粒饲料是目前最常见的一种配合饲料，适合大规模生产，特别适合杂食性鱼类的喂养。硬颗粒饲料的型号有多种，主要表示颗粒的大小，不同鱼类及同种鱼类的不同阶段选择不同型号的颗粒投喂。软颗粒饲料主要是一种即食即配的饲料，养殖厂家和个人在选定好配方后，可以在投喂当天或前1～2天进行生产，稍微晾晒后即可以投喂，这种饲料不能放置太久，容易变质。膨化颗粒饲料是近几年发展迅猛的一种颗粒饲料，采用膨化技术使饲料长时间地浮在水面上，这种饲料不仅在水中漂浮时间长，便于鱼类摄食，减少饲料浪费，还可以很好地观察鱼的吃食情况，是今后鱼类饲料的发展方向。

（二）配合饲料的原料及配方原则

1. 配合饲料的原料

配合饲料的基础原料应该从实际出发，因地制宜，选择原料来源广泛、价格低廉的原料。原料主要为两种，一种为植物性原料，另一种为动物性原料。植物性原料主要有：豆饼、菜籽饼、糠饼、麸皮、玉米、大麦、小麦、燕麦等。动物性原料主要有：鱼粉、蚕蛹粉、肉骨粉、血粉等，多用鱼粉。此外，还要添加维生素、矿物质、添加剂、黏合剂等。

2. 配合饲料的配制原则

① 不同鱼类及鱼类的不同阶段对营养的要求是不同的，应该配制出满足鱼类对能量、营养需要的营养平衡配方。配合饲料中应该有足够的必需氨基酸、脂肪、维生素、糖类和矿物质，并根据不同的要求进行灵活调整。

② 要保证鱼类对饲料能够很好的消化，并适合鱼类的胃口。饲料容易消化，鱼类对营养的吸收就好，饲料的利用率就高，饲料系数就低。同时，配合饲料应对鱼类有特殊的吸引力，鱼类爱吃。饲料不能有特殊的不良气味，影响鱼类对饲料的摄入。

③ 要尽量保证饲料在水中的成型停留时间，保证饲料的营养

成分不得丢失。

④ 饲料成本是应该重点考虑的，应该选用来源广泛、价格低廉、营养丰富的当地原料。

⑤ 保证原料的质量。只有保证了原料的质量，才能保证饲料的质量，不能选用变质的、存放时间过长的、杂质多的、质量差的、生产受到有害物质污染的原料作为饲料的原料。按照原料选用标准，选择符合质量的原料。

四、渔用配合饲料的安全指标限量

渔用配合饲料的安全指标限量见表 5-3。

第七章 疾病预控

第一节　发病原因

鱼类在自然条件下，由于密度很小，各种鱼类都有特殊的要求，这种特殊的要求自然地把鱼类分散到了各个不同的生态小生境和空间。这种最适宜的环境和空间使得很少有病原体的侵害，所以很少发病。但是，在人工饲养的条件下，由于放养密度加大，水环境恶化，加之人工喂养可能造成的营养不平衡，疾病的传播，操作的伤害，相互撕咬、条件致病菌的致病等因素，使鱼类的发病率增加，引起鱼类死亡。不管什么病，都有发病的原因，找出发病的原因是治病、防病的基础，只有找到原因才能进行有效地预防和治疗。

一、自身原因

无论什么动物，只要自身健壮，就会减少疾病的发生。鱼类也是一样，体质好，摄食正常，对疾病的抵抗力就强；体质较差，抵抗力就弱，就容易生病。另外，有些品系由于遗传的原因，对某些疾病的抵抗力本身就弱，也容易染病。

二、环境原因

1. 池塘引起的原因

新建的池塘，一般病菌要少一些。长期养殖的鱼池，如果清塘不彻底，池内腐殖质过多，给病原体繁殖浸染提供了条件，这样也容易得病。

2. 水质

水质对水生动物的影响非常大，因为水生动物长期生活在水中，水中各种因子的变化都会对其健康产生影响。水质的好坏直接影响到它们的健康和生命，可以说水质是引发鱼病最重要的因素。池中有机质过多，微生物繁殖旺盛，在分解的过程中会消耗水中大量的氧气，同时释放硫化氢、甲烷、氨氮等有毒气体，致使鱼类浮头，甚至泛池。特别是气候发生变化时，加速水底有机质的分解，溶解氧的含量会更低，造成的危害就更大。有些微生物本身就是致病菌，在条件不合适时处于休眠状态，条件一旦合适就迅速大量繁殖，形成能够伤害鱼类的种群密度，使鱼类身体受到伤害。除了溶氧、氨氮、硝酸盐氮等因素变化会对鱼类产生影响外，pH 值的变化也会引起疾病，在 pH 值高于 7.8，低于 6.2 时，鱼类也容易得病。总之，水环境中每个因子的变化都会对鱼类造成一定的影响。

3. 水温

鱼类对水温的要求是有一定范围的，高于这个范围会引起鱼类不适，食欲减退，活动力下降，甚至发生死亡现象。低于这个范围，会产生冻伤，也会产生死亡。在适应范围内，水温的变化较大时，也会对鱼类产生影响，会引发感冒等疾病。

4. 放养密度

在自然条件下鱼类很少得病，其主要原因就是密度小。由于放养密度的加大产生疾病是所有水产养殖品种的共同特点，密度的增加，鱼类分泌物和排泄物就会增加，如果超过水体自净能力，就会使得水质变坏，导致致病菌的繁殖加快，鱼类获得感染的概率增加，另外，密度过大，摄食不足，营养缺乏，对病害的抵抗力减弱，更容易得病。

5. 放养规格

在自然条件下，活动空间大，在觅食时大小鱼类都有各自的空间和躲避敌害的本能反应，尽管食物较少，大小鱼类相互之间不会因为争夺食物使得个体小的鱼类生长受到影响。在人工喂养的条件下，如果放养规格不一致，大的抢食能力强，生长速度也快；小的抢食能力弱，甚至不敢抢食，每次等到大的吃饱后剩下的才能吃到，有时还没有吃到，总是处在一个饥饿或半饥饿状态，体质就会下降，对疾病的抵抗力也会下降，容易发生疾病。

6. 溶氧

溶氧是水产养殖中衡量水质最重要的指标，鱼类对水中溶氧有各自不同的忍受力。优良的水质、丰富的溶氧对鱼类生长是至关重要的。所以，在养殖过程中，应该勤换水，保证水中溶氧在安全范围内。如果水质恶化，溶氧降低，就会引起鱼类疾病的发生和死亡。

7. 其他化学物质

几乎所有的化学物质对鱼类都有影响，除水环境以外的化学物质以外，水中的氨氮、亚硝酸盐氮、硫化氢、甲烷等有毒物质都会对鱼类产生影响，特别是在水中溶氧较低时，危害更大。

三、操作原因

主要是在捕捞、挑选、运输、放养、洗池等或无意识的伤害，由于操作不慎或者野蛮操作，造成鱼体表受伤或者内伤，给病原体的感染提供了机会。

四、饲料原因

饲养产生的疾病主要是因为在饲料管理中，管理不当，使病原体被带入或误食造成的。如饲料的管理不善，造成了霉变，这些霉变的饲料又拿去喂养鱼类，就会引起疾病。另外，饲料的投多投少、蚕食的清洗、工具的消毒不彻底或者把在已染病的池中用过的工具拿到没有染病的池中使用等都会引发疾病。

五、生物因素

客观地讲，除了环境因子、药物因子引发的疾病，一般的致病因素都是生物因素，细菌、病毒、真菌、寄生虫等都是生物。一些大型的生物如：凶猛性鱼类、蛙类、水蛇、老鼠、水鸟、猫、水生昆虫等敌害也会直接或间接危害鱼类。另外，水质的变化而引起水中某类植物大量繁殖也会引起某些特异性的疾病发生。

第二节　预防措施

一、加强亲鱼种系选择

优良品系亲鱼繁殖的后代对外界的适应能力、对疾病的抵抗力、生长速度都优于其他亲鱼繁殖的后代的，这是众所周知的，也是水产苗种生产的基本要求。这就要求我们的制种业，严格管理，规范经营，择优良品系的亲鱼进行繁殖，以保证苗种的质量。

二、选择优质鱼苗鱼种

苗种的质量好坏直接影响到养殖的成活率，甚至疾病的发生率。好的苗种，体质健壮，规格整齐，摄食旺盛，成活率就高，得病率小，生长速度快，经济效益明显。质量差的苗种，体格瘦小、规格不齐，活动能力差，摄食力不强，生长缓慢，容易得病，成活率低。对于苗种质量的把握还要注意优良品种的选择，保证了苗种的质量，也就给养殖效益提供了保证。

三、做好放养前的准备

（一）养殖池的消毒

池塘的清塘消毒是每年都要进行的。根据各个养殖阶段的要求不同，清塘消毒的时间不同。消毒一般选用生石灰和漂白粉为好，也可以选择其他市售药品。生石灰的用量和使用方法为：池水保持水深 7～10cm，每平方米用生石灰 50～75g。先将生石灰化水全池泼洒，1～2 天后用泥耙把塘泥耙一遍，7～10 天以后就可以进水。漂白粉的用量为 7～15g/m^2，全池泼洒即可。也可用生石灰漂白粉混合清塘，用量为生石灰 50g、漂白粉 8g，混合使用。除此以外，在养殖过程中也要进行消毒，每隔 1～2 个月用 0.8mg/L 漂白粉全池泼洒一次，杀灭池中有害病菌，减少病菌的发病密度，能够有效地预防疾病的发生。

（二）鱼体消毒

鱼体消毒也可以分两个部分进行，一个是在鱼类放养之前进行药浴，鱼体消毒。常用的药物有漂白粉、硫酸铜、高锰酸钾、食盐等。具体用法如下。

1. 漂白粉

每立方米水体加入10～20g漂白粉（有效氯含量为30%），搅拌均匀，将鱼类放入浸泡。消毒时间视水温高低和鱼类的忍受力而定。水温10～20℃时浸泡10～15min。如果鱼类浸泡时反应敏感，上蹿下跳，时间应该缩短，反之可以适当加长。此法可以防止细菌性皮肤病的发生。

2. 硫酸铜

浓度为8mg/L，在水温10～20℃时浸泡5～10min，同样根据鱼体的反应灵活掌握时间。通过浸泡，可以杀灭或者使寄生虫从鱼身体上脱落。

3. 漂白粉、硫酸铜合剂

每立方米水体用漂白粉10g、硫酸铜8g，各自溶解后均匀合并，在水温10～20℃时，浸泡10～20min。此法具备杀菌、杀寄生虫的效果。

4. 高锰酸钾

用10～20mg/L高锰酸钾溶液，在10～20℃水温时浸泡10～30min，浸泡过程中防止阳光直射。此法用于预防水霉病和细菌性疾病。

5. 敌百虫

用2mg/L敌百虫溶液（90%的晶体）浸泡10～15min。此法用于杀灭附着在鱼类表皮的寄生虫。

6. 食盐

用3%～4%的食盐溶液浸泡5min，可杀灭黏附在鱼体表的寄生虫和水霉等。

在进行鱼体消毒时，必须根据鱼类所带菌种和药物来源而定。一般鱼类所带菌体比较难以确定，要请有经验的技术员进行目检或镜检，或者做必要的病理调查，确定用药种类，然后根据药品来源来确定用药，这种选择主要是怀疑苗种感染了某种病菌才进行有针对性的消毒，一般都是选择容易得到的、效果好的作为选用原则。

消毒的时间应该灵活掌握，水温高，时间短一些；水温低，时间长一些；鱼体反应激烈，时间短一些，而且要马上结束浸泡，鱼体反应平和，时间可以稍微长一些。浸泡后，受伤的部位有药品浸入，能够起到杀菌、杀虫、消毒的作用，机体在受到药物刺激后，自然分泌黏液把药物保护在患处，达到对致病菌持续性的杀灭，浸泡过程中不宜用手或工具操动鱼体，防止患处黏液脱黏影响消毒效果。浸泡结束后应该连同药液一起倒入养殖池，不宜用工具捞起再放入养殖池。药物进入水体后，一般稀释后不会对鱼体产生不良影响。消毒完后不用工具捞鱼下池的理由是药液进入患处后，黏液形成了保护层，药物不容易被水稀释而形成对病菌的持续性杀灭，如果再用手或工具翻动鱼体，黏液层就会从患处脱落，药液就会溶入水中，起不到理想的预防效果。

另外一种情况是对已经染病的鱼体或染病池塘进行消毒。对于病鱼个体的消毒可以直接采用药浴的方法，具体的疾病药浴疗法会在后面的疾病预防与治疗中介绍。池塘消毒一般采用生石灰、漂白粉、高锰酸钾等药物全池消毒，具体方法后面的疾病预防与治疗中也有介绍。

四、谨慎操作

鱼病的发生，绝大多数是因为鱼体有伤而感染病菌，如果没有伤，可以避免许多疾病的发生。鱼体受伤的发生绝大多数是因为操作不慎造成的，少数是相互之间的撕咬、有害动物的伤害造成的。没有受伤，病菌不可能侵入。所以，如果我们在捕捞、暂养、运输等操作过程中，规范操作，减少鱼表皮的擦伤，并有效地防止有害动物的伤害就可以减少疾病的发生。

五、净化水源

水是所有病害的传播体，也是鱼类生存的基础。在一般水体中，有许多致病因子，只是因为这些致病因子的密度没有达到伤害鱼类的密度，或者说水质条件不适合致病菌的繁殖，致病菌形成不了对鱼类的威胁，好的水质条件，致病菌的相对密度较小，一旦水质条件发生了变化，适合某种致病菌的繁殖就会对鱼类健康产生巨大的威胁，甚至形成爆发性的鱼病。所以，定期对水体消毒是预防疾病发生的有效办法。除了净化水源外，在鱼池的设计上，尽量少用串联的方式，防止鱼病相互之间传染，如果发现鱼病，要对发病池进行隔离，严防病池水流入其他鱼池，并对病池进行有效的消毒。

六、工具分离

规范养殖中，各个鱼池使用的工具应该分开使用是减少疾病传播的重要手段，但在实际工作中有一定的困难，如果工具在有病的鱼池中用过，就必须消毒，防止相互传染。消毒方法是用 10mg/L 的高锰酸钾浸泡 30min。

七、病鱼分离

鱼类的疾病传染性较强，危害性也较大，不容易用药，不容易治疗，这是鱼类疾病防控的特点之一，如果发现鱼病，要立即隔离，最好对发现鱼病的鱼池进行一次消毒，全池泼洒 0.8～1mg/L 的漂白粉，严重时要对整个养殖单元进行隔离，甚至对发病的养殖单元周围的几个养殖单元进行隔离，防止病害的进一步传播。

八、药物预防

药物预防主要有三种方法，第一种是定期进行药饵的投喂，这种内服的方式既可以对鱼体内疾病进行防治，也可以加强鱼类对体表疾病的抵抗力。第二种就是定期进行药物消毒，比方说定期对水体进行漂白粉全池泼洒，也可以达到预防的效果。第三种就是在养殖单元的水流上游挂上药袋，随着水体的流动，药袋中药物慢慢溶解到水中，也可以达到预防的目的。

九、科学投饵

鱼类的体质好，成活率就高，生长速度就快。鱼类体质的好坏不能完全靠苗种的质量，后天培养也是很重要的。在喂养的过程中，注意饲料的各种营养物质的平衡，根据季节进行科学的喂养，做到勤换水，保持好的水质环境等，都是提高鱼类体质的有效办法。有了好的体质，鱼类摄食力强，生长速度快。反之，就容易得病，死亡率就高。

十、鱼种体质锻炼

比如说在夏花运输或分塘之前的拉网锻炼，就有效地提高了鱼体的质量，减少了疾病的发生。

十一、及时清理食场

残渣剩饲往往是滋生病原体的场所，必须彻底清除，并定期对食场或食台进行消毒。

十二、及时加水、换水

水环境的好坏直接影响到鱼类的生长，保持水质良好的最佳办法就是及时换水、加水，按照换水、加水要求进行定时换水、加水。

十三、及时增氧

高密度的养殖池塘中的溶氧，只靠植物的光合作用产生的氧气和空气动力溶解的氧气是不能满足鱼类对溶氧的要求的。如果溶氧不足，不仅会引发某些疾病，还会引发泛池这样的养殖事故发生。所以，及时增氧也是改良水环境，减少疾病发生的有效预防措施之一。

十四、搞好日常管理

日常管理也是预防疾病发生的有效措施之一，日常管理的内容就是及时地发现问题，解决问题，把问题处理在萌芽状态，不让事态进一步发展。比如：观察鱼类的活动、吃食情况，就可以了解鱼类的健康状况；及时清理残饵、植物的腐败枝叶就可以防止水质变坏；捕杀有害动物可以保证鱼类的成活率，减少对鱼类的伤害等，日常管理实际上是一个养殖的细节问题，与其他工作一样，管理细节也决定着养殖的成败。

十五、生态预防

生态预防是一种最理想的预防方式，也是保证水产品质量的重要措施。是根据鱼类的发病特点和生活习性，对水环境进行改善来达到预防发病和控制病情的方法。生态防治目前归纳为以下几个方面。

1. 改善水环境，消除和抑制病原体

水是病原体最大的载体，底泥是病原体的保护伞，这些病原体在一般情况下不会对鱼体产生危害，一旦条件合适就会形成危害，比如鱼体受伤，就会感染细菌，水质变坏就会产生爆发性细菌性或寄生虫疾病。所以，良好水质的保持是最有效的预防疾病的措施。改善水生态环境主要包括鱼池底质整理消毒和水质调控。底质整理消毒包括对鱼池过多的底泥清理、池边杂草的清除、进排水系统的分离、池底的晾晒、池埂的加固夯实、池塘的清塘消毒和新修水泥池的脱碱处理等。通过这些工作，可以铲除病原体的滋生场所，减少有毒物的毒害作用。

2. 改善饲养管理，提高鱼类抗病能力

鱼类的疾病发生另外一种感染途径就是饲料的投喂，饲料的保管不当造成的。如：投喂发霉变质的饲料、生物活饵料不消毒可以造成消化系统的疾病发生；精料粗料搭配比例不当、营养失衡、营养缺乏可以造成营养性疾病；营养过剩、投喂过剩可以产生脂肪肝；不规范操作、没有及时清除蚕食、没有清理杂草腐败枝叶就会引发细菌性疾病等，这些都是引起鱼类疾病的隐患。因此，在养殖中，应根据鱼类的生态习性，制订一个科学的喂养方案，遵循“四定”、“四看”的科学投饲原则，管理上进行科学的管理，提高鱼类的体质，增强抗病能力，达到预防的效果。

3. 改变养殖形式

不同的养殖形式有不同的放养方式，在不同的放养方式下会产生不同的养殖效果。一般来讲，生态养殖的疾病发生率要低一些，但产量也低很多，但品质要比高密度养殖条件下的品种好得多。高密度养殖形式下，密度高，水质变化快，疾病发生的可能性增大许多，但因为它的高产、高效益还是目前养殖的主要养殖方式，在条件许可的情况下，改变养殖形式是有效的预防措施。

4. 降低放养密度

密度是导致鱼类疾病的根源之一，高密度条件下发生疾病的概率要比低密度条件下发生疾病的概率高得多，这是不争的事实。适当降低放养密度可以降低鱼类疾病的发生率。

5. 中药预防

药物防治可以有效减少鱼类疾病的发生率，但化学药物的使用会对水环境产生一定的影响，不是生态防治的范畴。但是，中药预防不会对水环境及鱼类的品质产生的影响较小。中药防治是我国鱼病防治的一个重要手段，也是一种有效的生态防治方法。

6. 搭配放养

搭配放养是我国水产养殖的一大创举，它的原理是利用水体中不同鱼类的活动特点、生活习性及饵料来源进行合理的搭配，有效地利用不同水体的生态资源提高鱼产量，有的还可以利用它们不同的特点达到相互利用，有效地预防病害的发生。

7. 种养结合

种养结合是利用种植品种与养殖品种的互补性达到种植丰产，养殖增收的生态养殖效果。比如稻田养鱼模式，它是利用鱼类的养殖，可以吃掉稻谷的一些昆虫和杂草，减少了水稻的发病率，也减少了农药的使用量，鱼类的粪便可以给水稻提供一定的有机肥料，减少了化肥的开支；利用鱼类吃掉部分杂草，鱼类的活动能够有效地疏松土壤，可以减少除草剂的开支。同时，水稻田良好的水生态环境，给鱼类提供了丰富的生物饵料和生存环境，能够获得优质的鱼类，并且能够在获得养殖收益的条件下保证水稻的收成。

8. 阻止病原体的传播

有些病原体通过中间寄主传播，有的因为受到有害动物的攻击受伤后细菌感染得病，如受到鸟、老鼠攻击受伤等。对鸟类的驱赶，老鼠的捕杀都可以有效地阻止病害的发生。

第三节　诊断方法

鱼类的疾病诊断与人类疾病诊断一样，不能只看疾病的表面现象，特别是某些具有传染性的疾病。鱼类的疾病诊断需要全面了解疾病发生的过程、周围环境、水源水质状况、底泥情况、生产管理、饲料管理与投喂、药物的使用、工具的使用、苗种来源等，其中水质状况尤为重要，因为如果水源水质出现问题，疾病的治疗困难就大了。对于疾病的诊断，主要从以下几个方面进行调查。

一、环境调查

环境调查主要是了解附近有没有三废污染。如污水的进入，不仅会引发化学物质的中毒反应，还会引发某些养殖事故的发生，如有机废水的排入，可以引起泛池。废渣的堆放，可以通过雨水的冲刷进入鱼池，形成对鱼类的危害。还有农田的农药径流水进入池塘也会引发不良反应。如果周围空气中二氧化碳和二氧化硫含量过多，就会产生酸雨，引起池塘 pH 值下降，形成对鱼类的危害。总之，通过对周围环境的调查，可以区分是疾病造成的危害，还是污染事故或者是养殖事故等。

二、水源、水质

任何疾病的产生都有其产生的根源，其中水源、水质就是最大的根源，绝大多数疾病都是因为水造成的，比如：污染，要通过水传播；细菌性疾病，可以通过水传播，也可以在水质变化时使条件性致病菌得以迅速繁殖形成对鱼类的危害；寄生虫病也是一样，一般情况下寄生虫的数量没有达到致病数量，因而不会对鱼类产生危害，但如果水质产生变化，条件适宜就会大量繁殖，形成对鱼类的威胁，甚至出现爆发性危害。因此，在疾病发生时，要调查疾病发生水域的水源情况、水质变化情况、天气情况、水温情况、药物使用情况等。

三、饵料

饵料是鱼类肠道性疾病发生的主要致病因子，饵料的质量、饵料的投喂方式、饵料的营养成分、饵料的配比等都是调查的内容。腐败的饵料被鱼类摄取后，会直接引起肠道疾病的发生；投喂方式可以使鱼类少食、多食或不食，投喂时间不定、个体大小不一、投饵不足都可以造成对鱼类健康的影响。

四、日常管理调查

了解日常管理工作可以从中找出疾病发生的原因。日常管理是最能发现问题的手段，鱼类活动情况、吃食情况、水质变化情况、水源情况、水温变化、天气情况、水流情况、底质变化、投喂方式、周围环境变化、操作方式、工具使用情况、药物使用情况、换水加水情况、水生植物情况等都是通过日常管理掌握的，通过对这些情况的了解来帮助我们对疾病进行判断。

五、周围发病调查

如果疾病的发病率较高，传染性较大，面积较广，就应该对发病的周围环境进行调查，特别是周围水域的发病情况调查，如水源水质变化情况、天气情况、水温变化情况等，并结合季节性疾病的发生情况进行综合分析，可以对疾病的诊断得到一定的支持。

六、发病历史调查

有的疾病是每年都要发生的，特别是一些季节性疾病，在每年相同的季节、相同的天气条件下就会发生。在进行疾病诊断时，要对相同病症的发病历史进行调查，了解以前类似疾病发生的时间、原因、治疗方式、治疗效果等，如果与以往的疾病表现相同，就可以大大缩短疾病判断的时间并参考以往的诊断得出正确的判断。

七、病理过程调查

病理过程调查是指疾病发展的整个过程。即发病前鱼类的一切情况，包括水源、水质、水温、天气、底质、活动情况、吃食情况等，发病开始时的环境条件变化、自身的身体变化，如吃食情况、活动情况等有没有与原来有所不同，身体上有没有出现异常现象等。发病中期的变化情况、病理反应、各种症状等。后期如发现鱼类死亡，死亡多少、具体症状，以及初步治疗效果等。整个病理反应过程的调查，是进一步治疗的重要依据。

八、病理诊断

鱼类疾病的诊断方法基本相同，实际工作中最主要的还是靠目检，或者首先通过目检确定疾病的大致范围，最后通过仪器进一步确诊。鱼类疾病的诊断主要看发病部位。一些体表的疾病会通过体表的变化反映疾病的情况，这些病可以在早期发现，一些内脏或营养性疾病也可以通过体表的变化来判断，但离发病伊始已经很久，给疾病的治疗会增加一些难度。发病部位主要在体表、内脏、口腔、肛门等，主要表现在溃烂、充血、出血、流脓、附着物、消瘦、肿胀等，还可以直接观察到病原体的，如寄生虫。只有正确的对病症进行了诊断，才能对症下药。鱼类疾病的诊断主要有以下几个步骤。

1. 病害的划分

造成鱼类不良反应及死亡的原因很多，但不一定都是疾病引起的。引起鱼类死亡的原因大致可以分为：疾病死亡、中毒死亡、伤害死亡和泛塘死亡，通过现场的观察首先加以区分，划分死亡原因。虽然都能引起鱼类死亡，但它们之间有很大的区别，可以通过这些区别进行划分。具体区分方法如下。

(1) 病症 疾病有很明显的病症。符合有关的病理特征。病症较轻时，数量较少，病症也不明显，数量较多时，病症明显，数量也较多，而且有死亡现象，死亡的时间层差不齐，而且随着病情的扩大和加重愈发严重。有些特异性的疾病只针对特定的鱼类，同池的其他鱼类一般不会同时发生。

(2) 中毒反应 基本上所有鱼类都有反应，不管是鱼类还是其他水生动物，不管是个体大的，还是个体小的。数量上要看中毒的轻重，中毒轻，反应较少。而且首先从苗种开始，无论什么苗种，都是一样，死亡的也首先是苗种，同时可以看到其他水生动物也开始死亡，包括浮游动物。中毒反应尽管也表现有症状，但症状因毒物的种类不同反应不同，有的上蹿下跳，甚至跃出水面；有的呈圆圈运动；有的呈昏迷状态等，这些反应不是个体反应，而是群体反应，不是种内反应，而是种间反应。也会出现溃烂、充血、出血、附着物、消瘦、肿胀等反应，但大都发生在中毒较轻，中毒时间长的情况下。一般中毒反应分为慢性反应、亚急性反应、急性反应。慢性反应一般中毒时间长，毒物浓度低，这种现象可以持续很长时间，并伴有中毒症状，死亡现象因为各个个体的体质不一样、大小不同，拖的时间较长。亚急性反应伴有轻度不适，也会出现一些症状，整个反应时间也比较长，出现死亡的时间比慢性反应短，死亡的个体也较多。急性反应使鱼类有明显的不适，因毒物不同出现不同的行为反应，出现死亡的时间短，死亡数量多，死亡个体还没来得急出现症状就已经死亡。

(3) 泛池现象 泛池是池塘养殖中常见的重点死亡事故，年年都有，主要出现在5～9月，其中以6～8月为高峰期。泛池是池塘中严重缺氧造成的。严重时池塘中几乎所有的水生动物都会因缺氧窒息死亡。泛池预报与判断以及鱼类等反应情况可以参考大宗鱼养殖中有关介绍。

(4) 伤害死亡 伤害反应主要是外力作用造成的，有的因为作用力度大直接死亡，有的因为较轻受伤后受细菌感染得病死亡，或出现其他疾病的病症。出现死亡的数量因为不同的方式而异，如因为电击死亡的，数量就较多，无论大小，而且其他鱼类也一样死亡，死亡个体来不及出现明显的死亡症状，有时死亡的个体会在清水中慢慢苏醒过来。其他的伤害死亡，如操作伤害、鸟伤、鼠伤等数量较少，基本上是个体反应，可以通过伤口进行判断。

2. 现场调查

现场调查的内容包括：详细了解鱼类的生长情况，周围的环境，水源、水质变化。查看有关的物件，比如饲料、饲料的储藏地、鱼池状况等。观察病鱼的病理表现特征。首先观察病鱼在水中的活动情况，如体质弱小、离群独游、体色发黑、活动缓慢、在水中表现不安状态、上蹿下跳、急剧狂游、相互缠绕、身体弯曲、静卧水底或水草上等现象，围绕这些现象进行必要的调查，如进苗时间、天气、地方、运输情况、操作情况、饲料情况、管理情况等。

3. 鱼体观察

鱼体观察主要从两个方面操作：一个是取患病没死的个体数条观察；另一个是取刚死亡的个体数条进行观察，并对照分析比较。观察的顺序为从头到尾进行检查，从体表看到体内，有没有大型的寄生虫或水霉等；看口腔内有没有出血、充血、腐烂；看眼睛有没有出血、充血；看鳃有没有附着物，是否充血、出血、溃烂，看体表出血、充血、溃烂的部位、多少、形状、溃烂的程度；看鳍条是否溃烂、缺失、充血、流血等；看整个身体的颜色；肛门是否红肿、充血、出血、外翻；轻压腹部肛门是否有流出物，流出物的颜色、内容等，根据这些情况，可以初步判断疾病的种类。

4. 解剖观察

解剖检查的目的是查看病鱼内脏情况。主要检查肠道是否有食物、食物的多少、食物的种类、脓、寄生虫及肠道的颜色，是否有充血、出血现象，看肝、脾、胰等内脏的颜色，是否积水、充血、出血、肿大等，看胸腔、腹腔是否有积水等。

5. 镜检

镜检是通过前几步的工作，得出一个基本诊断结论，再通过镜检进一步核实。通过显微镜、解剖镜及放大镜对体表、黏液、鳃、鳍条、内脏等观察，确定病原体。通过这一步后，就可以确定患病鱼类得的是何种疾病。一般来讲，镜检主要是对寄生虫病确诊，通过镜检确定是何种寄生虫，寄生虫的数量，如果是寄生虫就可以最后确诊了。

6. 实验室检验

实验室检验主要是病理切片和病菌活体培养以及水质化验。病理切片和病菌活体培养主要针对并发性细菌、病毒疾病进行确诊，通过病理切片和病菌活体培养分离或判断主要致病菌，然后进行对症下药。病理切片和病菌活体培养还有另外一个用途就是对新型病原体的研究与分析，并在实验室内进行有关的病理实验和研究治疗的方法。水质化验也有两个方面的意义，一个是对水体中寄生虫的密度进行判断；另一个就是对水质进行化验分析，结合水质情况对疾病进行综合整治。

7. 其他情况的了解

确诊了疾病后，还要进行有关的询问，询问的内容围绕诊断结论进行，通过询问，规范操作、规范管理，预防病害的再度发生。比如诊断为赤皮病，就要询问鱼种的来源、运输过程、运输密度、操作过程、操作工具、鱼体是否消毒、采取何种方法消毒、放养前后的水质变化、水源情况、换水情况等。

8. 治疗方案

根据以上情况，给出治疗的综合措施，并指出造成疾病发生的原因、今后预防的措施等。

9. 观察治疗效果

方案确定后，要督促实施，没有条件督促的要进行回访或回询，了解治疗效果，如果效果不理想，应该修改方案，直到治愈为止。

第四节　正确的药品选择与使用方法

一、正确的药品选择原则

1. 有效性

对于疾病的治疗与预防，治疗效果是最终目的，同样的疾病，有多种药品可以治疗，同样的药品也可以治疗多种疾病，但最好的选择只有一个，就是比较它们的有效性，即治疗与预防效果，以最好效果为最佳选择。这种选择不能完全凭实验效果，要结合以往的经验和用药的实际环境、天气、水温、鱼体大小、养殖形式以及用药历史等，选择的药品还应该符合《无公害食品　渔用药物使用准则（NY 5071—2002）》，尽量选择高效、速效和长效的药物。

2. 安全性

药品的安全性是必须考虑的，根据食品安全的有关规定，使用的药品必须符合无残留、无富集、无副作用、易分解、半衰期短等要求。选择药品的安全性应该从两个方面考虑，一是看药品对所防治的疾病的疗效，还要考虑药品的副作用。有的药品虽然有较好的疗效，但副作用大，对鱼类安全性低，有残留，有积累，这种药要尽量少用或不用。二是看药品对人类、对环境的影响，如果使用的药品对施药人员的身体有伤害，对环境有破坏作用，影响到了人们的身体健康，这样的药不应该选择。为了提高我国水产品的质量，提高人们食用水产品的安全性，农业部在 2002 年制定颁布了《无公害食品　渔用药物使用准则（NY 5071—2002）》和《无公害食

品　水产品中渔药残留限量（NY 5070—2002）》，在选择药品时必须严格遵照执行。

3. 廉价性

具有同样疗效的药品很多，但销售价格有所不同，作为养殖者，养殖效果是第一位的，养殖成本是必须考虑的，所以，在选择防治疾病的药品时也必须考虑药品的价格，疗效好、价格便宜的药品无疑是首先考虑选择的药品。

4. 易得性

虽然现在药品销售网络很发达，但有些药品还是会出现断货现象，有些药品治疗效果虽然很好，但是无法马上得到，就不能作为我们选择的目标。治疗疾病讲究实效，如果因为选择的药品等待太久而错过了最佳治疗时间，是没有必要的。所以，在选择药品时也应该考虑药品的供应情况。

二、使用方法

药品的使用方法有许多种，要针对不同的疾病选择不同的使用方法，常用的使用方法如下。

1. 全池泼洒

全池泼洒是一种体外使用药物的方法，适用于水体消毒杀菌和水体寄生虫的杀灭。由于水产养殖的特异性，养殖品种终身生活在水中，呼吸也在水中，所以在进行全池泼洒时，应该考虑水产养殖的特殊性，在泼洒前要先喂食，让鱼类吃完后再泼洒药物，避免药物通过食物进入体内引发中毒现象。对于不容易溶解的药物应先充分溶解后泼洒。泼洒的时间应在晴天的上午 9～10 时，泼洒时，应从上风往下风处泼洒，目的是使池塘中药液均匀和防止施药的人意外中毒，泼洒时计算好药量，做到均匀泼洒，使全池每个角落都有药物，不留死角。

2. 内服

传统的内服药适用于体内病毒、细菌和体内寄生虫的杀灭。现在的内服药使用可以治疗或预防体外疾病的发生。在鱼类养殖中使用内服药治疗疾病与其他养殖动物的内服用药不同，如猪、羊、牛、鸡、鸭、鹅等相对数量较少，可以采用强制性的给药，而鱼类，染病后基本不进食，由于在水中，看不见、摸不着，还不能离水，数量大，给内服用药增加了许多麻烦。另外，药品进入水中还会溶解一部分到水中，所以，鱼类内服药与传统的内服用药要有所不同。投喂口服药前，应先停食一天，让鱼类处于饥饿状态。把药品用黏合剂在饲料中混合均匀，投饲量也要比平时少一些，使它们出现一个抢食状况，这样药品才会比较多的进入鱼体内，达到治疗的效果。待恢复健康后恢复正常投喂量。

3. 浸泡消毒

浸泡消毒适用于苗种放养前或转池时使用，也适合养殖过程中因疾病进行隔离养殖的个体，另外，水泥池在养殖之前或网箱在养殖之前以及工具也要进行药物浸泡。药物浸泡的目的是为了杀灭鱼体表致病菌或寄生虫，杀灭养殖设备及工具中携带的致病病原体。对于一些不适宜全池泼洒的昂贵药品，或者毒性大，容易引起水环境污染或食品安全的药品也可以采用此法。浸泡时除了要算准给药浓度外，还要对浸泡时间灵活掌握，防止浸泡过程中出现中毒或死亡现象。

4. 挂袋法

挂袋法是一种常见的预防方式，适用于防治鱼体表或鳃部的细菌性疾病、防治寄生于鳃部和体表的寄生虫。挂袋法是利用药物的缓慢扩散而发挥作用。悬挂的地方一般在食场附近、进水口附近和鱼类活动集中的地方。

5. 涂擦法

对于一些个体较大的鱼体，如亲鱼的外伤，可以采用涂抹药膏的方法防治细菌感染和病情的恶化。

第八章 特色鱼的标准化健康养殖技术

第一节 鳜鱼

一、鳜鱼的经济价值及药用价值

鳜鱼是世界上一种名贵淡水鱼类。鳜鱼（图 8-1），又名桂花鱼，属于鲈形目、鲈科、鳜属。鳜属包括多种鳜鱼，其中最著名的为翘嘴鳜，其次为大眼鳜，其他还有斑鳜等十多种鳜鱼，鳜属鱼类资源十分丰富。在鳜鱼的蛋白质中，不仅含有人体所需的八种氨基酸（含量较高，为 6.52%），而且鲜味氨基酸含量较高，为 5.44%。

图 8-1 鳜鱼

鳜鱼蛋白质含量高、脂肪含量低，是典型的高蛋白、低脂肪食品。还含有少量的维生素、钙、钾、镁、硒等营养元素（表 8-1），鳜鱼肉质细嫩，极易消化，对于儿童、老人及体弱、脾胃消化功能不佳的人来说，吃鳜鱼既能补虚，又不必担心消化困难。吃鳜鱼有“抗痨虫”的作用，有利于肺结核患者康复。鳜鱼肉的热量不高，而且富含抗氧化成分，是女性理想的养颜润肤和滋补佳品。鳜鱼适宜体质衰弱，虚劳羸瘦，脾胃气虚，饮食不香，营养不良之人食用；哮喘、咯血患者不宜食用；寒湿盛者不宜食用。

表 8-1　鳜鱼营养成分分析表

营养元素	含量(每 100g)	营养元素	含量(每 100g)
热量	117kcal	钾	295mg
磷	217mg	胆固醇	124mg
钠	68.6mg	钙	63mg
镁	32mg	硒	26.5μg
蛋白质	19.9g	维生素 A	12μg
烟酸	5.9mg	脂肪	4.2g
锌	1.07mg	铁	1mg
维生素 E	0.87mg	铜	0.1mg
核黄素	0.07mg	锰	0.03mg
硫胺素	0.02mg		

二、生物学特性

1. 栖息习性

鳜鱼分布广泛，几乎遍及江湖、湖泊和水库。喜清水，近底层，特别喜欢藏于水底石块、树底之中，也喜欢藏于水底低洼的水坑或深沟中，在冬季尤甚。

2. 食性

鳜鱼是肉食性鱼类，主要吃食鱼类、虾类等水生动物。鳜鱼食性最大的特点是吃活鱼、活虾。鱼类是鳜鱼终身的食物。鳜鱼的开口饵料为其他种类的活鱼苗。不同阶段的鳜鱼捕食的饵料也不同。幼体靠吃其他鱼类的鱼苗生长，如团头鲂、鳊鱼、鲤鱼、鲫鱼以及其他野杂鱼的鱼苗，在人工培苗时也可以吃四大家鱼的鱼苗。鳜鱼的食性较广，几乎所有的小型鱼类及虾都能成为它们的食物，尤其是有鳞鱼类。鳜鱼对食物的规格随着生长有不同的要求，在食物充足时，只吃适口个体。在食物不充足时可以吃一些小型个体，甚至同类。

在适温条件下，觅食时，喜欢藏于水草中，喜欢夜间觅食，在猎物游近时采用突然袭击的方式捕捉猎物。它可以吞下鱼虾后吐出鱼刺和虾皮。鳜鱼食量较大，可以一次捕食后几天不进食。

3. 生长速度

鳜鱼的生长速度较快，当年一般可以达到 50～100g，大的可达 300g 以上；第二年可以达到 500g 以上；第三年可以达到 1000g 以上。从 4 冬龄开始，体重和体长的增长速度减慢。第三年开始，雌性生长速度超过雄性。

4. 繁殖特性

水温达 21℃以上鳜鱼开始繁殖，最适水温 26～30℃。各地因水温不同繁殖季节有所不同，南方为 3～8 月，长江流域为 5～8 月，繁殖高峰期在 6～7 月。

天然水域的鳜鱼在产卵季节，会成群结队到河道及湖泊有流水的场所产卵，产卵通常在夜间进行。

鳜鱼成熟年龄为两年，体重在 150g 以上，人工繁殖个体一般选择 1500g 左右的个体。怀卵量一般为 3 万～20 万粒。卵呈浮性，具有较大的油球，在流水中呈半浮状态，但在静水中要下沉。受精卵的孵化水温为 20～32℃，最适水温为 25～30℃。水温越低，孵化时间越长；水温越高，孵化时间越短。通常孵化出膜后 48～60h 开始摄食。

三、人工繁殖技术

（一）亲鱼的选择

催产用的亲鱼有两个来源，一个是在催产之前 2～3 个月，或者在水温10℃左右收集亲鱼放入亲鱼池进行培育；另一个是在池塘中培育的成熟亲鱼。在选择亲鱼时，要选择体质健壮、体型标准、生物特性明显、无病无伤的个体。亲鱼的体重在1～2kg，年龄以2～3龄为好。在亲鱼紧张时，也可选择雄鱼0.5kg，雌鱼0.75kg的个体。

（二）亲鱼的培育

亲鱼池选择667～2001m^2（1～3亩）、水深1.5m以上、南北向的土池。亲鱼池可以不进行清塘，直接放入亲鱼。亲鱼的放养量为80～100kg/667m^2，放入250g/尾的鲤鱼或鲫鱼100kg/667m^2。开春后每天定时冲水换水，保证水质清新，溶氧充足，促进性腺发育。在水温合适时可以拉网检查亲鱼发育情况，如果发育不好，可以增加饵料鱼进行强化培育。

鳜鱼的亲鱼培育也可以结合四大家鱼的亲鱼培育进行，因为一般来讲鳜鱼的繁殖时间在白鲢、花鲢、草鱼之后，或者在它们的中后期进行，可以把鳜鱼的亲鱼分散套养在四大家鱼的亲鱼池中，每667m^2（1亩）套养2～3组，在进行四大家鱼繁殖时再把鳜鱼亲鱼集中或者进行同期催产。这样还可以利用同批催产或鳜鱼催产后2～3天催产的四大家鱼的水花作为鳜鱼的饵料鱼。

（三）催产

1. 繁殖前的准备

（1）繁殖设备的准备

① 催产药物：鳜鱼催产药物可以根据各自的催产习惯进行准备，一定要准备充足。用于鳜鱼催产的激素有：脑垂体（PG）、绒毛膜促性腺激素（HCG）、促黄体素释放激素类似物（LRH-A）等。

② 产卵池：产卵池可以选用水泥池［水泥池的规格为2m×3m×1m（长×宽×深）］或鱼种网箱。

③ 孵化设备：鳜鱼较四大家鱼的生产规模小得多，可以用孵化槽或孵化桶进行孵化，如图8-2所示。

④ 杀灭寄生虫药物和消炎药物：硫酸铜、硫酸亚铁、高锰酸钾、青霉素等。用于鱼苗培育过程中车轮虫和小瓜虫的防治，以及

(a) 孵化槽　　(b) 孵化桶

图 8-2　孵化设备

亲鱼的产后护理。

⑤ 其他杂物：人工授精的常用工具以及水泵、水管等。

(2) 饵料鱼的准备　鳜鱼的开口饵料以鳊鱼的为最好，所以在繁殖之前要准备一定数量的鳊鱼亲鱼。

2. 亲鱼雌雄鉴别

鳜鱼肛门后面有一白色圆柱状小突起，在这个生殖突起上，雌鱼有两个孔，一个是生殖孔，另一个是泄尿孔。生殖孔位于生殖突起的中间，泄尿孔位于生殖突起的顶端。雄鱼则两孔合并为一个，称为泄殖孔，开口于生殖突起的顶端。无论是生殖季节，还是非生殖季节，根据这个特征就可以鉴别鳜鱼的雌雄。此外，在鳜鱼性成熟时，特别是在繁殖季节，雌鱼下颌前端呈圆弧形，超过上颌不多，腹部膨大松软，有弹性；雄鱼下颌前端呈尖角形，超过上颌很多，腹部较扁，挤压腹部有精液流出。

3. 成熟亲鱼的选择

雌鱼腹部比较膨大，用手轻压腹部，松软而有弹性，卵巢轮廓明显，仰卧鱼体，腹中线下凹，卵巢下坠，似有移动状，生殖孔红润。雄性生殖孔松弛，轻压腹部有乳白色精液流出，精液入水后立即散开。

4. 催产时间

各地的具体催产时间不一致，以长江中下游的季节来看，5 月中旬到 7 月中下旬为自然产卵时间。在人工培育条件下，可以在 5

月中上旬进行，此时饵料鱼也容易解决，因为此时团头鲂也可以繁殖，此时也是四大家鱼繁殖的中尾期，有充分的饵料鱼供应，可以提高鳜鱼苗种的成活率。

5. 人工催产

（1）催产激素 主要有鲤鱼、鲫鱼脑垂体、绒毛膜促性腺激素和促黄体素释放激素类似物四种。

（2）用量 见表8-2。

表8-2 鳜鱼催产激素配比及用量

一次注射（每千克体重）	两针注射	
	第一针	第二针
PG＋HCG：2mg＋1000IU	HCG＋LRH-A：1000IU＋3μg	HCG＋LRH-A：1000IU＋7μg
LRH-A：200～300μg	PG：1～1.5mg	PG：4～6mg
HCG：800～1200IU		
LRH-A＋地欧酮（DOM）50～200μg＋4～6mg		

注：1. 雄性用量减半。

2. 两针注射间隔时间为6～8h。

（3）注射次数 注射次数视亲鱼的成熟情况而定，成熟的好，可以一次注射，成熟的不理想，选择两次注射。

（4）注射方法 一般采用胸腔注射，在胸鳍基部无鳞凹处入针，针头朝鱼的头部方向与体轴成45°角，缓缓注入液体。

鳜鱼的鱼鳍锐利且坚硬，捉鱼时，要用拇指和食指捏住鳜鱼的吻端下颌骨处将鱼拿起，用纱布或毛巾把鱼包住，留出注射部位注射。

（5）发情与自然产卵 成熟鳜鱼在适宜温度下注射催产素后，按照雌雄比例1∶5的比例配对。亲鱼注射催产素后，要不停地冲水，亲鱼在催产素和流水的刺激下，会出现兴奋发情的现象。开始，几尾鱼聚集在一起顶水，而后，出现雄鱼追逐雌鱼，并不断用身体剧烈摩擦雌鱼腹部，到了发情激烈的高潮时，雌鱼产出卵子，同时雄鱼排精，卵子与精子结合完成受精过程。

受精卵的收集有几种方式，如果选择专用产卵池，可以在鱼产卵完后立即放水收集受精卵。如果采用水泥池作为产卵池，可以在亲鱼产卵后不停地冲水，保证鱼卵不沉入池底窒息死亡，同时放水，架设收卵装置收卵，并在收卵过程中边收边放，防止过多的鱼卵在收卵装置中停留时间过长造成窒息死亡。产卵池也可以选择网箱，亲鱼在网箱中产卵后捞出亲鱼，收集受精卵进行孵化。

(6) 效应时间 效应时间的长短与水温、亲鱼的成熟度、冲水水流有很大的关系，水温越高，效应时间越短，反之越长；亲鱼成熟度越好，效应时间越短，反之越长；冲水水流一般选择15～20cm/s的流速较好。水温与效应时间的关系见表8-3。

表8-3 水温与效应时间的关系

水温/℃	效应时间/h
22～23	26～29
24～25	23～26
25～27	22～25
27～28	22～24
29～32	20～23

6. 人工授精

人工授精的受精率较高是公认的事实，尤其是在缺少雄鱼的情况下采用此法最好。鳜鱼繁殖总量一般都不是很大，采用的孵化设备也不用很大，另外，鳜鱼的鱼卵相对于四大家鱼的鱼卵较小，收集起来较为麻烦，采用人工授精应该是鳜鱼人工繁殖的第一选择。

一般在亲鱼追逐激烈时捞取亲鱼，检查雌鱼，如果轻压腹部或者发现有卵自动流出，让亲鱼腹部朝上，用手指堵住生殖孔，擦干鱼身，用干毛巾裹住鱼身，露出生殖孔，让鱼腹部朝下，把鱼卵挤入擦干水的瓷盆中，与此同时，将雄鱼身体擦干后将精液挤入装有鱼卵的瓷盆中，用手搅拌均匀，后加水充分搅拌，并逐步加水搅拌后静置1～2min，再放入孵化器中孵化。

在人工授精过程中，操作人员的手不能有水，每一个雌鱼的卵子最好采用两条以上雄鱼的精液，防止一条雄鱼的精液质量不好影响受精率。每条雄鱼的精液不要挤得太多，防止后面的人工授精造成精液的不足。如果雌鱼鱼卵挤出不顺畅，可以把雌鱼放回产卵池待再发情后进行人工授精。切不可强行挤出卵子，这样的卵子质量不好，受精率不高，也会造成亲鱼的受伤。每一条雌鱼可以挤卵2～3次，不要强制一次性挤完。

(四) 孵化

鳜鱼产卵后很快卵膜会吸水膨大，进入胚胎发育过程。其过程与四大家鱼相同，也受水温、孵化设备、水源条件的影响长短不一，其中水温是影响孵化时间的决定性因素，一般孵化时间为20～30h。

在孵化条件中，水流和溶氧是主要条件。鳜鱼卵是无黏性的半浮性鱼卵，要靠水流的作用把鱼卵冲起，防止沉入底部窒息而死。这是水流的作用之一，水流的第二个作用就是通过水流的交换，给鱼卵提供了丰富的溶氧。第三个作用就是通过水流把鱼卵排出的二氧化碳等废气通过水交换带走，给受精卵孵化创造一个良好的水生态环境。水中的氧气多少直接影响着受精卵的成活率，因此要通过水交换保证孵化器中水的溶氧量，一般水中溶氧要保证在6mg/L以上，比四大家鱼的要求要大一些。

在孵化中，水流的管理是整个孵化工作的核心，因此在日常管理中，应该做到以下几点。

1. 防止停水

如果停水，鱼卵会下沉堆积在水底，造成底层缺氧窒息死亡。

2. 控制好水流的大小

在孵化过程中，水流的大小要根据受精卵的发育阶段来灵活掌握。一般要保证鱼卵在水的中上层翻滚即可。在受精卵刚进入孵化器后，保证受精卵不沉底即可，在开始脱膜后，应该加大水流，此时刚孵化的胚胎呼吸量加大，加上卵膜的溶解耗氧，对水中溶氧的需求会增加，因此加大水流就可以增加水中得溶氧。但水流不能增加得太大，否则会影响鱼苗脱膜，或者造成脱膜后的鱼苗剧烈撞击而亡。鱼苗全部脱膜后，要适当减缓水流，以免因水流的冲击造成鱼苗死亡。

3. 防止卵膜堵塞网孔，造成水流不畅

在鱼苗脱膜时，鱼卵会黏在过滤纱窗上，造成网眼的堵塞，网眼堵塞后，水会从过滤纱窗上沿漫出，造成逃苗。

4. 保持良好水质，防止细菌、病毒、敌害的侵袭

水质的好坏直接影响到鱼苗的孵化率，要注意水质的变化，如果采用蓄水池供水，要防止蓄水池长期没有清洗造成水质变坏，造成鱼卵鱼苗死亡。如果是自然水源直接供水，要防止水源的污染，防止污水进入孵化器中，特别要注意农药的污染。在孵化过程中要防止水霉的侵害，鱼卵在进入孵化器的第二天应该用高锰酸钾消毒一次。另外，要防止剑水蚤等大型水蚤进入孵化器，造成对受精卵以及刚孵化出来的鱼苗的啄伤，引起死亡。

5. 注意水温变化

水温在25～30℃时，出膜时间为29h左右。当水温低时，有时需50～60h才出膜。所以出膜的时间与水温的高低有着直接的关系，在孵化过程中要注意水温的变化，一旦遇到寒潮，孵化用水可以选择水源中下层水，以保证水温的恒定性。水温与出膜时间的关系见表8-4。

表8-4　水温与出膜时间的关系

水温/℃	出膜时间/h
20～22	57～62
23～25	36～45
25～26	31～33
26～29	29～35
30～32	23～25

出膜的鱼苗拖着一个较大的卵黄囊，由于身体细小，无自游能力，仍随水翻滚，此时水流不能过大，防止过大水流冲掉鱼苗卵

黄，造成鱼苗死亡。约 3 天后，卵黄囊逐渐消失，鱼苗能水平游动，此时其上下颌已长出牙齿，可以追捕与自己身体大小相当的家鱼苗、鳊鱼苗等，开始进食，如果缺乏饵料鱼，会相互蚕食。这个阶段标志孵化期结束。

四、苗种培育

（一）苗种培育方式

鳜鱼苗种培育的方法有很多，一般都是根据具体生产条件选择适当的培育方法。比较早的培育方法有孵化环道培育、网箱培育、池塘培育、水泥池培育等，现在已经发展到能够温控的工厂化培育。各种培育方式的条件要求见表 8-5。

表 8-5 培育设施要求

培育设施	面积/m^2	水深/m	底质要求	备注
孵化环道	环道面积	孵化水深	—	流速 10～20cm/s
水泥池	10～60	0.8～1.0		按照苗种培育池建造
网箱	2～10	0.8～1.0		鱼苗、鱼种网箱，扎紧，防止风浪
池塘	667～1334m^2 （1～2 亩）	1～1.5	沙质为好	放苗前 15 天左右清塘
工厂化	设计面积	设计水深	—	按照工厂化培苗要求操作

（二）饵料鱼的配备

鳜鱼是一种吃食活饵料的鱼类，在整个培育过程中都需要投放一定规格的饵料鱼鱼苗作为它们的饵料。作为鳜鱼饵料鱼的鱼苗有鳊鱼苗、鲮鱼苗、家鱼苗、鲫鱼苗等。鱼苗的选择主要由鱼苗的价格和易得性决定。一般选择价格低廉的、容易得到的鱼苗。在鳜鱼受精卵开始孵化的当天对饵料鱼亲鱼进行催产。根据鳜鱼可能孵化量，折算出需要催产的饵料鱼亲鱼数量。

（三）放养密度

放养密度见表 8-6。

表 8-6　鳜鱼苗种放养密度

设施		苗种规格(全长)/(cm/尾)	放养密度/(尾/m²)
孵化设施		开口摄食	25000～20000
		0.6～1	10000～15000
		1～1.5	6000～7000
		1.5～2	4000～5000
		2～2.5	3000～4000
		2.5～3	2000～2500
		3～10	200
池塘		1.5～2	100～150
		2～2.5	
		2.5～3	
		3～10	
		10～14	
水泥池		开口摄食	20000～25000
		1.5～2	10000
		2.5～3	3000
		3～5	800
		5～10	200
网箱	Ⅰ级	开口摄食	2000～2500
	Ⅱ级	1.8～2	1000～1500
	Ⅲ级	2～5	75～85
	Ⅲ级	5～10	50
工厂化	Ⅰ级	开口摄食	25000～30000
	Ⅱ级	1.8～2	15000～20000
	Ⅲ级	2～5	3000
	Ⅳ级	5～10	500

(四) 具体培育方法

1. 孵化环道培育

出膜后的鳜鱼苗在孵化环道中喂养，每隔 3～4 天分池一次。

孵化环道的过滤纱窗是环道的固定设备，一般不要更换纱窗，但要每天清洗纱窗一次。孵化环道应该选择新型的孵化环道，过滤纱窗面积很大，不更换纱窗也能保证水流的畅通。

2. 池塘培育

池塘培育一般不选用开口苗投放，开口苗在其他设备中培育至2cm 以上下池为好。一次性放足，每隔 5～7 天分池一次，防止个体大小不一，相互蚕食。如果没有多余的池塘分养，可以在池塘中插一个网箱，把规格较大的放入网箱内养殖 1～3 天，这几天内投入少量的饵料鱼，减缓它们的生长速度，待在池塘中的小规格与网箱中的鱼苗规格基本一致后再把网箱中的鱼苗放回池塘。

3. 水泥池培育

水泥池一般为圆形或方形，圆形以半径 2～3m，池深 1.2m 为好，方池 4m×6m×0.8m。现在的水泥池都可以进行水体交换，条件与孵化环道差不多，培育方法可以参照孵化环道的培育方法培育。图 8-3、图 8-4 为组合圆形、方形水泥池平面布局图。

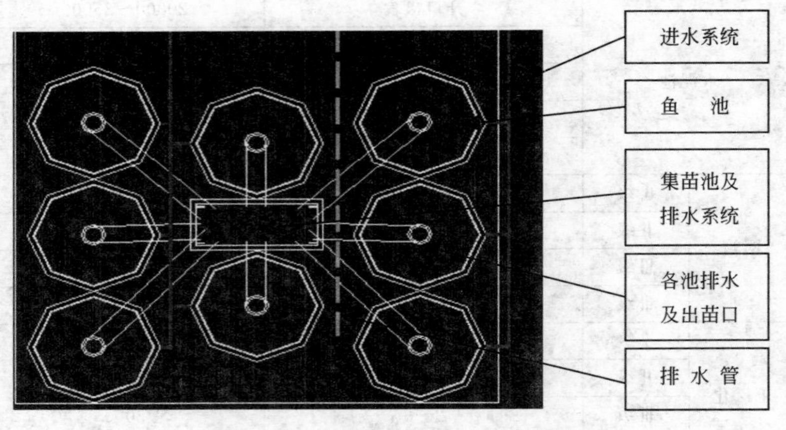

图 8-3　组合圆形水泥池平面布局图

4. 网箱培育

网箱培育一般采用分级培育的方法。鳜鱼苗进入Ⅰ级网箱后，连续投喂 12～15 天刚出膜的鳊鱼、鲮鱼、四大家鱼或鲤、鲫鱼鱼苗，鳜鱼苗规格达到 1.8～2cm/尾后转入Ⅱ级网箱饲养，再经过

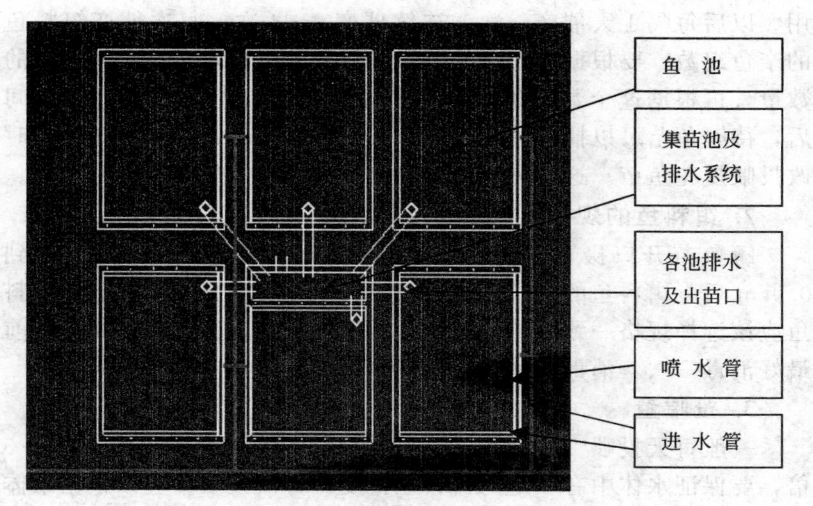

图 8-4 组合方形水泥池平面布局图

12～14 天的饲养，规格达到 5cm/尾后转入Ⅲ级网箱。要根据饵料鱼的规格确定不同级别网箱的网眼规格，以利水体交换。Ⅰ级网箱：用 28～40 目/3cm 的乙纶网片缝制成敞口网箱，长 4～6m，宽 1m，深 1m。Ⅱ级网箱：网目 0.3cm 经编乙纶网片缝制的敞口网箱，长 2m，宽 1m，深 1m。Ⅲ级网箱：网目 0.5cm 经编乙纶网片缝制的敞口网箱，长 2m，宽 1m，深 1m。Ⅰ级、Ⅱ级、Ⅲ级网箱面积配套比例为 1∶10∶20。每隔 5 天左右要分筛一次，把规格大小不同的鱼苗进行分开喂养。

5. 工厂化培育

由于工厂化养殖的条件优越，在苗种培育时放养密度比一般培育方式要大得多，喂养方式与孵化环道基本相似，每隔 5 天左右也要进行一次分筛，把大小不同规格的鱼苗分开喂养。具体管理方法可以根据工厂化苗种培育操作规程进行管理。

（五）投喂方法

1. 开口饵料鱼的生产与投喂

在鳜鱼苗孵化的当天要进行饵料鱼的催产，这样可以与鳜鱼苗开口的时间一致，在鳜鱼苗刚开口时饵料鱼刚出膜，鳜鱼苗正好食用。以后每隔1天催产一次，连续催产3～4次，每次催产饵料鱼的亲鱼组数：要根据鳜鱼苗的数量及每天的摄食量折算出饵料鱼的数量，再根据这个数量确定催产亲鱼的组数。连续喂养一段时间后，待鳜鱼苗可以捕食鲮鱼、鳊鱼、四大家鱼、鲤鲫鱼夏花鱼苗时改投喂夏花鱼苗。这些夏花鱼苗也要提前用专用的池塘进行培育。

2. 饵料鱼的规格要求

鳜鱼苗开口摄食后3～5天，投喂开口鱼苗。当鳜鱼苗长到0.9cm后，饵料鱼的全长应控制在鳜鱼苗全长的60%以下。饵料鱼应该选择规格一致、体质健壮、无病无伤的鱼苗。鱼苗在投喂前最好消毒一次，消毒药品选用高锰酸钾或食盐溶液即可。

3. 投喂量

一般每天投喂2～3次，每次投喂量约为鳜鱼苗数量的4～5倍，要保证水体中有一定的饵料鱼密度。每次投喂量应该根据水体中的饵料鱼数量进行适当调整。池塘培育可以3天投喂一次，每次的投喂量为鳜鱼苗的7～8倍。鳜鱼苗从平均全长0.6cm养至5cm，平均每尾鳜鱼苗需要摄食饵料鱼400～500尾。

(六) 疾病的防控

鳜鱼苗在培育过程中最容易受车轮虫的侵袭，其次是小瓜虫，这两种寄生虫是鳜鱼苗种培育最大的敌害，所以，应该每隔3～5天对养殖水体用高锰酸钾溶液消毒一次，可以达到预防的目的，也可每天进行镜检，发现这两种寄生虫后要立即杀灭，不能等待。高锰酸钾的用量为：$10g/m^3$浸浴15～30min。

(七) 日常管理

内容包括：定期对苗种进行镜检，发现病情及时采取防治措施；培育过程中应及时按照大小规格分筛；选派有经验的人员专门喂养；加强巡查管理，观察池塘水色、水质变化及鳜鱼苗的活动情况，及时冲水、换水、增氧；傍晚或凌晨观察鳜鱼摄食及饵料鱼的丰歉情况，及时补充；根据情况开启增氧机，防止鱼苗浮头；注意天气变化，及时采取措施；网箱养殖要注意天气变化，防止大风掀翻网箱，防止网箱折叠伤鱼，及时清洗网箱，检查网箱，防止逃苗；水泥池、孵化环道以及工厂化培苗要注意充氧，防止鱼苗浮头。

总之，鳜鱼苗种的培育是一个十分繁琐而艰苦的工作，在培育过程中要注意每一个细节。比较而言，鳜鱼苗种培育是特色鱼类苗种培育中比较难的一种，需要有足够的实践经验和细致的工作才能达到理想的效果。

五、成鱼养殖

(一) 池塘养殖

鳜鱼的池塘养殖形式有两种，即混养和单养。混养是将 8～10cm/尾的鳜鱼种放养在以其他鱼类为主的养殖池中，一般不用专门投饵，鳜鱼以野杂鱼为食。放入数量少，一般每 667m^2 根据野杂鱼的多少投放 3～5 尾即可，产量较低，也不作专门的管理，所以我们在此不作介绍。单养是选择合适的池塘专门养殖，完全按照鳜鱼的生物学特性和生长要求进行喂养，把体长 3～10cm 的鳜鱼种饲养到 600g 左右的商品鱼，一般一个养殖周期为 150～180 天。

1. 池塘条件

养殖鳜鱼的池塘与一般养殖池塘的要求有所不同，要求底质以沙质或硬质底为好，淤泥少，面积 2001m^2（3 亩）左右，水深 2～3m，以东西长、南北短为好；水质良好，无污染。

2. 放养方法

(1) 直接放养小规格鱼种 放养前先用生石灰清塘，施基肥培养水质，每 667m^2 放养 80 万～100 万尾刚孵化出的白鲢鱼苗或鲮鱼，培育 10 天左右，待鱼苗长至 1.5～1.8cm 后可投放鳜鱼种。由于鳜鱼喜清新水质，所以在投放鳜鱼种前把池塘的水放掉一半，再加入新水，每 667m^2 放 3cm/尾的鳜鱼种800～1200 尾。此种放养方法由于放养的鱼种规格小，成活率低，一般不到 80%。放养前在池塘中架设一个网箱，先进行鱼体消毒，采用 1%～3%的食盐水即可。后在网箱中投放鳜鱼种数量 10～20 倍的适当规格的饵料鱼，让鱼种吃饱后把网箱一边或一头沉入水中，让鳜鱼种慢慢游入池中。

(2) 大规格鱼种放养 每 667m² 放养 10cm/尾以上鳜鱼种 800～1000 尾（表 8-7）。放养前的处理方法同（1）。

表 8-7 鳜鱼种放养密度

鳜鱼苗种体长/cm	放养量/(尾/667m²)	产量指标/(kg/667m²)
3.3	1000～1200	450～500
5.0～6.0	800～1000	450～550
10.0～12.0	800～900	550～600

3. 投喂饵料

(1) 饵料鱼的品种 小鱼小虾都可以作为鳜鱼的饵料，但从来源、经济、喜好、饲养技术来讲，以鲮鱼为最好，不仅饵料系数低，而且鲮鱼饲养条件要求低，特别是在南方，很容易获得。其次是白鲢，华中以及北方常用白鲢作为鳜鱼的饵料鱼。近些年来，华中和北方也在 6 月从南方引进鲮鱼作为鳜鱼种的饵料，效果比白鲢好。鲮鱼和白鲢都是鳜鱼喜食的鱼类，一是体型细长，适合鳜鱼捕食；二是价格低，成本低；三是来源广，可以高密度培育，产量高。

不同规格的鳜鱼种配备的饵料鱼规格见表 8-8。

表 8-8 不同规格的鳜鱼种配备的饵料鱼规格

鳜鱼体长/cm	3.0～7.0	8.0～14	15～20	21～25	26～30
饵料鱼体长/cm	1.5～4.0	4.5～6.0	7.0～11	11～13	13～15

(2) 饵料鱼池的配备与养殖 饵料鱼的池塘面积 2001～10005m²（3～15 亩），水深 1.5～2.0m，交通方便或者紧靠鳜鱼养殖池，进排水方便，肥源充足且价格便宜。实践经验证明，利用鲮鱼作为饵料进行养殖，一般 2kg 鲮鱼长 0.5kg 鳜鱼。667m²（1 亩）鳜鱼养殖池需要配备 2001～2668m²（3～4 亩）鲮鱼养殖池养殖鲮鱼供应给鳜鱼。利用白鲢作为饵料进行养殖，一般 2.5～3kg 白鲢养 0.5kg 鳜鱼，需要 3335～4002m²（5～6 亩）鱼塘养殖白鲢供鳜鱼作为饵料。

在饵料鱼的养殖过程中，平时按照正常投喂投放饵料鱼。当发塘池的夏花达到或接近池塘最大负荷时，及时将夏花捕出1/3放入鳜鱼池，或者出售。留塘的夏花继续培育，待饵料鱼逐渐长大达到最大负荷量时再进行分养，方法同上。这样多次反复，形成一个动态的饵料鱼养殖供应态势。另一种方法是每次达到最大负荷时，分出一半投喂，并补充小规格的鱼苗混养，如此反复，使池中有多种规格的饵料鱼，可以根据鳜鱼的要求提供不同规格的饵料鱼。

(3) 投喂量 根据鳜鱼生长的需要，定期向鳜鱼主养池补充饵料鱼，一般5～7天投放一次。使池塘中饵料鱼经常保持一定的密度。在不超出池塘承受力的条件下，尽量多投放一些规格适当的饵料鱼。投放标准：在鱼种阶段，每天池中饵料鱼的数量为鳜鱼数量的10倍；在成鱼期，每天池中饵料鱼的重量为鳜鱼总重量的5%～10%。

4. 日常管理

(1) 饵料鱼的鱼池管理与施肥按照饵料鱼的苗种、成鱼养殖技术规范操作。

(2) 鳜鱼主养池的管理

① 水质管理：经常加注新水，特别是在高温季节，每周加1～2次水，每次加水量为20～30cm，如经常用药，则要在用药的当天和后两天夜晚开启增氧机，同时要换水、调水。每半月用25kg/667m^2生石灰化水全池泼洒。适时开启增氧机，加快水体交换，增加水中溶氧，备好增氧剂，防止浮头时急用。

② 日常管理：坚持早上、晚上巡塘一次，白天要注意鳜鱼的摄食情况和饵料鱼的数量，以此为依据适当调节饵料鱼的投喂量和频率；及时捞出饵料鱼的死鱼；及时将发现的病鱼进行检查，针对性地进行防治；要加强夜晚的巡查，防止泛池，如果需要要及时进行冲水或开启增氧设备。

③ 防止偷鱼：鳜鱼虽然是凶猛性鱼类，但吃饱后一般会潜伏不动，特别是在夜间，会在池底找一个水窝潜伏在此，有经验的人可以徒手捕捞，所以，在鳜鱼养殖中，防止偷捕是一个重要的管理工作，特别是在夜晚，很容易发生这样的事。所以在夜晚要加强巡查，防止偷捕现象的发生。

(二) 网箱养殖

1. 水质要求

网箱养殖鳜鱼要选择水质清新，溶氧丰富，没有污水流入，透明度在 40cm 以上的大水面中养殖，养殖水体最好有微流水，背风、向阳，适合鱼类生长。

2. 品种及来源

选择大眼鳜和翘嘴鳜这两个品种进行养殖，这两个品种在所有鳜鱼品种中生长速度和抗病力最强，最适合人工养殖。苗种来源主要有两种：一种是天然苗种；另一种是人工繁殖培育的苗种。在实际生产中一般使用后者，因为前者规格不整齐，在捕捞过程中容易受伤，影响养殖成活率。

3. 饵料要求和解决方法

鳜鱼到目前为止还不能吃配合饲料，死鱼也只是在特别饥饿的情况下吃一些，仅仅是为了维持生命，不多吃。所以鳜鱼的饵料还是投喂活鱼。在大水面养殖中，可以利用大水面的优势捕捞野杂鱼进行喂养。也可以专门养殖饵料鱼供应鳜鱼养殖。

4. 网箱要求及安装

鳜鱼的网箱养殖一般采用小体积的网箱，采用高密度养殖。网箱规格一般为 3m×3m×2.5m 或 2m×2m×2.5m，这样的网箱体积小，水流交换快，操作也方便。内衣网目 1.5cm，外衣网目 5cm，盖网网目 5cm。

网箱安装在有微流水，避风、向阳的地方，不能太靠近主航道。用竹子、油桶或泡沫做浮架，将网衣张开。箱距在 1m 以上，行距在 10m 以上。

5. 鱼种进箱

一般情况下，在进箱之前，网箱必须提前半月下水，使网衣上长上青苔等固着藻类，以免鱼种进箱以后擦伤鱼体。在进箱时，必须把网衣移到岸上，仔细检查内外网衣，是否有破洞、活结，缝制结合部是否结实等，防止鱼种进箱后外逃。鳜鱼种用 3%～4% 食盐水浸泡消毒后才能进箱。

6. 放养密度

鳜鱼放养密度见表8-9。

表8-9　网箱养殖鳜鱼放养密度

鳜鱼苗种体长/cm	放养量/(尾/m^2)	网箱级别
3.3～4.5	300～500	Ⅰ
10～12	200～300	Ⅱ
15～18	50～100	Ⅲ

在网箱中可以搭配鳊鱼、青鱼、鲴鱼或红鲫鱼。鳊鱼可以吃青苔、杂草，青鱼可以吃爬上网箱的螺蛳等，鲴鱼可以吃网箱上的固着藻类，红鲫鱼不仅可以吃杂食或蚕食，还可以作为标志物，观察网箱内的鱼类活动情况。另外，这些鱼的搭配养殖还可以增加网箱养殖的产量。

7. 投饵

网箱养殖采用活鱼投喂的方法，一般一次可投3～5天的活饵，保证网箱中有一定数量的活鱼，应该是10倍的鳜鱼数量。在鳜鱼的规格快达到上市规格或市场价格不好，可以减少饵料鱼投饵量的方法控制鳜鱼的生长速度。

8. 日常管理

(1) 清箱　当网箱上的附着物较多时，可能会阻止网箱的水流交换，应该清洗，把堵塞网目的附着物洗净。在清洗网箱时要从一边洗起，不能伤鱼。

(2) 巡箱　每天早晚两次，检查网箱是否有破损的地方，发现问题及时解决。观察鳜鱼的吃食情况和生长情况，是否有病害、饵料鱼的密度怎样等。

(3) 鱼病防治　鳜鱼养殖采用的活鱼投喂，与鳜鱼在自然条件下的摄食一样，营养全面，一般不会生病。主要是鱼种进箱之前要进行鱼体消毒，防止因为鱼体受伤感染引发鱼病。另外，水体中的寄生虫对鳜鱼有一定的危害，特别是放养规格小时影响很大，因此，在条件许可的情况下可以适当提高放养规格。对于鱼病的防治可以采用以下几点方法。

① 采用预防的方法。最好采用挂篓、吊袋的方法，剂量比一般要大一些，利用水流的作用让药液流入箱体中，可以预防一些疾病的发生。另外，也可以把鱼赶到一边，用塑料薄膜把水隔离，进行药浴，药浴时应该严格按照使用说明操作，还要根据水温和天气以及鱼体体质灵活掌握药浴时间，如果鳜鱼反应强烈，应该提前拿掉塑料薄膜，结束药浴。

② 针对不同的病症对症下药。鳜鱼的病害治疗一般采用表里兼治的方法治疗。

9. 起捕

鳜鱼的上市规格有严格的规定，一般在600～750g/尾之间，称为标鳜，标鳜的价格一般比非标鳜高得多，另外市场价格的波动性较大，所以鳜鱼的起捕时间要根据市场的价格进行适时起捕，实现利益最大化。

（三）大水面增养殖

大水面的养殖主要是利用鳜鱼清除野杂鱼，把价格低廉的野杂鱼转化成价格较高的鳜鱼。要根据大水面的野杂鱼群体密度和繁殖能力，投放一定的鳜鱼，要防止鳜鱼投放过多影响水域的渔业资源。大水面增殖采用的是人放天养的方法，为了保证鳜鱼种的存活率，应该投放规格较大的鳜鱼种。整个养殖过程不需要额外的管理，主要工作就是捕捞，除了在捕捞其他鱼类时对鳜鱼的捕捞外，主要采用小规模的捕捞方式进行捕捞。可以采用地笼、卡钩、丝网以及鱼夹的方法捕捞，对起捕的鳜鱼进行统计，计算起捕率，以此确定下一年的放养量。

六、饵料与投喂

鳜鱼在整个养殖过程中都采用活鱼喂养，不同的生长阶段对饵料鱼的种类、规格要求不同。如果供食不及时、数量不足或不适口都会对鳜鱼的生长产生影响。因此，必须根据鳜鱼不同生长阶段的需求，有计划地生长与供给各种不同规格的活饵料鱼，并做到时间配合、数量满足、规格配套、品种适宜，才能保证养殖效益的提高。

(一) 亲鱼阶段

鳜鱼亲鱼池一般不大，在 667～1334m^2（1～2 亩），水深 1.5～2m，要求水质清新、水源充足、排灌方便，有一定的水草更好。用于鳜鱼亲鱼养殖的饵料鱼一般选择白鲢、鲮鱼、鲤鱼、鲫鱼、草鱼等，规格为鳜鱼体长的 1/3 左右，一般每 3 天补充一次，池中饵料鱼的密度为鳜鱼亲鱼的 10 倍左右。饵料鱼采用专池培育或定时购买。培育池与亲鱼池的配比为 3∶1，培育方法与饵料鱼的养殖方法相同。

(二) 鱼苗阶段

鳜鱼苗的培育方法在前面已经介绍，鱼苗从卵黄完全消失到鳍条出现称为开口期，时间约为 3 天，开口期的饵料鱼为脱膜 24h 的团头鲂或脱膜 24h 的家鱼苗。一般在鳜鱼亲鱼催产后 1 天或鳜鱼苗开始出膜时进行饵料鱼的催产，为保证给鳜鱼苗提供适口的饵料鱼，应该每隔 3 天进行一次饵料鱼的催产，直到鳜鱼苗能够捕食夏花鱼苗为止。饵料鱼的投放量为鳜鱼苗的 10～15 倍，使鳜鱼开口便可捕食。刚刚开口的鳜鱼苗的摄食量较小，一般每尾一天捕食 1 尾鱼苗即可，以后摄食量逐渐增大到每天捕食 5 尾饵料鱼鱼苗。

鳜鱼苗开口时，如果没有合适的饵料鱼，还可以投喂一些大型的枝角类，在开口的 1～2 天内可以代替饵料鱼。鳜鱼苗的视觉不是太好，主要靠触觉来感应，所以鳜鱼在捕食饵料鱼苗时都是从尾部开始吞食。鳜鱼苗对食物的选择性很强，如果在 5 天以内得不到适口的饵料鱼就会日渐消瘦而亡。

(三) 鱼种阶段

鳜鱼生长至体长 2cm 以上时，进入鱼种培育阶段，此时对外界的反应敏感，摄食方式已经完全采用成鱼的捕食方式，即埋伏袭击式。眼睛紧盯目标，随时调整角度，一旦进入袭击范围采用突然袭击的方式咬住饵料鱼的头部进行吞食。此时饵料鱼的体长应该控制在 1.2cm 左右，饵料鱼的数量根据不同的培育方式选用不同的投喂数量，一般网箱、水泥池、工厂化培育和孵化环道培育，保证饵料鱼的倍数为鳜鱼苗数量的 4～5 倍，池塘培育饵料鱼的倍数为鳜鱼苗数量的 7～8 倍。要定期检查饵料鱼的密度，适时补充。为防止饵料鱼带入疾病，最好在投喂前用3%的食盐水对饵料鱼进行浸泡，可以防止鳜鱼受到病害的感染。

(四) 成鱼阶段

鳜鱼的成鱼养殖方式主要有池塘单养、池塘混养、网箱养殖、工厂化养殖、围栏养殖和大水面养殖。池塘混养、围栏养殖和大水面养殖主要是利用鳜鱼的放养把价格低廉的野杂鱼转化成价格高的鳜鱼，只要控制好放养密度即可。在池塘单养中，可以在池塘中混养一些繁殖较快的鱼类，如鲫鱼、罗非鱼、鲮鱼等，混养密度为：罗非鱼亲鱼 200 组/667m² 或 2 龄鲫鱼 600 尾/667m² 或鲮鱼亲本 80～100 组/667m²，可以得到较为丰富的饵料鱼。

利用专池培育饵料鱼，可以根据不同的饵料鱼确定饵料鱼的配养面积，专养鲮鱼作为饵料鱼时，配养面积为 1∶4；专养白鲢则配养面积为 1∶5。饵料鱼可以采用高密度的养殖方式，保证鳜鱼对饵料鱼在规格上和数量上的同步需求。投喂时，一般每隔 3 天向鳜鱼池中投喂一次饵料鱼，投喂数量根据池中饵料鱼的数量进行调整。鳜鱼池中饵料鱼的密度多少可以通过观察鳜鱼的摄食行为进行判断。一般来讲，在饵料鱼充足时，鳜鱼在池底层捕食饵料鱼，水面有零星的小水花，水声较小，且间隔时间长；当池中饵料鱼不足时，鳜鱼常在水体上层追捕饵料鱼，水花较大，水声也大，活动频繁；如果发现鳜鱼在池边缘捕食饵料鱼，说明池中饵料鱼的数量已经严重缺乏。急需投放饵料鱼。

七、鳜鱼的季节管理

(一) 春季管理

1. 提高水温

无论是亲鱼池，还是隔年鱼种，在春季应该早开食，亲鱼可以提早成熟繁殖；上年留下的鱼种都是上年没有达到上市规格的大规格鱼种。在春季，应该采用降低水位至 0.6～0.8m，使水温尽快提高，让鳜鱼提早开食。春末应该勤注水，保持水质清新，尽量把水质与水温调节到适合鳜鱼生长。特别是大规格的隔年鱼种，尽量在初夏能够使它们达到上市规格，腾出鱼池进行下一个周期的生产。

2. 调节水质

开春以后，由于气温、水温逐渐回升，水中各种生物会大量繁衍，会影响水质，可注入20cm的新水，并每667m^2用20～30kg生石灰全池泼洒。

3. 及时开食

当表层水温达到10℃左右，鳜鱼就会开始少量摄食。可以每周投喂一次饵料鱼，饵料鱼的密度还是保持在鳜鱼数量的7～8倍。

4. 提早防病

春季是疾病的高发季节，注意春季病害的发生，春季病害主要包括竖鳞病、水霉病、口丝虫病、斜管虫病、小瓜虫病。具体防治措施在“八、病害防治”中集中介绍。

(二) 夏季管理

夏季水温高，鳜鱼摄食旺盛，生长迅速。同时也是病害的高发季节，夏季鳜鱼养殖管理应该注意以下几个方面。

1. 投足饵料

在不超过池塘负荷的情况下尽量多放一些饵料鱼，让鳜鱼有充足的饵料鱼捕食。池塘养殖饵料鱼的放养量为鳜鱼数量的7～8倍，其他养殖形式为4～5倍。每隔3～5天补充一次饵料鱼，饵料鱼的体长应该为鳜鱼体长的1/3～1/2，如果规格不均匀，应该用鱼筛将规格较大的筛除。池塘养殖中饵料鱼的多少观察应该按照“六、饵料与投喂”中的方法观察。饵料鱼以鲮鱼最好，其次是白鲢、鲤鱼、鲫鱼。各地根据条件选择适当的饵料鱼。

2. 水质管理

鳜鱼养殖要保持水质清新，溶氧要高，透明度要保持在40cm以上。一般每隔2～3天换一次水，每次换水15～30cm，尽量保持水体的微流水状态。如果发现鳜鱼有吐鱼现象，说明池水缺氧，要及时加水、换水，开启增氧机，防止浮头死亡。每隔半月用25kg/667m^2的生石灰化水泼洒一次，以改良水质，预防疾病的发生。如果池水混浊，每667m^2用1kg明矾化水全池泼洒。每天开增氧机2次，白天中午开机2h，夜晚开机4h。发现鳜鱼严重浮头，除加水、换水、开启增氧机以外，可以泼洒双氧水、过氧化钙等增氧剂。

3. 疾病防治

夏季是疾病最容易发生的季节，注意夏季病害的发生。具体防治措施在“八、病害防治”中集中介绍。

4. 择机销售部分成鱼

8 月底至 9 月初可以捕捞部分已经达到上市规格的个体上市，此时的价格也较高，应该利用这个时机出售达标成鱼，既可以提高收入，又可以降低池塘的鳜鱼密度，促进小规格鳜鱼的生长，提高产量。

(三) 秋季管理

秋季是鳜鱼最佳生长季节，此时水温适宜，鳜鱼摄食旺盛，饵料鱼供应充足，要抓住这个时机，强化管理措施，促进鳜鱼生长，提高鳜鱼生产量。

1. 合理控制池塘中鱼类的密度

对于池塘中的三种鱼进行合理的疏松。主要鱼类鳜鱼达到规格的可以捕捞提前上市；搭配养殖的鱼类达到规格的个体也可以捕捞上市；饵料鱼的密度要进行有效的控制，规格过小，鳜鱼不吃的个体要捕捞分离出来，以减轻池塘的负荷。

2. 合理投放饵料鱼

根据鳜鱼的生长、摄食规律、口径大小，有针对性地选择饵料鱼的品种和规格，满足鳜鱼对饵料的要求。饵料鱼的体长应选择鳜鱼体长 30%～40%的个体。鳜鱼的摄食量一般为自身体重的6%～10%，每次投足鳜鱼 4～5 天的摄食量为宜，饵料鱼的个体数为鳜鱼的 7～8 倍。饵料鱼在投放时应该用 3%的食盐水浸泡后放养。

3. 合理加水、换水

鳜鱼对水质的要求较高，溶氧要求高。因此，保持水质的良好状况是鳜鱼养殖的基础。要根据水质的变化状况采用加水、换水或微流水的方式调节水质。每隔 4～7 天换水一次，换水量不宜过大，每次以 20～30cm 为宜，避免因大量换水对鳜鱼造成不适。另外，根据“秋满水”的原则，尽量加满池水，增加鱼类的活动空间和水质缓冲功能。条件许可，可以采用微流水养殖。适时开启增氧机，增加水中溶氧量，保证池水溶氧大于 4mg/L，透明度不小于 40cm。

4. 合理调节水质

水质的调节不仅可以用加水、换水、增氧、微流水等措施调节，还可以定期泼洒生石灰的办法调节水体 pH 值。刚入秋时，每10天一次，每次 10～15g/m^3，后期每半月一次，每次 5～10g/m^3。池塘内最好有一定的水草，以沉水植物为好，约占水面的 1/10，便于鳜鱼隐蔽、摄食，并能够改善水质，增加溶氧。水草要合理布局，不能成片生长，这样会减少鱼类的活动空间。另外，水草选用多年生品种为好。也可以使用微生物制剂有效改良水质。池水溶氧低于 4mg/L 时，及时用增氧机或化学增氧剂增氧，防止鳜鱼因缺氧死亡。

5. 合理防病治病

病害防治以预防为主，治疗为辅。具体方法在“八、病害防治”中集中介绍。

(四) 冬季管理

越冬的鳜鱼主要是套养的鳜鱼或大规格鱼种，如果能够出售尽量出售。不能出售的应该转池、并塘，准备越冬。并塘越冬的池塘要背风向阳，面积以 667～1334m^2（1～2 亩）为宜，水深 2～2.5m。鳜鱼种尾重 50～75g 时，放养密度为 0.8 万～1 万尾/667m^2；尾重 100～150g 时，放养密度为 0.7 万～0.8 万尾/667m^2。并塘时要注意以下几个问题。

① 按照不同的规格进行分塘、并塘，便于出售、放养或越冬。

② 尽量在水温 10℃以上的晴天进行并塘、分塘。水温低于 6℃不便于进行，以免发生冻伤引起死亡。

③ 鳜鱼种在转运中应该带水操作，首先处理鳜鱼种。

鳜鱼种并塘后应该做好以下管理措施。

a. 水位应该控制在 2m 以上。

b. 应该在鳜鱼种池塘中投放一定的饵料鱼，保证鳜鱼种在开口时有适口的饵料鱼供应。

c. 冬季要保证池塘的溶氧，要扫除池塘冰上的积雪，保证水中光合作用，并在冰上打上几个冰窟窿，增加水体的溶氧交换。

d. 每 15～20 天加注新水一次，保证池塘水质。

八、病害防治

（一）预防措施

鳜鱼的病害预防措施除了遵循“第七章”的一些措施外，还要注意以下预防措施。

① 清塘消毒，对旧池池底淤泥彻底清理，并通过阳光暴晒，选用有效的药物进行消毒。

② 注意调节水质，保证池水质量。可以通过使用生石灰，少量换水或开增氧机，保持微碱性和较高的溶氧量，也可采用水质净化剂调节水质，泼洒微生物制剂改良养殖环境。

③ 在鱼病多发季节，通过饵料鱼投喂抗病毒药物和抗菌剂，减少或消灭病原体，可避免因环境恶化引发的爆发性疾病。

④ 投喂优质的饵料鱼，平时添加适宜的中草药，以增强鳜鱼的抗病能力。不能投喂发病或腐败的饵料鱼。注意对饵料鱼消毒，选用二氯异氰尿酸钠 10～20g/kg、硫酸铜 8g/kg 消毒 20min 后投喂。

⑤ 发病时不能用孔雀石绿、敌百虫、硫酸铜和福尔马林等，否则会加速鱼的死亡和水质的进一步恶化。

⑥ 选择优质的苗种。

⑦ 有条件的可使用有关疫苗进行免疫接种。

（二）病害防控

1. 病毒性传染病

［病原］ 鳜鱼病毒、鳜鱼弹性病毒、鳜鱼杆状病毒、虹彩病毒等。主要病毒还没确定，已知该病毒主要寄生在脾脏、肾脏、肝脏等组织。

［症状］ 典型症状为鳃丝和肝脏像失血一样苍白（图 8-5，彩图），肝脏等内脏器官有出血点，胆囊充盈，胆汁渗出，肠内有黄色黏稠物，体表无明显变化，若继发或并发其他感染，病鱼眼球突

出，鳃白，贫血，腹部有积水，肛门红肿，肝土黄色，肠内充满蛋花状流体，腹壁内有大量出血点。病鱼常离群，体色变灰黑，无力漂游而死。常与细菌混合感染，死亡率特别高，在季节交替时最为流行。

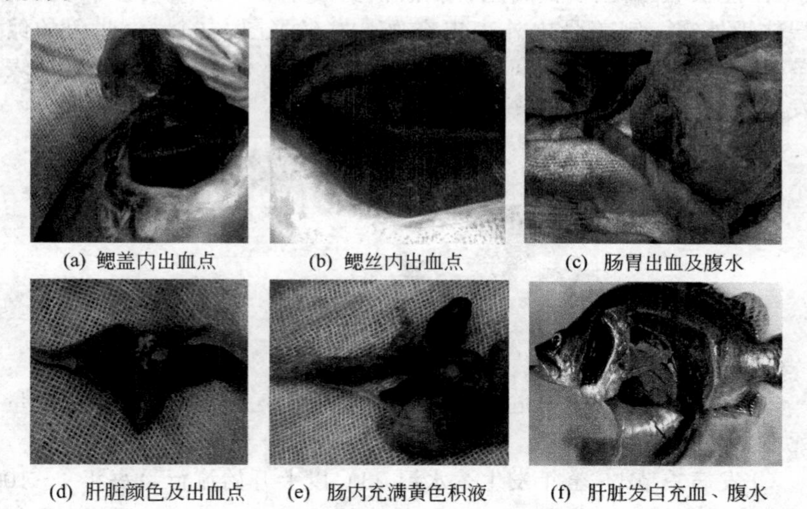

(a) 鳃盖内出血点　(b) 鳃丝内出血点　(c) 肠胃出血及腹水

(d) 肝脏颜色及出血点　(e) 肠内充满黄色积液　(f) 肝脏发白充血、腹水

图 8-5　病毒性传染病部分症状

［发病对象］　鱼种、成鱼、亲鱼。

［发病季节］　主要发病季节每年的 7～8 月份高温季节。亲鱼及隔年鱼种在 4～5 月份也可能发病，一般每年 11 月中旬当水温降至 20℃以下时，死亡率会大幅度下降，最后停止发病。

［防治方法］

① 目前尚无有效的治疗方法，主要是预防。应严格检疫，杜绝引进带病毒的鱼卵、鱼种和成鱼及池水。

② 对投喂的饵料要严格消毒。

③ 对发病池，每立方米水用 5～8g 有机碘（如消毒劲），稀释后全池泼洒，可阻止受感染鱼急性发病。

④ 用二氧化氯进行全池消毒，每 667m^2 水面（水深 1m）用 3kg，每天 1 次，连续 2～3 次，并结合使用增氧灵等。

⑤ 制备灭活疫苗，进行人工免疫。

2. 细菌性传染病

(1) 烂鳃病

［病原］ 由柱状屈桡杆菌感染引起。

［症状］ 鳃丝发白腐烂，黏液较多，并带污泥，严重时鳃丝末端软骨外露，鳃盖骨内外表皮充血、发炎（图 8-6）。一些鱼的鳍条也会出现腐烂现象。病鱼往往离群独游于水面，游动缓慢，体表发黑，食欲减退或不摄食。

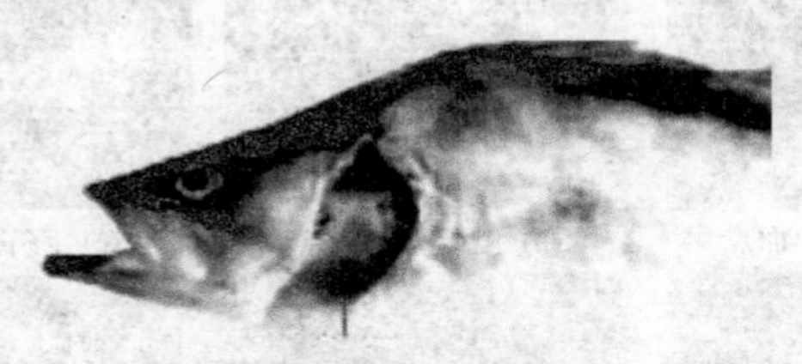

图 8-6 烂鳃病症状图

［发病对象］ 主要危害当年鳜鱼，一旦染上此病，会造成大量死亡。

［发病季节］ 全年发生。水温 23℃以上开始流行，每年 4～10 月为发病高峰期，水温 25～30℃最为严重。

［防治方法］

① 鱼种放养前用生石灰或漂白粉彻底消毒。

② 用 1mg/L 漂白粉全池泼洒，间隔 24h 后再次消毒。

③ 用 0.3mg/L 强氯精全池泼洒。

(2) 白皮病（白尾病）

［病原］ 由白皮极毛杆菌或柱状屈桡杆菌感染引起。

［症状］ 发病初期，尾柄处出现白点，继而扩大蔓延，尾柄基部呈白色（图 8-7），严重时鳜鱼尾鳍会烂掉或残缺不全，病鱼头部朝下，尾柄朝上，不久死亡。

［发病对象］ 主要危害 3～10cm 鱼种。

［发病季节］ 5～8 月。

［防治方法］

① 此病主要由操作不慎引起鱼体受伤感染而致，因此最好的预防办法就是谨慎操作，杜绝鱼体受伤。

图 8-7 白皮病感染示意图

② 鱼种放养前用 2%～3%食盐溶液浸泡 20～30min。

③ 用 1mg/L 漂白粉全池泼洒，间隔 24h 后再次消毒。

④ 0.3mg/L 强氯精全池泼洒。

3. 寄生虫病

(1) 车轮虫病

[病原] 车轮虫（图 8-8，彩图）。

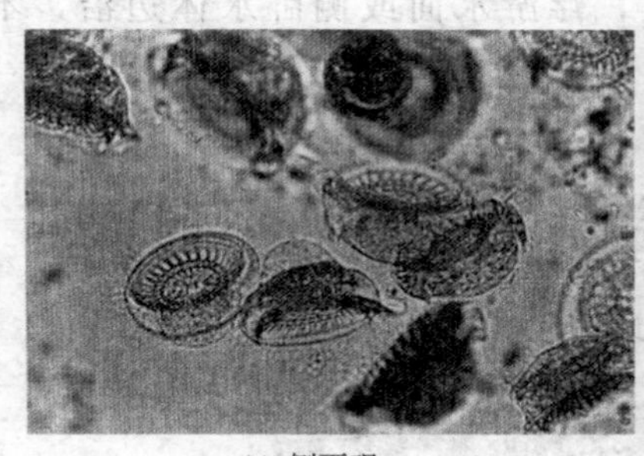

(a) 侧面观

(b) 反面观

图 8-8 车轮虫形态图

[症状] 主要寄生在鱼鳃和体表上，严重感染时，鳜鱼苗种多数在水中翻滚，头部和嘴周围黏液较多，不摄食。若大量寄生在鱼鳃时，会使鳃丝出现肿胀、失血，导致鳜鱼苗种呼吸困难，大量死亡。寄生在皮肤和鳍条上，往往使鱼体出现苍白、鳍条充血、腐烂，失去游泳和摄食能力，病鱼头部朝上，尾柄部朝下，在水中旋转翻滚，最后死亡。

[发病对象] 鱼苗和夏花鱼种阶段。是鳜鱼鱼苗鱼种阶段最常见的和危害最严重的疾病之一。

［发病季节］ 全年发病，发病严重期为4～6月。

［防治方法］

① 硫酸铜0.5mg/L和硫酸亚铁0.2mg/L合剂全池泼洒。

② 高锰酸钾，一次量10～20g/m^3，鱼种放养前，浸浴15～30min。

③ 苦参碱溶液，一次量0.4g/m^3，全池泼洒1～2次。

④ 严重时，苦参碱溶液和阿维菌素溶液配合使用，量不变。

(2) 斜管虫病

［病原］ 斜管虫。

［症状］ 斜管虫（图8-9）往往与车轮虫病同时发生。当斜管虫大量侵袭鳜鱼鱼种的皮肤和鳃时，鳜鱼表皮组织受到寄生虫的刺激分泌出大量的黏液，寄生皮肤表面形成苍白或淡蓝色的黏液层，该虫主要寄生在鳜鱼上皮细胞摄取营养，破坏鳜鱼组织，使组织细胞剥落，大量寄生在鳃上时会引起鳜鱼呼吸困难，病鱼食欲减退，鱼体消瘦，浮游水面或侧卧水体边沿，不摄食而亡。

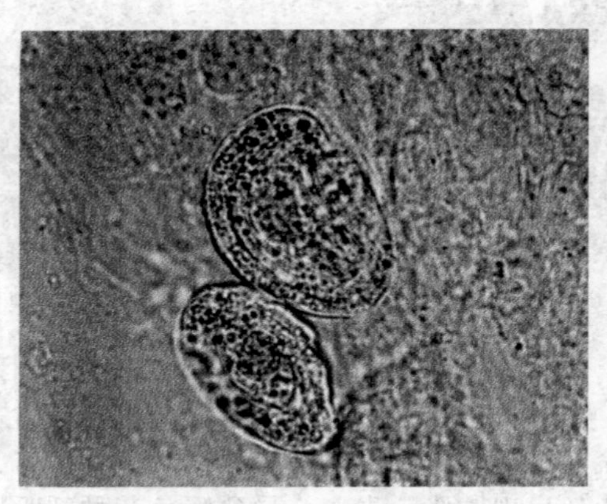

图8-9 斜管虫形态图

［发病对象］ 主要危害鳜鱼苗寸片，从鱼卵到水花也时有发生。

［发病季节］ 一年四季均有流行。

［防治方法］ 同车轮虫。

(3) 杯体虫病

[病原] 杯体虫。

[症状] 杯体虫（图 8-10）寄生在鳜鱼的皮肤和鳃上，妨碍鱼的正常呼吸，同时骚扰鱼体，使鳜鱼焦躁不安，影响生长发育，严重时病鱼身体似有一层毛状物，患病鱼通常离群独游，游动缓慢无力，很少摄食而终至死亡。

(a)虫体寄生图

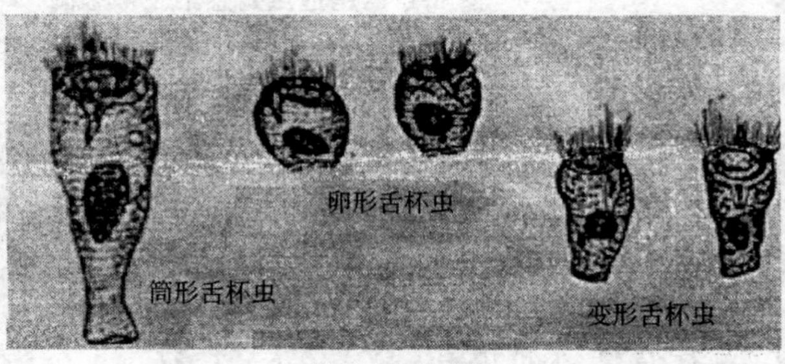

(b)几种虫体外形图

图 8-10 杯体虫形态图

[发病对象] 主要危害鳜鱼种，以 1.2～2.5cm 的夏花鱼种危害最大。

[发病季节] 一年四季。

[防治方法] 同车轮虫。

(4) 尾孢虫病

[病原] 尾孢虫。

[症状] 无一定形状，只在鳍条之间形成浅黄色扩散状胞囊。孢子梨形，前端较狭，后端较宽，缝脊细而直。壳片后端延长为两根等长的针状尾巴，叉状分开。两个圆棒状极囊大小相同。有一个嗜碘泡。鳜鱼鳃上寄生的为微山尾孢虫，胞囊圆形或呈瘤状，白色，由几个椭圆形小囊相互聚集在一起而成，周围包一层较薄的结缔组织，引起鳃组织局部充血或溃烂。鳜鱼鳃上有瘤状或椭圆形白色胞囊，引起鳃充血、溃烂，严重时引起死亡（图 8-11，彩图）。

[发病对象] 主要危害鳜鱼种，以 1.2～2.5cm 的夏花鱼种危害最大。

[发病季节] 一年四季。

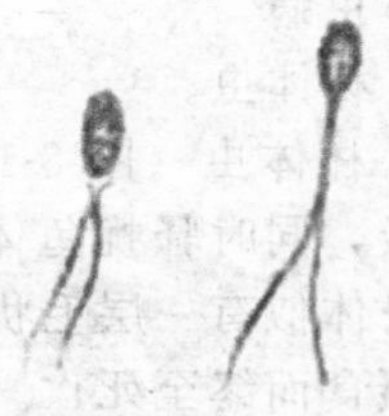

图 8-11　尾孢虫病感染及形态图

[防治方法]

① 彻底清塘，改善水质，可预防此病。

② 每 50kg 鱼用硫黄粉 75g 拌饵投喂，每天 1 次，连喂 4 天。

③ 1m^{3}水放 500g 高锰酸钾，充分溶解后，浸洗病鱼 30min（鳜鱼对药物比较敏感，浸洗时注意观察）。

(5) 小瓜虫病

[病原]　小瓜虫。

[症状]　小瓜虫（图 8-12，彩图）主要寄生在鳜鱼的皮肤、鳍条和鳃上。当幼虫进入皮肤后，形成一个个白色小脓包。肉眼可见一个个白色小点，故称"白点病"。病鱼在水面游动迟缓，不断与其他物体摩擦造成鳞片脱落、鳍条断裂，如果大量寄生在鳃上，引起鳃液增多，鳃小瓣被破坏，鳃上皮增生造成鳃贫血、呼吸困难，不久死亡。如虫体侵入鱼的眼角膜，会引起发炎，重则致瞎，影响鳜鱼摄食而逐渐消瘦、死亡。

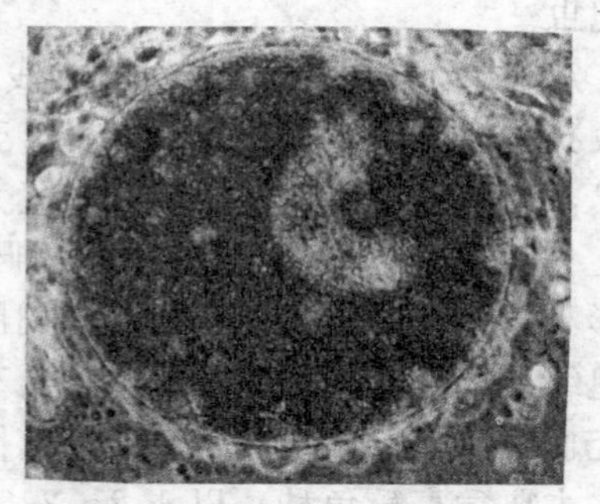

图 8-12　小瓜虫形态图

[发病对象]　鱼苗至寸片鳜鱼种。

［发病季节］ 每年 3～5 月，8～10 月为发病盛期，发病水温为 15～25℃。

［防治方法］ 小瓜虫一旦感染，很难治愈，只有在水温不适时才自行脱落。所以，对于小瓜虫，只有以预防为主。

① 用生石灰彻底清塘，防止幼虫感染。

② 硫酸铜 0.5mg/L 和硫酸亚铁 0.2mg/L 合剂全池泼洒。

③ 高锰酸钾，一次量 10～20g/m^3，鱼种放养前，浸浴15～30min。

④ 用 200～240mg/L 冰醋酸浸泡鱼体 15～20min。

(6) 隐鞭虫病

［病原］ 隐鞭虫（图 8-13）。

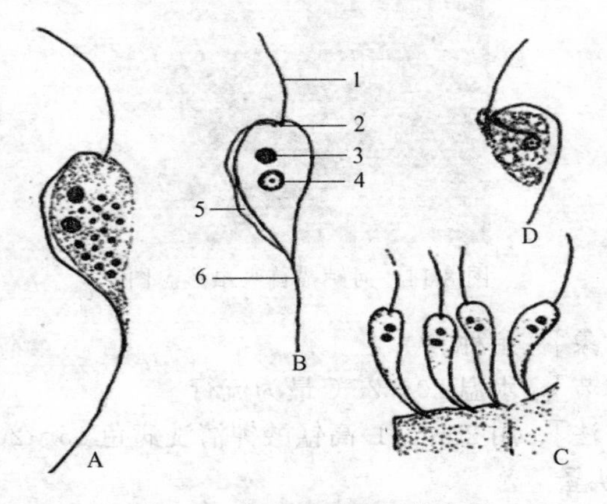

图 8-13 隐鞭虫形态及构造图

A—鳃隐鞭虫一般形态；B—鳃隐鞭虫模式图；C—附着在鳃组织上的鳃隐鞭虫；D—颤动隐鞭虫一般形态

1—前鞭毛；2—生毛体；3—动核；4—胞核；5—波动膜；6—后鞭毛

［症状］ 造成鳃丝鲜红色，鳃管发炎，分泌大量黏液，阻碍血液正常循环，使鳜鱼呼吸困难窒息而亡。发病鱼体色发黑、瘦弱，鳃丝鲜红多黏液并带泥。

［发病对象］ 鱼苗阶段特别容易感染。

［发病季节］ 5～9 月。

［防治方法］ 同车轮虫病。

(7) 河鲈锚首吸虫病

［病原］ 河鲈锚首吸虫。

［症状］ 河鲈锚首吸虫（图 8-14）寄生在鳜鱼鳃上，靠钩钩住鳃组织，吸取宿主的血液及营养。当大量寄生时，鳃丝黏液增多，鱼体变黑，离群独游，不摄食，逐步消瘦而死。

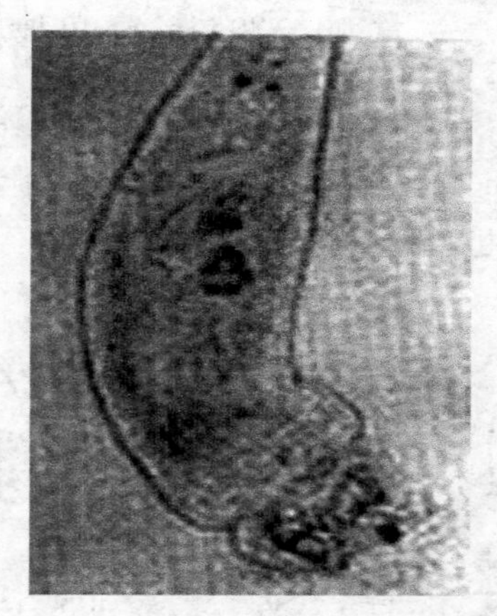

图 8-14 河鲈锚首吸虫形态图

［发病对象］ 鱼种。

［发病季节］ 水温 20～25℃最为流行。

［防治方法］ 用 20mg/L 高锰酸钾清洗病鱼 15～20min。

(8) 锚头蚤

［病原］ 锚头蚤。

［症状］ 锚头蚤（图 8-15，彩图）以头胸部插入鳜鱼肌肉里或鳞片下，在寄生部位肉眼可以看到针状病原体。病鱼初期出现不安，食欲减退，鱼体消瘦，游动迟缓，寄生部位周围组织发炎红肿、溢血。继而出现血斑，组织坏死，容易继发水霉或其他细菌感染死亡。

［发病对象］ 鱼种、成鱼。

［发病季节］ 春季和秋季。

［防治方法］ 以预防为主。用生石灰带水清塘，杀死池塘中的幼虫和成鱼。治疗可用 10～20mg/L 高锰酸钾水溶液药浴 1～2h，

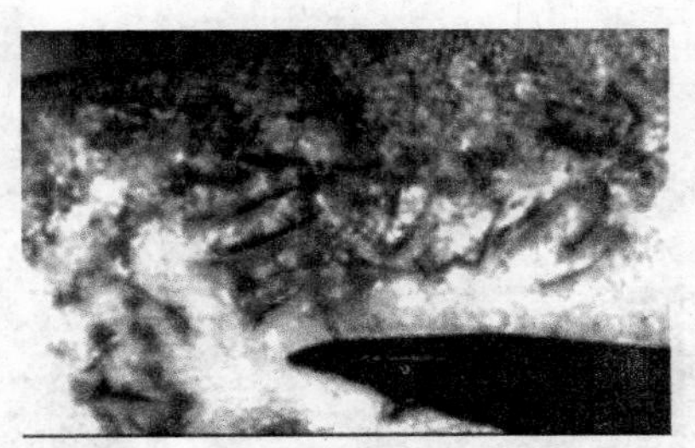

图 8-15　锚头蚤感染图

具体浓度和时间要根据水温高低而定。

(9) 鲺病

［病原］　中华鲺（图 8-16，彩图）。

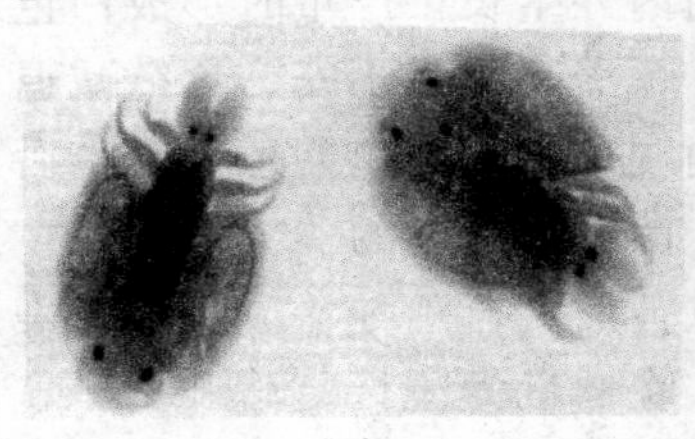

(a) 形态图　　(b) 体表感染图

图 8-16　鲺形态图和感染图

［症状］　鲺寄生在鳜鱼体表、鳍条及鳃内，肉眼可见臭虫大小的虫体，常以其倒刺刺伤所寄生的鱼体，使病鱼产生狂游、不安。

［发病对象］　鱼种、成鱼。

［发病季节］　常年。

［防治方法］

① 同烂鳃病的防治方法。

② 用晶体敌百虫（90%）进行全池泼洒，使池水浓度达 $0.3\times10^{-6}\sim0.5\times10^{-6}$ 可治愈此病。

③ 在防治鳜鱼病时应注意，鳜鱼对药物非常敏感，特别是敌百虫，使用浓度一定要严格控制，浓度太大会造成鱼体死亡。

4. 真菌性疾病

水霉病

［病原］　水霉（图 8-17）、锦霉。

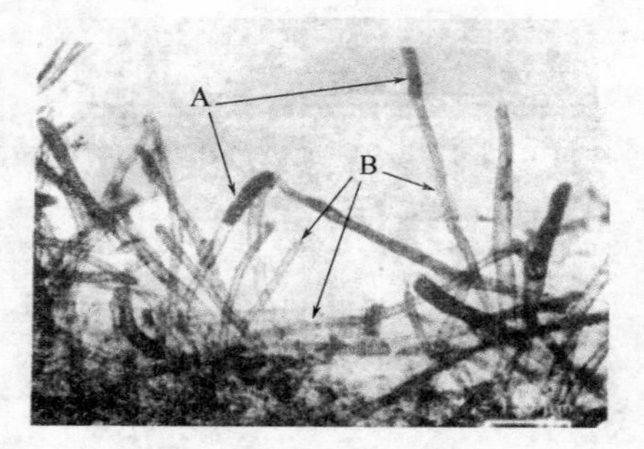

图 8-17 水霉病病原体感染图片

A—孢囊；B—菌丝

［症状］ 菌丝侵入鱼体后，向内外生长，严重时形成白色或灰白色棉絮状物体，病鱼游动缓慢、呆滞、焦躁不安、食欲减退、体表黏液增多，不及时治疗会逐步消瘦死亡。若鱼卵感染水霉后，卵膜外的菌丝向外生长，呈放射状。菌丝吸收卵的营养致卵死亡。

［发病对象］ 以鱼卵、鱼苗危害最大，鱼种、成鱼也感染。

［发病季节］ 全年，以早春、晚冬最为流行。

［防治方法］ 注意保持良好的水质可减少疾病的传播。在孵化期间可用1.5mg/L高锰酸钾、0.3%食盐水在孵化环道中每天各泼洒一次有良好的防治效果。育苗和成鱼养殖期间治疗可用2%～3%食盐水浸泡5～10min有一定的疗效。

九、鳜鱼的捕捞、运输和暂养

（一）捕捞方法

鳜鱼一般以活体销售，所以鳜鱼的捕捞方法应该利于鳜鱼的成活与暂养。鳜鱼的捕捞方法因养殖方式不同采用不同的捕捞方法。池塘养殖的捕捞主要先用拉网，尽量拉到最少后再干池捕鱼，在整个操作过程中要谨慎操作，防止造成鱼体伤害或浑水呛伤鱼体。水泥池养殖、网箱养殖和工厂化养殖的捕捞也较为简单，也只是注意操作，防止鱼体受伤。鳜鱼捕捞的难度大一些的是大水面增养殖和围栏养殖，这两种养殖方式主要采用丝网捕捞和鱼夹捕捞，都是在秋冬季进行，丝网捕捞对鱼的伤害较大，主要在捕捞后的起鱼过程，防止鱼体受伤，鱼夹捕捞主要是利用鳜鱼喜欢潜伏在水底深水窝的习惯，在水中用鱼夹夹出一个水窝，插上标记，过两天后用鱼夹夹鱼窝，可能夹住在水窝中的鳜鱼。由于这两种捕捞方法都在秋末和冬季进行，鱼体活动性较差，只要谨慎操作就不会造成鱼体受伤。捕捞后，应该及时暂养，防止鳜鱼死亡。

（二）暂养方法

暂养是保证鳜鱼成活率不可或缺的过程，经过捕捞惊吓和受伤的鱼体，暂养后得到了恢复，利于长途运输。暂养时应该选择无病无伤，活力强的个体暂养。暂养的方法有许多种，可以因地制宜地选择暂养方法。暂养方法主要有网箱暂养和水泥池暂养，具体要求见表 8-10。

表 8-10 鳜鱼的暂养

条件	网箱暂养	水泥池暂养
面积	20～25m^2	40～50m^2
暂养密度	500kg	40kg/m^2
暂养时间	不超过 15 天	不超过 15 天
投饵	可少量投饵	可少量投饵
管理	巡箱，防止网箱破损；每 3～4 天清洗网箱一次	采用微流水的方式暂养，架设增氧设备，每天换水 1～2 次，每天吸污和残饵一次

（三）鳜鱼活体运输方法

传统的运输方式有许多种，近些年，由于活鱼运输车的研制成功，给活鱼运输可以说带来了一次革命，不仅可以短途运输，也能长途运输，不仅能够小批量的运输，也能大批量的运输，不仅能够运输成鱼，也能运输亲鱼和鱼种。

由于活鱼车有增氧系统，途中还可以加水、换水，所以运输时间可以达到 20h 以上，而且可以常年运输。运输密度为 200～250kg/m^3。在运输中应该注意以下几点。

① 对运输的鳜鱼应该严格挑选。选择无病无伤、体质健壮、规格一致的进行运输。

② 在运输前2天应停食，让运输的鳜鱼排空体内粪便，减少途中排泄物，提高成活率。

③ 装车后，应该换1～2次水，或满水半小时以上，清除鳜鱼刚进入密集状态时分泌的黏液。

④ 选择适宜的水温运输　运输水温应选择在6～15℃。水温太低，容易出现冻伤，水温太高，细菌容易滋生，影响水质，消耗溶氧。水温比较高时，应该加冰袋或冰块降温，并在夜间行驶。

⑤ 加强途中管理和检查　运输时，最好请有经验的司机驾驶车辆，在途中每隔一段时间要检查一次水箱，看鱼的活动情况和加氧的气压，保证有充足的氧气供应。每隔一段时间要加水、换水一次。

⑥ 车中要准备一定的应急物品，如增氧机或多余的氧气瓶等。

⑦ 运输前应该摸清路况，平稳驾驶，避免剧烈颠簸。

⑧ 开车前检查好车况，避免带着隐患上路，防止中途抛锚。

⑨ 一旦上路，要以鱼为本，准备好途中的干粮和水，尽量不在途中吃饭或停留的时间太长。

⑩ 行驶途中谨慎驾驶，匀速行驶，杜绝违章现象，以免因为违章处罚耽误时间，影响运输成活率。

十、鳜鱼养殖的关键技术

① 选择合适的亲鱼进行人工繁殖，亲鱼体重最好选择1.25～1.5kg的，这样的鳜鱼体质好，成熟快。个体不是很大，好操作。

② 重视亲鱼培育，特别是产前培育和冲水，保证催产效果。

③ 人工繁殖最好采用人工授精的方法。因为鳜鱼繁殖的数量一般不是很大，这样能够保证受精卵的质量，也就提高了孵化率。

④ 人工孵化时要注意水流和水质，尤其是水质，如果水质出现问题，就会使前面的工作清零。特别要提到利用蓄水塔作为水源的，一定要勤洗蓄水塔，防止蓄水塔中有机物沉淀过多，加水后搅动蓄水塔底质，使孵化用水溶氧低，氨氮、硫化氢高，使胚胎缺氧、中毒死亡。

⑤ 搞好鳜鱼苗开口与饵料鱼的对接，避免因为开口饵料鱼的缺乏影响鱼苗的成活率。

⑥ 苗种培育阶段要特别注意车轮虫的危害，最好每隔 3～5 天对苗种用高锰酸钾消一次毒，或者每隔一段时间对水源消一次毒，杀灭车轮虫的幼体。

⑦ 鱼种培育要选择好饵料鱼的品种、数量、规格，合理供应饵料鱼。

⑧ 计划好饵料鱼的养殖池数量以及放养数量，饵料鱼的规格应该时时与鳜鱼要求的规格一致。

⑨ 网箱养殖一般在大水面中养殖，网箱不要吃水太深，因为水的下层水温较低，容易引发车轮虫或小瓜虫的爆发。对网箱要经常检查，防止破箱跑鱼，经常清洗网箱，保证水体交换。

⑩ 池塘养殖要注意饵料鱼的供应和水质变化，合理调配水质，防止突发事故的发生。要注意水源水质变化，防止水源受到污染引发鳜鱼死亡事故。

⑪ 重视病害防治，防止发生大规模病害。认真贯彻防重于治的原则，做好病害预防工作。对于病害，要做到早发现、早诊断、早治疗。治疗过程中要注意药物的使用，鳜鱼是一种对药物十分敏感的鱼类，防止用药不当造成鱼类死亡。

⑫ 鳜鱼是淡水鱼中的高档鱼，市场对鳜鱼的质量要求很高。在养殖过程中，要禁止使用违禁药品，禁止投喂使用违禁药品的饵料鱼，保证鳜鱼产品的质量。

附：无公害鳜鱼产品标准

1. 感官要求

(1) 活鳜鱼　鱼体健康，游动活泼；鱼体呈鳜鱼固有形状、体色，具光泽，体态匀称；鳞片紧密。

(2) 鲜鳜鱼　感官要求见表 8-11。

表 8-11　鳜鱼感官要求

项目	要求
体态	体态均匀
体表	鱼体呈固有体色和光泽；鳞片完整，不易脱落
鳃	鳃丝清晰，色鲜红或紫红，无黏液或有少量透明黏液，无异味

续表

项目	要 求
眼球	眼球饱满,角膜透明
气味	气味正常,无异味,具有鳜鱼固有气味
组织	肌肉结实,有弹性,内脏清晰,无腐败变质

2. 安全指标

见表 8-12。

表 8-12 安全指标

项目	指标
汞(以 Hg 计)/(mg/kg)	≤0.5
砷(以 As 计)/(mg/kg)	≤0.5
铅(以 Pb 计)/(mg/kg)	≤0.5
镉(以 Cd 计)/(mg/kg)	≤0.1
土霉素/(mg/kg)	≤0.1
磺胺类(以总量计)/(mg/kg)	≤0.1
氯霉素	不得检出
呋喃唑酮	不得检出

第二节 大口鲶

一、经济价值

大口鲶（图 8-18）肉质细嫩，肥而不腻，味道鲜美，适合于煲汤。有催乳、疗伤、化食、滋阴补肾的功效。深受消费者喜欢。具测定，大口鲶鱼肉的干物质中蛋白质含量为 73.1%～80.6%，脂肪为 9.47%，五氧化二磷 2.04%，钙 0.186%，是一种很好的高蛋白低脂肪食品。随着人们对生活水平的要求提高，大口鲶的市场需求越来越大。

图 8-18 大口鲶

二、生物学特性

（一）栖息特性

大口鲶主产于我国长江水系的大江大河中，闽江和珠江也有少量分布。常见的渔获物个体体重为 3～5kg，最大个体可达 40kg，是一种大型的淡水经济鱼类。大口鲶对水温的适应性较广，最低临界水温为 0℃，最高水温为 38℃，适温 16～34℃，最适水温 22～26℃。低于 18℃或高于 30℃生长缓慢，冬季不停食，但水温达到 32℃以上则完全停食。大口鲶虽然属于底层鱼类，但对水中溶氧要求高于大宗鱼类，溶氧高于 5mg/L 时生长速度较快，饲料的转化率也较高；在 3～4mg/L 时，生活正常；低于 2mg/L 则出现浮头现象；低于 1mg/L 时可导致泛池死亡。pH 值的适应范围为 6～9，比大宗鱼的适应范围广，最适范围为 7.2～8.4。

大口鲶一般在水的中下层活动。白天一般潜伏在水底或光线较暗的地方，到了夜间才开始摄食。大口鲶性情温顺，虽然不会钻泥，但会隐蔽在瓦片、树根等底下，也会潜伏在石缝或洞穴中。在池塘中极易捕捞，起捕率较高。喜欢在池边、四角及深水中活动。

（二）食性

大口鲶为肉食性凶猛性鱼类，在自然界中，主要捕食各种野杂鱼、泥鳅、蚯蚓、蚌肉、家鱼苗种、水生昆虫及一切可捕捉的水生动物和动物尸体。大口鲶虽然口腔外沿牙齿锋利，但只是捕捉猎物的利器，不能咀嚼食物，食物都是直接吞食。一般能够吞食相当于自身体长 1/3～2/3 的其他鱼类，甚至是甲鱼。在池塘养殖条件下，除了摄食各种小型野杂鱼、家鱼种、水蚯蚓外，还能吃动物尸体、屠宰场的下脚料（畜禽内脏）、血液等。大口鲶喜爱的鱼类有草鱼、鲫鱼、鲤鱼等。在缺食时还同类相残。刚孵化出膜的鱼苗如果没有合适的开口饵料，就会相互之间对咬或咬住另一条的尾巴。在鱼种阶段，自相残杀的现象更为严重，鱼种不仅出现相互之间对咬不放而双双死亡，而且如果规格不一致，可以到最后因为相互之间自相残杀而出现到最后一个培苗池中只剩下一条鱼种的现象。大口鲶经过驯化转食后，能够摄食蛋白质含量40%以上的人工配合饲料。

（三）生长

大口鲶的生长速度与年龄有着密切的关系。在自然水域，1龄大口鲶全长可达33～46.6cm，体重0.39～0.51kg；2龄大口鲶全长46～61.2cm，体重1.18～1.53kg；3龄全长61.3～73.9cm，体重2.27～2.90kg。在人工养殖条件下，当年繁殖的鱼苗当年即可长到1kg以上（池塘混养搭配，当年苗种可达到2～3kg，最大可达4～5kg），第二年可长到2～3kg，第三年可长到5～7kg。大口鲶的雌雄之间生长也有差异，5龄以前，雌鱼比雄鱼长得快，尤其是1～3龄，差距明显。在长江流域以南地区，一年四季都能较快生长，以夏秋季长势最旺，日增重达3～5g。1～3龄生长速度最快，6龄以前都保持着较快的生长速度，其后生长呈缓慢下降趋势。

（四）繁殖特性

在天然水域中，大口鲶4龄达到性成熟，在人工养殖条件下，3龄就开始性成熟，雄鱼提前1龄。雌鱼成熟平均体重6～8kg，雄鱼成熟平均体重5～6kg。因为大口鲶在人工饲养条件下生长太快，所以在选择亲鱼时，绝对不能只从体重上判断亲鱼是否成熟。体长80cm的成熟雌鱼，可怀卵4万多粒，初次产卵的雌鱼产卵量一般在0.5万～1万粒/kg，常产雌鱼怀卵量为1万～2万粒/kg。在人工养殖条件下，即使雌雄同池，如果不经过人工催产，不会自然产卵。产卵期在3～6月，产卵水温18～28℃，最适水温22～24℃。在自然水域中，常在大江河的支流，水质清新，具有微流水的硬底质的地方自然产卵。其卵油黄色，透明，扁圆形，遇水即产生黏性，但没有鲤鲫鱼的黏性强。水温22～25℃时，受精卵40h孵出鱼苗。刚出膜的仔鱼有一个很大的卵黄囊，侧卧于水底只能尾部摆动，2～3天后可自主游动并开始觅食。

三、人工繁殖技术

（一）亲鱼的来源

亲鱼主要从三个方面获得：一是在自然水域中收集；二是自己从养殖的成鱼中选择后备亲鱼培育；三是从原良种场购进。从自然水域中收集的亲鱼只要符合大口鲶的生物学特性，是最纯正的亲本。但随着水域的污染以及大口鲶的生存环境的破坏，人为捕捞强度的加大和捕捞的损伤加大，这样的亲鱼收集越来越难。如果有条件，能收集到这类亲鱼最好。自己培育的亲鱼只能限于第二代，据生长比较，大口鲶的自然特性、摄食能力、生长速度、抗病能力呈逐代下降趋势。自己留用的亲鱼还应该注意近亲交配问题，这是自留亲鱼中容易发生的现象，最好选择本场雄性或雌性作为后备亲本，从其他场购进另外性别的后备亲鱼，可以基本避免此类现象的发生。从原良种场购进的亲鱼是比较纯正的亲本，只要精心培育即可用于生产。

（二）亲鱼的培育

1. 培育池

培育池应该选择水源充足、水质良好、排灌方便、环境安静并靠近催产池的鱼池。面积667～2001m^2（1～3亩），水深1.5～2m，有条件的可以采用高标准的砖砌或水泥护坡鱼池作为亲鱼池。

2. 放养密度

亲鱼的放养密度要根据水源而定。一般667m^2（1亩）放养亲鱼20～30尾，重量150～200kg。如果在家鱼池中套养，每667m^2可放4～5尾。主养大口鲶亲本的鱼池可适当套养一些花鲢、白鲢、草鱼，调节水质。

3. 饲养

亲鱼的饲养主要分两个方面，如果是没有经过驯食的亲鱼，主要采用投喂饵料鱼和冰鲜鱼的方式喂养。利用人工饲料喂养的亲鱼则采用人工饲料喂养，为保证营养的平衡，也应该投喂一些活鱼或冰鲜鱼。

亲鱼产卵期间是不进食的，所以在产卵期间不需要投饵。但在产卵后食量很大，应该加强投饵，使其及早恢复体质。主要以鲜活动物性饵料为主，主要包括家鱼种、鲤鱼、鲫鱼、蚌肉等，以250～500g的鲤鱼最好。每667m^{2}投放150～200kg鲤鱼即可。

夏秋季是亲鱼的育肥期，亲鱼的性腺从第Ⅱ期发育到第Ⅲ期，是一年中最关键的阶段。此阶段水温逐渐上升，鱼类摄食量也随之增加，每天的投饵量按亲鱼总重量的5%～7%投喂。饵料以鲜活鱼为主，可以通过计算，采用2～3次的集中投喂方式，减少劳动投入。经过驯食的亲鱼可投喂一定量的人工配合饲料，但蛋白质含量要控制在38%～40%以上。当水温升至32℃以上时，要减少或停止投饵，加强巡塘，注意水质变化，防止浮头，杜绝泛池。

冬季水温降低，但大口鲶并不停止摄食，所以池中应该保持一定的活饵料，每天的投饵量按照2%计算。可以利用冬季干塘的机会检查一下亲鱼的发育情况，如果亲鱼太肥，应该减少投饵量，多冲水，促进营养物质的转化，促进性腺发育；如果亲鱼太瘦，这要加强培育，增加饵料鱼的投喂，保证性腺的正常发育。

春季培育是亲鱼培育的最后一个阶段。投喂人工配合饲料的亲鱼应该多投一些鲜活饵料或添加一些微量元素，促进性腺发育。另外，在繁殖季节之前冲水是一项重要措施。在催产之前一个月，要每天保证1～2h的冲水，在催产前半个月，要保证每天2～3h的冲水时间。冲水措施可以结合开启增氧机进行，即每天中午开启增氧机，利用增氧机冲水可以达到既冲水，促进了亲鱼的性腺发育，又通过冲水增加了池中的溶氧。坚持在催产之前冲水的措施，可以提高亲鱼的催产率和卵子的质量。

4. 管理

在整个培育期间要加强巡塘，定时加水、换水，保证池水溶氧。特别是在催产前一个月，要加强巡塘，严防浮头现象的发生。如果在此期间发生浮头现象，将会对催产产生不良影响。

(三) 催产

1. 催产时间及水温

长江流域一般在4月上中旬开始催产，长江以南3月中下旬开始催产。催产水温：一定要连续 3 天早晨水温达到 17℃以上，并且短期内没有寒潮和大的降温来临方可进行催产。

2. 亲鱼的选择

亲鱼必须选择纯正的大口鲶才能获得纯正、优质、健康的鱼苗。应该选择无病无伤、体质健壮、种质纯度高的优质鱼类作为繁殖亲鱼。成熟的雌鱼，腹部膨大、松软，仰腹可见明显的卵巢轮廓，腹中线凹陷，手摸有弹性，生殖乳突圆而短，生殖孔扩张，呈红色。手摸雄鱼胸鳍有粗糙感，轻压腹部有乳白色的精液流出，入水后能迅速散开。

3. 亲鱼的配比

繁殖亲鱼的配组主要根据受精方式和亲鱼的大小决定。如果人工授精，雌雄比例 2：1 或 3：2。如果人工催产，自然产卵受精，雌雄鱼比例常按 1：2 或 2：3，即雄鱼的数量要多于雌鱼。人工授精时，每条雌鱼产出的卵也必须要有两条雄鱼的精子，保证鱼卵的受精率。

4. 催产池

大口鲶虽然性情温和，但在发情的过程中非常残忍和凶猛，对性争夺对手毫不留情，有时甚至直到咬死为止。为了保证亲鱼的存活率，大口鲶的亲鱼最好一条鱼的一条鱼分开放。所以，最好选用网箱作为催产池，网箱的大小为 $2m^2$ 一个，或者把原有的网箱分成 $2m^2$ 一格；也可选用小水泥池，水泥池的面积为 $5\sim10m^2$ 一个为好。或者把网箱架设在水泥池中，每个网箱放一条亲鱼，并加上网盖。

5. 催产激素及剂量

表 8-13 的推荐剂量仅供参考，具体使用量要根据亲鱼的成熟度、水温灵活掌握。

6. 注射液的配制

催产剂通常用生理盐水或蒸馏水配制，注射水的用量以每尾鱼每针 2ml 左右为好。配制注射液时，应该根据亲鱼的尾重分别计算出催产剂和注射用水的用量，并在实际用量上加 5%的损耗。

表 8-13　大口鲶催产激素及推荐剂量（雌性用量）

激素	剂量	雄性用量
PG	5～6mg/kg	
HCG	1500～2000IU/kg	
PG＋HCG	1～3mg/kg＋1600IU/kg	雌性的 2/3
PG＋HCG＋LRH-A_2	1.5～2mg/kg＋1500IU/kg＋20μg/kg	
催产灵	1000～1200IU/kg	
DOM＋LRH-A_2	5mg/kg＋7μg/kg	雌性的 1/2
PG＋HCG	1～2 颗/kg＋1000～2000IU/kg	雌性的 1/3

PG 应在研钵中研碎，加入少量水研成溶液，再加水制成悬浮液。DOM 配制后在打针前与其他激素混合。其他激素要现配现用。

7. 注射方法及注射次数

注射时，从胸鳍基部进针，进针角度应与身体呈 45°。一次注射与两次注射都是生产上常用的两种方法。两种注射方法相比较，两次注射更为科学。如果是两次注射，第一针雌鱼注射剂量为总剂量的 1/8～1/5，第二针注射余量。雄鱼一次注射，注射时间与雌鱼第二针注射时间相同。当水温在 22～24℃时两针的间距时间为 10h 左右。

8. 效应时间

效应时间是指从注射催产素到发情产卵这段时间。与亲鱼的发育状况、水温、注射次数、催产药物种类及水流条件等有关，在其他条件大致相同时，与水温有直接关系。亲鱼从注射第一针开始要用流水刺激，促进性腺发育。一般效应时间在 8h 左右，如果是人工授精，因为是每一条鱼单独暂养，所以发情的状况无法观察，可以在打第二针后的 6h 开始检查，看能否顺利挤出鱼卵，如果挤不出鱼卵，证明还要等待，继续冲水刺激。如果挤出的卵很稠，需要使劲才能挤出，则离成熟比较接近，准备人工授精；如果从生殖乳突中能够容易挤出鱼卵，鱼卵不干也不稀，把鱼卵放在手背上，浇上水，手在水中轻轻摆动，鱼卵粘在手臂上不脱落，证明可以进行人工授精，拿鱼时要腹部朝上，并用手堵住生殖孔，准备人工授精。如果挤出的卵很稀，在手背上挂不住，证明卵子有点过熟，要赶紧进行人工授精。如果挤出时像水一样流出，并且很稀，证明已经过熟，受精率不高。如果过了效应时间，雌鱼的腹部膨胀变硬，没有弹性，卵子在体内已经吸水膨胀，应该尽量挤出鱼卵，保证亲鱼的存活。

如果进行自然产卵，则要观察亲鱼发情的情况。因为大口鲶是一组一组的隔离，大口鲶又是底层鱼类，发情没有家鱼那么激烈，只是在水面上有微微的水流，没有浪花，可能离产卵还有2～3h，这时可以放入鱼巢，一旦出现有较大的波浪，证明已经开始产卵，要准备收卵。

9. 授精

(1) 人工授精 大口鲶的人工授精操作人员最少需要四人，一人把雌雄亲鱼分别用亲鱼担架捞起后，一人掌握雄鱼，等待采精。其余的人一人用毛巾把雌鱼从胸鳍开始包裹，毛巾不能沾水，并用毛巾擦干鱼体水分，露出生殖孔，一人用毛巾擦干面盆中的水分，一人负责挤卵，挤卵的人应该首先从雌鱼的下腹部开始挤卵，慢慢往上移动，直到挤不出鱼卵后，把亲鱼的尾部朝上，轻轻拍打亲鱼腹部两边，再放下挤卵，直到挤出的鱼卵液中带有血丝后把雌鱼放回流水池静养片刻后放入产后亲鱼养殖池。鱼卵挤完后，马上挤精液，挤精液的过程与挤卵差不多，只是把精液挤到装有精液保存液或生理盐水的试管中，再倒入鱼卵中，最好采用两条雄鱼的精液，以保证鱼卵的受精率，但不是把两条雄鱼的精子取完，只是取一部分。

精液倒入盛有鱼卵的面盆后，用手搅匀，加水慢慢搅拌2min左右，把受精卵撒在鱼巢上进行孵化。在整个人工授精过程中，避免阳光直射。

(2) 自然受精 雌雄亲鱼经过一次催情注射，然后按照雌雄1∶2配组放入产卵池中，效应时间前2～3h将鱼巢放入，等雌鱼约有70%～80%自然产卵后，及时将亲鱼捕出，以免雌雄鱼之间相互咬伤或咬死。亲鱼来源广可以采用此方法，这种方法难免造成亲鱼受伤。

(四) 孵化

1. 孵化条件

大口鲶胚胎发育时间长短与水温有直接的关系，一般大口鲶的孵化水温一定要在17℃以上，否则催产率、孵化率都很低，畸形率很高。孵化的适应水温为20～28℃，最适水温22～25℃。要求水质良好，无污染，溶氧高，溶氧不能低于5mg/L。pH 值7.0～8.0。另外，在孵化过程中为了保持孵化池中有较高的溶氧，必须保证有一定的水流。

2. 孵化设备

大口鲶的孵化采用流水孵化，一般的流水孵化设备都可以用于大口鲶的孵化。如流水孵化池、孵化桶、孵化槽、孵化缸、孵化环道等。鱼卵采取脱黏孵化和鱼巢孵化两种形式。由于大口鲶鱼卵的卵黄比一般鱼类的卵黄要大得多，大的水流容易使卵黄脱离胚胎，所以，在选择孵化形式时一般采用鱼巢孵化，让受精卵黏附在鱼巢上，使鱼卵既能得到充足的溶氧，又能通过鱼巢减缓水流的冲击，可以得到较好的孵化效果。

3. 放卵密度

采用鱼巢孵化，鱼卵数量一般不要超过1万粒/m^2。

4. 病害防治

在大口鲶的孵化期间主要有两种敌害：一种是水霉，另一种为剑水蚤。水霉病的防治主要从两个方面着手：一是在孵化的第二天，也就是原肠中期以后，用水霉灵等水霉防治药物进行浸泡，可以达到防治的效果；第二种方法是在孵化的第二天下午，把鱼巢一片一片地拿出在清水中抖动，这样没有受精的卵在此时已经没有黏性，会随着鱼巢在水中的抖动脱落到水中，而绝大部分受精卵因为还有黏性会留在鱼巢上；由于在抖动的过程中的用力不均和有些受精卵黏性不强，也会有少部分脱落掉入水中，等所有的鱼巢抖动完毕后，再把没有受精的卵以及脱落的受精卵收集在一起，采用淘米的方式把比重轻的未受精卵撇出，把受精卵放回孵化设施中继续孵化。这种方法在大口鲶孵化过程中非常有效，经过这样处理以后，很少再发现有水霉的现象。因为好的受精卵是不长水霉的。

大口鲶孵化中还有另外一个敌害就是剑水蚤。剑水蚤能够啄伤受精卵和刚出膜的鱼苗，因此在孵化过程中必须防止剑水蚤进入。主要防治办法如下。①在孵化之前，能够对水源进行消毒处理的可以泼洒敌百虫对水源中的剑水蚤成体或幼体进行杀灭。②通过过滤纱窗阻止剑水蚤的成体进入孵化设备。③如果孵化设备中的剑水蚤较多，可用0.5mg/L晶体敌百虫杀灭。

5. 孵化管理

孵化管理主要是水流的管理及水质的管理。为保证大口鲶的孵化顺利进行，要根据大口鲶胚胎不同的发育阶段对水流进行调整。刚开始，由于受精卵的卵液较多，会消耗水中的溶氧，可以适当加大水流，半小时后可以适当将水流调节小一些，只要能够看到池中有微流水状态就行。胚胎开始出膜时要适当加大水流，并清洗纱窗，防止因卵膜堵塞纱窗造成漫池。待出膜基本结束后可以调小水流，防止过大水流把卵黄冲掉。鱼巢拿掉后，要进一步调小水流，保持池中的微流水状态。

孵化水质的管理主要从两个方面进行：一是水源的管理，防止水源水质出现问题影响孵化；二是在孵化池中架设充氧泵，不断调整充氧砂头，保证池中不留充氧死角，引起局部缺氧使胚胎窒息而亡。特别是在出膜后，鱼苗沉入池底，主要在四边或四角，以及池底有隐蔽物的地方。这是因为大口鲶有严重的避光性，喜欢集中在光线较弱的地方，如果这些地方缺氧，很容易造成鱼苗死亡。所以在鱼巢移出后，要检查是否还有鱼巢沉入池底，如果有，一定要清除。对于四边、四角是增氧的重点，充氧砂头主要分布在这些位置。

大口鲶与其他淡水鱼一样，要搞好开口饵料的供应，如果没有开口饵料或者开口饵料太少就会造成相互之间的撕咬，形成两个鱼苗嘴对嘴相互咬住不放，或一条鱼咬住另一条鱼的尾部，这两种情况都会造成双双死亡。所以，一旦发现有少量鱼苗顺着池壁向上游动，俗称“上墙”，就应该把通过过滤、消毒的浮游动物投放到孵化池中，让其尽早开口，保证鱼苗的成活率。如果转入专门的鱼苗培育池，要在鱼苗“上墙”之前分池并马上投放开口饵料。

四、鱼苗培育

(一) 培育池

培育池选择长方形、圆形水泥池或土底砖壁池，也可采用开挖土池铺设彩条布的方法。一般不采用土池培育。要求水质清新，排灌方便，溶氧丰富，透明度在 30cm 以上。鱼池面积 10～50m^2，也可采用 80m^2以上的水泥池，水深 1m 左右。

如果采用土池培苗，可采用 667～1000.5m^2（1～1.5 亩）、水深 1～1.5m、底质较硬、淤泥不超过 10cm、池底平坦、不渗漏、无水生杂草、排灌水方便的。下苗前按照正常池塘整理、清淤、消毒。在鱼苗下塘之前 7～10 天注水至 40～50cm，每 667m^2 施发酵后的牛粪或鸡粪 100～300kg。也可以采用施菌肥的方式培育饵料生物。目前市场出售的浮游生物专用培育糖浆也可。

(二) 鱼苗放养

条件比较好的，有微流水的水泥池，放养密度为 1000～1500 尾/m^2；一般水泥池 200～500 尾/m^2；土池 50～100 尾/m^2。

鱼苗的放养密度与池塘条件、饵料供应有很大的关系，鱼苗密度大，饵料供应紧张，溶氧条件差，活动空间小，苗种生长就慢，体质差，容易得病，成活率低。在确定放苗密度时，应该根据鱼苗质量、水源情况、环境条件、饵料丰歉、饲养管理水平等条件灵活掌握。在放苗时应该注意以下几点。

① 远途购买鱼苗下塘时，选择的鱼苗应该是卵黄还没有完全吸收完的鱼苗，因为一旦卵黄吸收完，大口鲶就要开口，如果没有适口饵料就会互相之间撕咬，影响鱼苗的成活率。带卵黄运输，可以使鱼苗在运输过程中有营养供应，能够保证鱼苗的成活率。

② 就近下塘，最好在鱼苗“上墙”时投喂一定的开口饵料，这样鱼苗下塘时体内有食物，能够较快适应新的环境。

③ 如果在卵黄基本消失后下塘，这要在池中投放足够的饵料，使鱼苗下塘后很容易得到食物。

④ 同一口塘的鱼苗应该是同一批鱼苗，不同批次的鱼苗不能放在同一鱼池。

⑤ 注意鱼池水质与水温温差。鱼苗下塘前有条件的要对水质、水温进行测定，看是否适合下塘。如果没有条件，可以先放几尾试水鱼，试水鱼在 3～4h 内没有不适，证明可以下塘。

⑥ 在苗种培育池中投放经过清洗、消毒后的水葫芦，水葫芦的面积控制在占池总面积的 1/5～1/3 为宜。

⑦ 鱼苗下塘时，应该在池中将盛苗容器慢慢打开，徐徐放出鱼苗，不得向下倾倒。脚在水下要慢慢移动，不得任意踩踏。

（三）饵料的投喂

1. 饵料种类

大口鲶的开口饵料以采用浮游动物为好，蛋黄为辅，蛋黄只是在浮游动物不足的情况下采用，因为蛋黄虽然营养价值高，但鱼苗在消化系统还没健全的条件下消化这种高蛋白的食物还有一定的困难。采用浮游动物开口是最佳选择。浮游动物主要包括轮虫、小型枝角类，培育方法在“第六章　特色鱼类的饲料”中有简单介绍。随着鱼苗的生长发育，饲料可以投喂枝角类、桡足类、摇蚊幼虫、水蚯蚓及各种家鱼苗水花。人工饲料可以投喂鱼糜、鲜猪血块、血粉和蚕蛹粉各半的混合粉等。

2. 投喂前处理

① 投喂蛋黄时，要捣碎并用纱布过滤，制成蛋黄浆泼洒。

② 投喂浮游动物时，前面 2 天要用 40 目的纱布过滤，取下面的小型个体用 2%的食盐水消毒后投喂。

③ 水蚯蚓在投喂的前 3～5 天要用刀剁碎后用 2%的食盐水消毒后投喂。

④ 鱼糜、鲜猪血块也需要消毒后投喂。

⑤ 血粉和蚕蛹粉各半的混合粉不需要消毒，可以直接投喂。

3. 投喂量

水蚤的投喂量要保持每毫升池水有 10～20 个的密度。蛋黄的投喂量为每万尾鱼苗投喂 1～2 个。其他饵料以 1～2h 吃完为好。

4. 投喂次数及时间

每天投喂 4～5 次，清晨、早上 10 时、下午 4 时、晚 8 时和 11 时各一次。

5. 投喂方法

开始 1～3 天，以四边、四角为主泼洒，中间少许。以后漫池泼洒，5～7 天以后投喂水蚯蚓可以定点投喂。

土池培育苗种要提前 3～5 天肥水，待繁殖出大量的白色枝角类后下塘。下塘前 3～5 天（具体要看当时水温，水温高，3 天；水温低，5 天），培育方法在"第六章　特色鱼类的饲料"中有简单介绍。培育丰富的浮游动物，以保证鱼苗下塘后有充足的天然饵料生物供应。随着鱼苗的生长可增加投喂人工配合饲料"黄板"（3 份鸡蛋黄、2 份面粉调成糊状后投在表面粗糙的木板上稍晾干后，将木板反扣在水表，待鱼苗从下面摄取）；也可用血粉和蚕蛹粉各半的混合粉，一天投喂 3 次，早上 8～9 时，中午 12～13 时，下午 18～19 时，每 667m^2（1 亩）投喂 0.5～1kg，投喂方法与水泥池投喂一样，先四周，后中间。如果有花白鲢水花投放则更好，每 667m^2（1 亩）5 万尾，既可以作为大口鲶的饵料，又可以起到调节水质的作用。

在水泥池培苗过程中，采用先投喂浮游动物，后投喂水蚯蚓的方法是最好的。浮游动物只投喂 3～5 天，而后投喂剁碎的水蚯蚓 3～5 天，之后可以直接投喂水蚯蚓。这种投喂方式比其他任何饵料配比都有难以取代的优点。经验证明，采用此种方法喂养的大口鲶鱼苗生长速度快，培育时间短，体质健壮，规格整齐，可以维护良好的水质状态，生病少，管理简单，成活率高。此种方法的关键是浮游动物和水蚯蚓的供应问题，浮游动物在水温 26℃以前培育相对容易一些，26℃以后要注意添加井水，保证池水的水温在浮游动物的最佳繁育范围内。一般情况下，采用空闲的苗种池进行培育不会出现供应短缺的问题，为保险起见，可以采用 2～3 个鱼池同时培育，也可在没有投放鱼苗的发塘池捕捞浮游动物，基本不会出现短缺问题。水蚯蚓现在已经形成了专业养殖，也不存在供应问题。

(四) 饲养管理

大口鲶的鱼苗培育饲养管理主要有以下几个方面内容。

1. 隐蔽物的设置

大口鲶具有较强的畏光性，所以苗种培育池应该设置一些遮阴设备。水泥池可以放置一些水葫芦，水葫芦的面积控制在水面的1/5～1/3。土池培育的也可以投放一些水葫芦或者搭遮阳棚。

2. 水质管理

在培育初期，可以每天加一次水，每次加5cm，直到加到拟定的水位，以后每隔2～3天换一次水，每次只能换1/3，不能一次性加水太多，防止温差过大而影响鱼苗生长。水泥池配备充氧设备，保证鱼池24h充氧。

3. 巡塘

除每天喂食时观察鱼的吃食情况和活动情况外，平时也要注意观察鱼苗的活动情况，发现问题及时处理。检查进排水口，防止逃苗、漫苗。清除青蛙卵以及水蜈蚣等敌害生物，防止它们对鱼苗的侵袭。

4. 病害防治

鱼苗培育阶段主要有车轮虫病、小瓜虫病、白头白嘴病和肠道疾病以及青苔等。车轮虫病、小瓜虫病主要把水源的病原体杀灭，鱼池水温如果能够调节到26℃以上，或者每隔5天左右用高锰酸钾消毒一次即可。平时要注意死亡个体和活动力不强的个体的体表观察，及时发现，及时治疗。白头白嘴病最主要是擦伤引起，要注意操作，防止操作动作过大造成鱼体受伤引发该病，或者饵料缺乏相互撕咬造成，要保证鱼苗的饵料供应。肠道疾病主要从投喂方式上进行防治，不要投喂腐败变质的饵料，不要投喂过多的饵料，饵料投喂之前要进行消毒处理，这些方法都可以有效避免疾病的发生。青苔是水泥池中极易发生的一种现象，特别是在透明度较大的情况下容易发生。所以无论是水泥池培育还是土塘培育都不能使透明度过大，控制在35cm以下即可。

5. 分筛

大口鲶在人工饲养的条件下生长速度很快，个体之间的差异较大，如果出现饵料短缺，哪怕是暂时的短缺都会出现个体大的吞食或咬伤个体小的现象，因此在养殖过程中应该及时分筛，实现分开喂养，在养殖4～5天以后要分筛一次，10天左右再分筛一次。

五、鱼种培育

（一）鱼种池

大口鲶鱼种池有很多种，主要有水泥池、池塘、湖汊、库湾、稻田、网箱及围栏等。但生产上还是以水泥池精养为主，池塘培育为辅，其他形式应用很少，只是在特定条件下采用。

水泥池精养一般选择面积 80～200m^2、水深 1m、进排水方便的，能够形成微流水更好，另外要架设增氧设备。或者面积 667m^2 左右，水深 1～1.5m 的泥底砖壁的池塘。选用土塘培育，池塘面积以 667～2001m^2（1～3 亩），水深 1～1.5m 为好。网箱培育选择面积以 5～10m^2 为好。

（二）鱼种放养

鱼苗长至 3cm 后进入鱼种培育阶段。水泥池放养 100～200 尾/m^2；半精养每 667m^2 放苗 4 万尾；土池粗养每 667m^2 放苗 3 万尾；网箱养殖每 667m^2 放苗 200 尾/m^2；放养时一定要保证规格整齐，无病无伤。

（三）鱼种饲料

此阶段可以完全采用水蚤和水蚯蚓，后期完全采用水蚯蚓喂养，因为水蚯蚓在水中能够有效的存活，并且成团聚集在一起，可以采用一天投喂一次、定点投喂的方法，大口鲶鱼种会主动觅食，每天只要补充水蚯蚓即可。另外，也可以采用初期采用水蚤、水蚯蚓投喂，中后期采用人工配合饲料喂养的方法。鱼种长至 5～6cm 后，可以进行转食驯化，选择蛋白质含量较高的配合饲料与水蚯蚓混合投喂，首先在剁碎的水蚯蚓中加入少量的配合饲料及黏合剂，以后慢慢减少水蚯蚓的含量，直到最后饲料中不再加入水蚯蚓。也可采用人工自配饲料，鱼粉 40％、蚕蛹粉 30％、血粉 10％、面粉 15％、诱食剂 5％。诱食剂采用鱼糜。整个转食过程要经过 10 天左右，转食期间每天投喂 3～4 次，每天投喂鱼体总重量 15％左右的饵料。有 80％鱼种转食人工配合饲料时，可以减少诱食剂的含量，直到完全不用。每天投喂量可以降至 8％。大口鲶鱼种的营养需要为：粗蛋白 42％～45％，脂肪 4％～10％，糖 20％～30％，粗纤维3%～5%。据此，在实际生产中可以采用以下配方。

配方1：鱼粉33%，蚕蛹粉8%，肉骨粉9%，肠渣粉3%，饲料酵母4%，黄豆油3%，三级面粉38%，维生素合剂0.5%，矿物质合剂1.5%。

配方2：鱼粉25%，蚕蛹粉20%，饲料酵母5%，菌体蛋白粉5%，豆粕15%，小麦粉26%，黄豆油2%，维生素合剂0.5%，矿物质合剂1.5%。

采用配合饲料投喂，最好要搭建饵料台，也要采用驯食的方法进行驯化。小规格鱼种已经适应了原有的满池找食的习惯，要把它们训练到在固定位置或食台上觅食，必须要进行驯化。一般水泥池因为小，不存在驯食的问题，网箱养殖也不需要驯食。驯食在土塘养殖中是必不可少的。按照原有的投喂方式是全池泼洒，在选定几个饵料台后（一般每边2个），慢慢缩小投食范围，并每次也在饵料台上放少许饵料，最后缩小到饵料台范围，鱼种进入饵料台摄食即可。

(四) 饲养管理

1. 搭建遮阳设施

大口鲶因为是中下层鱼类，喜欢生活在安静、光线较弱的地方。鱼种也是一样，吃饱后喜欢潜伏在一个地方静止不动，根据这一特点，在生产上一般采用在池中投放水葫芦的办法，水葫芦的面积只能占鱼池总面积的1/5～1/3，太多会影响空气中氧气的溶解。水葫芦在下塘之前要进行整理，除掉腐叶、烂叶以及腐根，用高锰酸钾消毒后方可放入池中。也可采用搭建遮阳设施的办法。在池塘的一角或一边，用竹竿或树枝搭建后种上瓜秧等攀爬类蔬菜等，起到遮阳的作用。

2. 科学投饵

科学投饵，不仅有利于鱼种的生长，而且还能够有效地解决成本，改算水质。饵料的投喂，主要遵循“四定”“四看”投饵原则，四定投喂即定时、定量、定位、定质。定时就是投饵有固定的时间，养成鱼种定时摄食的习惯。定量就是根据鱼种每天的营养需要进行投饵，投多，造成饵料的浪费，也影响水质，还会因为鱼种暴食引发疾病；投少，可能造成营养不良，鱼种规格不齐，甚至造成相互撕咬。定位就是有固定的地点摄食，这样利于清理残饵，对食场进行消毒，预防疾病的发生；定质就是保证饵料的质量，保证鱼种的营养需要，防止投放变质腐败的食物以及营养不全的食物，预防疾病的发生。四看就是看天气、看季节、看水质和看鱼类活动情况。四看措施是灵活掌握投饵技术的具体操作措施。根据天气情况调整投饵量，天气好可以多投一些，天气差可以少投或者不投；根据不同的季节调整投饵计划，不同的季节鱼类对饵料有不同的要求，根据这些要求进行适当调整，有利于加快鱼类的生长；看水质，在不良的水质条件下，鱼类的摄食欲望不同，摄食量也不同，水质好，可以多投，水质差可以少投或者不投，并马上换水，调节水质。看鱼就是看鱼类的活动情况，鱼类活跃，摄食欲望强，可以适当多投，如果鱼类活动力差，行为呆板，证明鱼类可能有某些疾病或水质条件不好，应该少投或者不投，尽快找出原因，对症下药。

大口鲶的鱼种培育不同于四大家鱼的鱼种培育，对饵料的要求以及投饵方式也有所不同。首先在投饵时间上要进行驯化，自然状况下，大口鲶喜欢在夜间摄食，人工饲养首先就是要把投喂时间调整到白天，一般早上一次，中午一次，晚上一次，也可以在夜间加一次。在投饵过程中要遵循“四定”“四看”投饵原则，灵活把握。大口鲶的食量较大，一次饱食后可以维持较长时间，定点投饵既方便检查大口鲶的摄食情况，也易于清理残饵和预防疾病。因此设置饵料台是必要的，采用驯食的办法培养它们上台摄食。饵料台可用竹帘、筛绢等材料制作，通常 50～60m^2面积的鱼池设 2 个饵料台，667～1334m^2（1～2 亩）鱼池设置 8 个饵料台。投饵前可以先敲击池坎或饵料桶后将饵料投放在台上，逐步养成摄食条件反射。

3. 水质管理

每隔 2～3 天换一次水，每次只能换 1/3，不能一次性加水太多，防止温差过大而影响鱼苗生长。水泥池配备充氧设备，保证鱼池 24h 充氧。池塘可以开启增氧机进行增氧。由于此阶段大口鲶的摄食量增加，排泄物也会增多，因此对于水质的变化要时时观察，防止水质变化影响鱼类生长，甚至发生浮头泛池事故。池塘培育可以搭配一定数量的花鲢、白鲢，既可以提高产量，又可以改善水质条件。有条件的还可以投放适口的花鲢、白鲢鱼种，可以补充一定的天然活饵料，以利于大口鲶的生长。每 667m^2 放养量控制在 1 万尾左右。

4. 加强巡塘

除每天喂食时观察鱼的吃食情况和活动情况外，平时也要注意观察鱼苗的活动情况，发现问题及时处理。检查进排水口，防止逃苗、漫苗。清除青蛙卵以及水蜈蚣等敌害生物，防止它们对鱼苗的侵袭。有病或者身体不适的鱼种会浮于水面，很容易引来鸟类的攻击，所以，在日常管理中防鸟也是工作之一。

5. 病害防治

鱼种培育阶段车轮虫病、小瓜虫病、白头白嘴病和肠道疾病以及青苔等还是主要病害，只是危害性比起鱼苗阶段要小一些。车轮虫病、小瓜虫病由于此时水温较高，发病率没有鱼苗阶段高，但也要进行预防，预防的主要措施还是水源消毒，把水源的病原体杀灭，或者每隔一段时间用高锰酸钾消毒一次，可以防止多方面的疾病。平时要注意死亡个体和活动力不强的个体体表观察，及时发现，及时治疗。白头白嘴病等细菌性感染病是此阶段主要疾病，因为此阶段鱼种的生长速度快，鱼体活跃，分筛的次数增加，鱼体受伤的概率加大，操作或相互撕咬引发的感染时有发生。此时应该谨慎操作，保证足够的饵料投入，减少鱼种受伤的机遇，也可每隔一段时间对池水消毒一次，以减少疾病的发生。肠道疾病主要从投喂方式上进行防治，不要投喂腐败变质的饵料，不要投喂过多的饵料，饵料投喂之前要进行消毒处理，这些方法都可以有效避免疾病的发生。青苔是水泥池中极易发生的一种现象，特别是在透明度较大的情况下容易发生。所以无论是水泥池培育还是土塘培育都不能使透明度过大，控制在 35cm 以下即可。

6. 及时分养

此阶段的分筛是一个重要环节，一般在 5cm 左右进行一次分筛，进行大小分养，不仅可以加快大规格鱼种的加速生长，也可促进小规格的鱼种生长。在7cm左右分筛一次，9cm左右最后分筛一次，这一次可以把达到10cm的鱼种出售或下塘，加快没有达到规格的鱼种尽快达到销售规格。池塘培苗由于受条件限制，可以适当减少分筛次数，但也不能低于1次，最好2次，即5cm 1次，8cm 1次。

大口鲶鱼种培育阶段主要是指3～10cm的一个生长阶段，对于进行大口鲶鱼种专项培育的养殖户，可以结合平时的经验进行分筛，不要受到局限。

六、成鱼养殖

大口鲶的成鱼养殖有很多种形式，但主要养殖形式为两种：一种是池塘养殖；另一种是网箱养殖。

(一) 池塘养殖

1. 池塘主养大口鲶

(1) 池塘条件 面积可大可小，一般667～13340m^2（1～20亩），水深2～2.5m，以沙质或硬底为好，如果有淤泥，不得超过10cm。要水质清新，水源充足，进排水方便，配备增氧机或抽水机。增氧机的配备分为两种：一种是一般养殖池的增氧机配备，2001～2669m^2（3～4亩）配备一台2.2kW/h的增氧机；另一种为高密度养殖池的增氧机配备，667～1000.5m^2（1～1.5亩）需要配备一台2.2kW/h的增氧机。鱼种放养前7～10天用生石灰彻底清塘，随后注水到1m深，5～7天后可投放鱼种。

(2) 鱼种放养 以放养大规格鱼种为好，规格8～10cm/尾；一般不提倡小规格放养。放养数量800～1000尾/667m^2。

(3) 饲料

① 纯动物性饲料：包括各种野杂鱼、家鱼鱼种、罗非鱼、水蚯蚓、蚯蚓、蝇蛆等活饵料和蚌肉、螺肉、禽畜内脏、冰鲜鱼等。

② 配合饲料：成鱼配合饲料的推荐营养指标是蛋白质34%～36%，脂肪6%～10%，糖类22%～28%，粗纤维4%～6%。推荐配方如下。

配方1：鱼粉26%，蚕蛹粉8%，肉骨粉8%，饲料酵母5%，豆粕20%，小麦粉28%，黄豆油3%，维生素合剂0.5%，矿物质合剂1.5%。

配方2：鱼粉30%，肉骨粉5%，酶化血粉5%，饲料酵母5%，菌体蛋白粉5%，豆粕20%，小麦粉25%，黄豆油3%，维生素合剂0.5%，矿物质合剂1.5%。

(4) 饲养管理 大口鲶的成鱼养殖一般从5～6月开始，鱼种为当年鱼种，养殖时间为6个月，上市规格为1.5kg/尾左右。在这6个月的养殖时间中，夏季水温较高，投喂量要相对减少，所以大口鲶的黄金饲养时间应该为秋季3个月，这3个月饲养的好坏直接关系到大口鲶养殖的成效。

饲养中，虽然可以按照整个养殖季节计划每天的投喂量，但是每天的投喂量还是以每天投喂的饲料在1～2h吃完为宜，每天根据具体情况酌情增加或减少。在投饵中，要遵循“四定”投饵原则，执行“四看”法则灵活投饵。一般6月鱼种刚进塘，在饲料供应上选择蛋白含量较高的饲料，最好投喂一些活饵料。投喂时要搭建饵料台，要训练大口鲶在饵料台上摄食。7～8月份水温较高，选择蛋白质含量较低的饲料。进入9月份，水温下降，为增加鱼体肥满度，需要投喂高能量的饲料。

(5) 日常管理

① 鱼种搭配：为科学地利用池塘养殖空间和池塘天然饵料生物，在池塘中需要搭配其他养殖品种，主要品种有花鲢、白鲢、鲫鱼、泥鳅等。花鲢的搭配可以摄取池中浮游动物，减少浮游动物对水中溶氧的消耗。也可以通过花鲢对浮游动物的生产力转化，减少池中氮、磷的含量，对调节水质可以起到一定的作用。白鲢的搭配可以通过对浮游植物的摄取，减少池中氮、磷的含量，对调节水质也起到一定的作用。鲫鱼的搭配是利用鲫鱼在底层觅食的习惯，对池底的饵料生物和有机碎片加以利用，并能够摄取蚕食和大口鲶粪便中的有机碎片，以减轻大口鲶蚕食以及粪便对水质的影响。泥鳅的搭配也是利用泥鳅能够利用蚕食以及腐败食物的作用，减少残饵对水质的影响。这几种搭配鱼类的放养规格及数量如表8-14所示。

表 8-14 主养大口鲶池塘搭配鱼类的放养数量及规格

项目	花鲢	白鲢	鲫鱼	泥鳅
放养规格/(g/尾)	500	400	15～20	5
放养数量/尾	30	200	200	200
上市规格/(g/尾)	1500	1000	250①	50①

① 鲫鱼、泥鳅不计入产量，有可能被大口鲶全部吃掉。

② 巡塘：巡塘是“三勤”中最重要的一个内容。所谓“三勤”，就是勤巡塘，勤搞卫生和勤作记录。一般要求一天巡塘三次，即黎明前巡塘看是否浮头，浮头的轻重以及应该采取的措施；午前巡塘结合洗晒饵料台，检查鱼的吃食情况，活动情况；傍晚巡塘主要观察水质变化情况以及鱼的活动情况。通过巡塘，掌握泛池以及生病的先兆，做到早发现，早预防。

在天气炎热时，午夜要加一次巡塘，特别是天气突变或下雷阵雨的夜晚，还要增加夜间巡塘次数，防止出现泛池死鱼事故。

③ 搞好食场卫生：勤搞卫生，包括清除池边杂草、池中杂物和水面的漂浮物、处理死鱼和残饵、清洗饵料台等，预防病害的发生。

④ 及时加水、换水：是饲养管理中“三及时”的内容之一，另外的两个及时就是做到及时预报和预测浮头和泛池，及时防病治病。大口鲶对于溶氧的要求很高，溶氧的缺乏不仅会影响大口鲶的生长，还会引发浮头或泛池现象的发生，每浮头一次，就会停止生长几天。因此在养殖过程中要定时加水、换水，一般天热每 3～4 天加水或换水 1 次，秋季 7 天左右加水或换水 1 次。每次加水控制在 20～30cm，换水 1 次不超过 1/3。每半个月用生石灰消毒 1 次，保证池塘水质良好。

⑤ 科学使用增氧机：增氧机是高密度养殖中必须配备的设备，一般精养鱼塘对增氧机的开启有科学的使用方法。增氧机的应按照如下方法使用。

a. 看天气。做到晴天时午后开机，阴天时次日清晨开机，阴雨连绵时半夜开机，下暴雨时上半夜开机。早上日出后不开机，傍晚不开机，阴雨白天不开机。如果白天太阳光强、温度高，傍晚突然下雷雨时，要早开、多开增氧机。

b. 看风向。遇有白天吹南风，气温很高，到晚间突然转北风的“南撞北”天气，气温转低时，要及时多开增氧机几个小时进行调节增氧。

c. 看季节。冬天不开机或少开机，夏秋高温时要多开机或勤开机。若遇夏季连绵阴雨，要多开增氧机。如在鱼类生长季节，晴天中午开机1～2h，即可起到搅水、改良水质的作用。

d. 看氧债。久晴未雨，池塘水温高，由于大量投饵和鱼类大量排泄的粪便造成“氧债”大时，要多开增氧机。

e. 看投饵。在投饵前后1～2h开机，可以搅动水体，也能把饲料的气味传向鱼池各个部分，使鱼类养成吃食的条件反射。

f. 看时间。黎明前开机，可增加和恢复水中溶氧量。上午9～10时开机，既能向水中补充氧气，还能促进池水交换，利用浮游植物的光合作用，增加池水溶氧量。下午3～5时开机，可向池中直接补充氧气满足需要，最主要的是储备大量氧气，保障夜间需要。夏季的肥水塘，最好在下半夜1～2时开增氧机，一直到第二天早晨7～8时太阳出来后，经浮游植物进行光合作用制氧，鱼类不浮头后才停机。

g. 看温差。气温与池水温度及池水的上下层温度差大时，要及时开机。

h. 看池塘。如果池塘口面小、水少、池水颜色变差，阴雨天水清见底时，除了及时加注新水外，还要开增氧机。

i. 治疗鱼病或鱼池消毒时，当天夜晚要开增氧机，连续3天。

⑥ 病害防治：病害防治可参照后面介绍的方法进行。

2. 池塘套养大口鲶

池塘套养大口鲶是指大口鲶作为配养鱼类，在不增加投入，不另外增加管理负担的情况下，通过投放大口鲶，把价值较低的野杂鱼通过大口鲶的捕食，转化成价格较高的大口鲶，增加收入，也可以通过大口鲶对野杂鱼的捕杀，减少了野杂鱼的争食造成的饵料浪费，也减少了野杂鱼对溶氧的消耗，是对养殖有益的一种搭配方式。大口鲶的套养数量要根据池塘中的野杂鱼数量而定，一般每667m^2（1亩）投放10cm/尾的鱼种10～30尾，可以生产1～3kg/尾的大口鲶成鱼 30～50kg。

池塘中套养大口鲶因池而异，一般套养不同规格鱼种的养殖池不提倡套养大口鲶，只在不套养鱼种的成鱼塘中套养。在大口鲶套养中，大口鲶会吃掉一些主养或配养鱼类，这不能说明不能套养大口鲶。大口鲶吃掉的只是生病、体质较差的个体或小个体，对于健康的个体因为正常速度生长的条件下，因为个体较大，大口鲶根本上吃不到，也不会吃。对于生病的或体质较差的个体如果不适口，它们也不会吃，只吃生长较慢的个体，而这些个体正常情况下即使长到生长期结束，也不会达到商品规格，销售价格也是十分低下的，所以大口鲶吃掉这些个体有利于池塘整体养殖效果的增强。

3. 池塘单养大口鲶

在大口鲶和怀头鲶的池塘养殖中，还有一种养殖方式就是单养，进行高密度、高投入的养殖。每 667m^2 投放 10cm/尾以上的鱼种 3000～4000 尾，采用冷冻鸡肠作为饵料进行高强度喂养，实现 667m^2 产 5000kg 左右。由于池塘中鱼类的养殖密度大，池塘处于一个高负荷运行状态。池塘中的溶氧处于一个“氧债”状态，池塘中浮游生物制氧以及空气的自然溶解，已经不能满足池塘中鱼类对氧气的需要，同时由于高密度的放养，大量的饵料投入，使鱼类的排泄量加大，排泄物对池水中氧气的消耗也很大。所以，给池塘增氧和加水换水成为维持鱼类正常溶氧需要的主要方式。这种养殖方式，对增氧机的配备比一般池塘要多，一般 1000.5m^2（1.5 亩）配备一台 2.2kW/h 的增氧机一台，进行 24h 不间断增氧。每天加水 20～30cm，每 3 天换水 1 次。

喂养方式也有所不同，池塘面积 6670～13340m^2（10～20 亩），水深 2～2.5m，池底以沙质或硬质底为好，淤泥不能超过 10cm。有良好的进排水设施，最好能够实现自进自排，水源水质良好，水量充足。通过驯化，使其能够定时定点摄食。每 6670m^2（10 亩）设一个投喂点，冷冻的鸡肠通过切割机直接切割，再通过成型机把切割的鸡肠压成适口的颗粒状，直接投入池中，池中不设饵料台。每次投饵保证 80%的个体吃饱游走后停止喂食。每天投喂 2 次，早上 6～7 时 1 次，下午 5 时一次，实行专人投喂，专人管理。管理人员 24h 轮流值班，负责加水、换水、观察鱼的活动情况，并根据池塘的各种情况提出不同的应对措施并实施。负责更换增氧机，一旦增氧机出现故障，立即更换。这种养殖方式对电力的要求较高，必须保证24h不间断供电，否则就会出现泛池的危险。

这是一种高投入，高产出的养殖方式，由于池塘中的鱼产量过高，给捕捞造成了一定的困难，一般情况下，先捕捞池塘的一角，再慢慢捕捞使池中鱼获量减少，最后干池。

（二）网箱养殖

1. 网箱

一级网箱：网目0.6～0.8cm，无结节网箱。规格：4m×4m×2m或5m×2m×2m。无盖，单层。

二级网箱：网目1.5～2cm，无结节网箱。规格：4m×4m×2m或5m×2m×2m。无盖，单层。

成鱼网箱：网目3～4cm，无结节网箱。规格：4m×4m×3m或5m×5m×3m。有盖，双层。外层网目大于内层网目。

放养5cm/尾的鱼种要先用一级网箱养殖，如果放养10cm/尾的鱼种，可以从二级网箱开始养殖。如果放养隔年鱼种，则只需要成鱼网箱。

2. 水域要求

网箱养殖一般在大水面中进行，水库、湖泊或河流。选择相对宽阔、向阳，有一定的风浪或缓流水通过，不能靠近主航道和排污口。水深5m以上，透明度0.8～1.0m，全年22℃以上水温时间有4～6个月，水的pH值在6.8～8.0，溶氧6mg/L以上。

3. 鱼种放养

当年3～5月繁殖的大口鲶苗经培育到5cm/尾左右，根据养殖中准备的饲料进行驯食，具体驯食方法参考前面的介绍。转食后，可以放在一级网箱中饲养。放养密度400～600尾/m^2。饲养20天左右，进行分筛，进行大小分开喂养，达到12～13cm/尾后转入二级网箱中喂养。放养密度为200～250尾/m^2。当鱼种长至50g/尾后，转入成鱼网箱，放养密度为50尾/m^2左右。如果是隔年鱼种，则放养密度为20～30尾/m^2。

对于养殖规格的选择，主要看养殖者的技术水平，一般来讲，养殖经验丰富的可以从 5cm/尾的鱼种进行分级喂养。初学者则选用 10cm/尾以上的鱼种或隔年鱼种进行养殖。

4. 饲料

大口鲶的饲料有很多种，前面已经介绍。网箱养殖选用的饲料还是以配合饲料为主，其他饲料由于条件或货源有限，无法长期满足需求。大口鲶为肉食性鱼类，对于饲料的选择性较强，如果经常更换饲料，就会影响大口鲶的生长。如果给已经驯食后的大口鲶再投喂鲜活饵料，大口鲶很可能拒绝再摄取配合饲料，又要进行驯食。所以，在网箱养殖中，不要轻易更换饲料。

大口鲶的饲料根据不同的生长发育阶段的营养需要，选择不用的饲料。在转食阶段，自配转食饲料，转食饲料的配备方法是在选定的配合饲料中加入大口鲶喜欢吃的水蚯蚓或鱼糜，然后在投喂的过程中慢慢减少水蚯蚓或鱼糜的含量，直到减完为止。在鱼种阶段可以选择鱼种饲料，在成鱼阶段选择成鱼饲料。目前市场上还有一种保膘饲料，主要用于水温相对较低时投喂的一种饲料，它的特点就是糖类含量较高，防止鱼类在低温时进食少减轻体重。

配合饲料的种类有硬颗粒饲料和软颗粒饲料以及膨化饲料，硬颗粒饲料就是普通商品配合饲料，一般饲料厂家都生产。软颗粒饲料一般都是自配饲料，自己选用的配方，选购原料，在投喂的前一天或当天配制，现配现用，这种方式饲料成本较低，但劳动强度较大，一般采用的较少。膨化饲料是一种比较理想的饲料，它最大的特点是漂浮在水面，停留时间长，容易观察鱼类的摄食情况，是大多数养殖者采用的一种饲料。

5. 喂养

采用膨化饲料喂养大口鲶有别于喂养其他鱼类，因为大口鲶属于底层鱼类，具有一定的畏光性，习惯于在水的中下层摄食，膨化饲料漂浮在水面上，个体小的在光线较暗时可以在水面摄食，光线强时则与大个体一样，喜欢在箱底摄食。所以在选用膨化饲料时，要对投喂时间加以调整，选择清晨和傍晚喂食，大口鲶的摄食效果可能更好一些。

在投喂量和次数上，一般全长 5～10cm 时，日投喂量为鱼体重的 10%左右，每天投喂 2～3 次；全长 11～24cm 时，日投喂量为3%～5%，每天投喂2～3次；全长超过24cm后，投喂量为1%～3%，每天投喂2次。每次的投喂量要根据鱼类的摄食情况而定，一般在0.5～1h内吃完为好。最好每个网箱设置一个饵料框，把饲料投喂在饵料框中即可。如果采用硬颗粒饲料，建议采用手撒方式，每个箱每次的投撒时间不能低于30min。

如果投喂冰鲜鱼或鸡肠之类的饲料，应该投喂到饲料台上，这样可以检查饲料台上剩食的有无或多少，也可以通过鱼群的"阴影"变化情况判断鱼类的摄食情况。阴影大，说明吃食的鱼类多；逐渐速缩小至消失，证明吃完或投喂量不够。可以视情况调整。

6. 日常管理

大口鲶为凶猛性鱼类，牙口锋利，经常会对游弋在网箱外面的野杂鱼进行攻击，会损害网箱，造成逃逸。为避免此类现象的发生，可以在网箱中套养几条红鲤鱼，如果红鲤鱼不见了，证明网箱有破损，要及时修补。要定期对网箱进行清洗，保证水体交换。清除饲料台和箱底残饵，并对饲料台进行消毒。做好养殖记录等。

日常管理工作是一个常规性的工作，每天必做，通过这些日常工作，可以掌握鱼类的吃食情况、活动情况以及网箱的一些情况和水域水质情况，及时发现病害并及时处理。日常管理是一个细节问题，细节处理的好坏直接影响养殖的成败。

7. 病害防治

网箱养殖由于水质条件好，喂养有规律，鱼种质量好，得病的机遇较少，如果在养殖中进行适当的预防，效果会更好。一般的预防方法为：网箱入水前在阳光下暴晒数小时或数天，或用生石灰水、漂白粉液浸泡处理；网箱提前7～10天下水，让藻类附着在网线上，可以减少鱼种进箱后的擦伤；入箱时鱼体要进行消毒；分筛时要谨慎操作，防止鱼体受伤；每隔一段时间要对箱体用生石灰水或漂白粉消毒；在饵料台上方用漂白粉或强氯精或敌百虫等药物交替挂袋（篓），一月一换；在鱼病高发期投喂药饵等。

病害防治可参照后面介绍的方法进行。

七、病害防治

（一）水霉病

［病原体］ 寄生水霉、锦霉。

［症状］ 菌丝在受伤处生长，使鱼负担过重，游动迟缓，食欲减退，最后瘦弱而死。在鱼苗孵化季节也极易长水霉（图 8-19，彩图）。

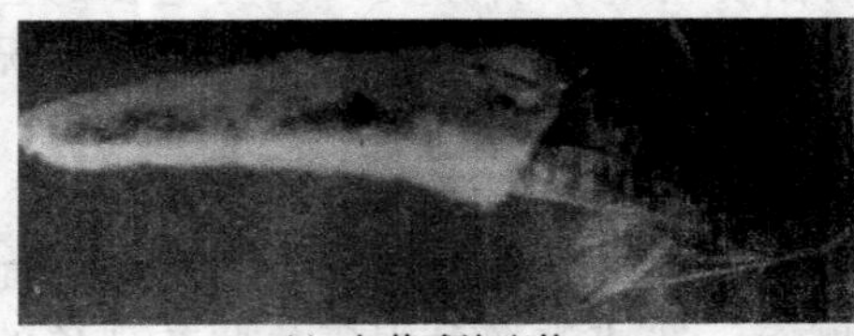

(a) 鱼苗感染症状　　(b) 鱼卵感染症状

图 8-19　水霉病感染症状

［发病对象］ 鱼卵、鱼苗、鱼种、成鱼。

［发病季节］ 水温 5～26℃。

［原因］受伤的鱼易感染，不受伤的鱼不感染。

［防治办法］

① 拉网、运输和放养鱼种时，操作要细致，不使鱼体受伤。

② 用 3%～4%的食盐水浸洗病鱼 5min。

③ 用食盐与小苏打合剂全池泼洒或浸泡病鱼，$1m^3$ 水用食盐和小苏打各 400g。

④ 每 $667m^2$ 水面用 5kg 菖蒲、0.5～1kg 食盐兑 15～20kg 人尿全池泼洒。

⑤ 用石灰溶液浸洗鱼卵和病鱼 10～15min，每天 1 次，连续 3 天。

⑥ 受了伤的亲鱼，可直接在伤口上涂抹高浓度的龙胆紫或高锰酸钾，防止水霉菌感染。

（二）气泡病

［症状］ 体表皮下或腹腔内可见气泡，鱼浮水表，共济失调。

［发病对象］ 鱼苗。

[发病季节]　春、夏季。

[原因]　水中气体过饱和。

[防治办法]

① 禁止在鱼苗池中施放未经发酵的肥料；施肥和投饵要适量，防止池塘中的腐殖质过多。

② 清除鱼池中的水草，控制水质的肥度，保持水质肥、爽、活。

③ 向病鱼池中冲注新水，可防止病情恶化，加入新水后，病情轻的鱼可以排出气泡，恢复正常。

(三) 出血病

[病原体]　细菌和病毒引起。

[症状]　病鱼头顶明显充血、出血，眼球突出，眼眶充血，鳍和鳍基部也出血，鳍条末端有时腐烂，体表充血发红，鳃丝颜色变淡，黏液增多，末端也呈现不同程度的腐烂，肛门红肿，肌肉呈局部点状或斑状出血，肠道也充血发炎，有的病鱼肝、脾、肾等内脏器官也呈点状出血。

[发病对象]　8cm/尾以下苗种。

[发病季节]　水温 20～35℃，高温季节易爆发，发病 1～2 天即大批死亡。

[原因]　水质恶化。

[防治方法]　注入新水，增加水体透明度，降低水温可防治此病。已经发病的鱼用 1～1.5g/m^3 漂白粉或 0.3g/m^3 强氯精全池泼洒，并在洒药当日投喂药饵。药饵用“鱼血散”或“败血灵”做成，每天每万尾鱼种用药 100g，连喂 5 天。也可用 10g/m^3 土霉素浸泡病鱼 10～15min。

(四) 小瓜虫病

[病原体]　多子小瓜虫。

[症状]　病鱼分泌大量黏液，表皮糜烂、脱落，甚至蛀鳍、瞎眼。病鱼体色发黑，消瘦，游动异常。小瓜虫在鳃片的任何部位都可寄生，在上皮细胞下寄生，引起细胞轻度增生，形成一个个小白点。

[发病对象]　鱼苗、鱼种（图 8-12）。

[发病季节]　水温 15～25℃，春、秋季。

[原因]　水质恶化，严重密度过高，抵抗力下降时易发生。

[防治办法]

① 发病鱼塘，每 667m^2 水面每米水深用辣椒粉 210g、生姜干片 100g，煎成 25kg 溶液，全池泼洒，每天 1 次，连泼 2 天。

② 有条件的可以采用提高水温的办法，但水温提高到 27℃以上时，大部分小瓜虫都会死亡。

③ 硫酸铜、高锰酸钾、氯化钠、氯氨-T、超声波、紫外线等都对小瓜虫有一定的杀灭作用。

（五）烂尾病

[病原体]　柱状粒球黏菌。

[症状]　鳍以下躯干特别容易受到侵害。发病初期，只能在鳍条的外缘和体表局部看到黄色或黄白色黏状物，不久逐渐扩大，患处边缘充血，上表皮组织坏死。症状严重的病鱼尾部发白、溃烂，造成肌肉崩解脱落，露出骨骼，最终死亡。

[发病季节]　5～6 月。

[发病对象]　鱼种。

[原因]　操作损伤或缺食时相互咬伤。

[防治方法]　0.01g/m^3 强氯精全池泼洒或用 2g/m^3 强氯精浸泡苗种 15～20min，可以减少该病的发生。

（六）白头白嘴病

[病原体]　黏球菌或车轮虫、斜管虫引起。

[症状]　病鱼自吻端至眼球处的皮肤色素消退，变成乳白色，吻端似肿胀，张闭失灵，呼吸困难，口周围皮肤糜烂，有絮状物黏附其上，水面游动病鱼可见“白头白嘴”症状，但捞起后则症状不明显，部分病鱼颅顶充血呈“红头白嘴”状。病鱼反应迟钝，飘游于下风近岸水面。

[发病对象]　2～5cm/尾鱼种。

[发病季节]　4～6 月。

[原因]　密度过大，饲料不足，水质变坏，肥料没发酵，没有

及时分塘。

[防治方法]

① 彻底清塘消毒。

② 不投放未经发酵的肥料；经常对食场进行消毒。

③ 鱼苗发花饲养的密度要适中，及时分池饲养，保证鱼苗有充足适口的饵料。

④ 用1～1.5g/m^{3}强氯精或2～2.5g/m^{3}漂白粉加5～10g/m^{3}高锰酸钾或25～40g/m^{3}生石灰全池泼洒，每天1次，连用3天。

⑤ 将浓度为2～4mg/L的五倍子捣烂，用热水浸泡，连渣带汁全池泼洒；

⑥ 每667m^{2}用生石灰15～20kg，和水调匀，全池泼洒。

⑦ 如果是寄生虫引起的可用0.25g/m^{3}硫酸铜和0.1g/m^{3}硫酸亚铁的合剂泼洒，效果明显。

（七）肠炎病

[病原体] 点状气单胞菌。

[症状] 病鱼可离群独游、游动缓慢，体色发黑，食欲减退以至完全不吃食等。疾病早期肠壁局部充血（图8-20，彩图）发炎，肠腔内没有食物或仅在肠后段有少量食物，肠道黏液较多；疾病后期全肠呈红色，肠壁的弹性差，肠内没有食物，有淡黄色黏液，肛门红肿。严重时还可出现腹部膨大，腹腔内积有淡黄色腹水，腹壁有红斑，整个肠壁因瘀血而呈紫红色，肠道内黏液很多，甚至病鱼从头部拎起后，即可见黄色黏液从肛门流出。

[发病对象] 大规格鱼种或成鱼。

[发病季节] 6～9月。

[原因] 因为该菌存在于底泥和水体中，所以环境问题是主要问题，另外饲料的质量也是引起该病的原因之一。

[防治办法]

① 彻底清塘消毒，保持水质清洁。严格执行“四消、四定、四看”措施。投喂新鲜饲料，不喂变质饲料，是预防此病的关键。

② 发病季节，每隔半月，用漂白粉或生石灰在食场及周围或全池泼洒消毒。

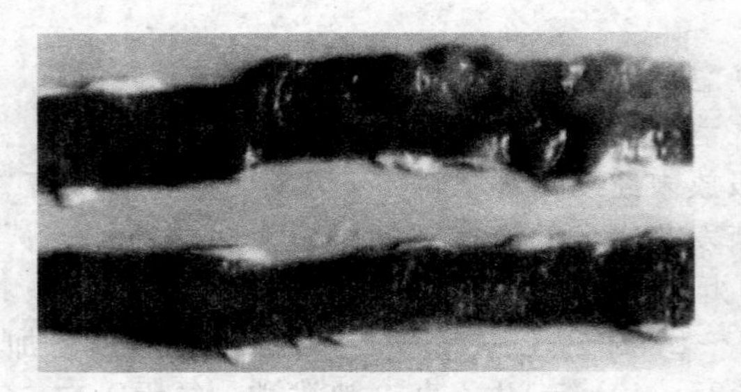

图 8-20 细菌性肠炎病肠道充血症状

③ 拌饲投喂大蒜 5g/(kg 体重·天）或大蒜素 0.02g/(kg 体重·天)，连喂 3 天。

④ 拌饲投喂氟哌酸 10～30mg/(kg 体重·天)，连喂 3～5 天。

⑤ 每千克饲料中拌入痢特灵 8～10 片，或庆大霉素针剂 2 只，每天早、晚各喂 1 次，连喂 3 天。

（八）烂鳃病

[病原体] 黏球菌。

[症状] 病鱼常离群独游于水面，行动缓慢，食欲减退或不进食，体色变黑，鳃丝颜色变淡，边缘沾有淤泥，严重时鳃丝腐烂呈缺刻。

[发病季节] 4～8 月。

[发病对象] 成鱼。

[原因] 水质恶化。

[防治方法]

① 清除淤泥，用生石灰彻底清塘消毒。

② 用漂白粉在食场挂篓。在草架的每边挂竹篓 3～6 个，将竹篓口露出水面约 3cm，篓装入 100g 漂白粉。第 2 天换药以前，将篓内的漂白粉渣洗净。连续挂 3 天。

③ 病重时，用 $1g/m^3$ 漂白粉全池泼洒。

④ $20g/m^3$ 生石灰全池泼洒对治疗和预防此病发生及延缓病情效果较好。

（九）打印病

[病原体] 嗜水气单胞菌。

［症状］ 病灶主要发生在背鳍和腹鳍后躯干部分及腹部两侧，少数出现在鱼体前部，患病部位出现圆形、椭圆形红斑，似鱼体表加盖红印章，故称打印病；随后病灶处坏死表皮腐烂，露出白色真皮；病灶内周缘鳞片埋入坏死表皮内，皮肤充血发炎，形成鲜明的轮廓，病灶直径逐渐扩大和加深，形成溃疡。严重时可露出骨骼和内脏，病鱼游动缓慢，衰竭而死。

［发病对象］ 亲鱼。

［发病季节］ 5～9月。

［原因］ 通常是鱼体受伤后通过接触病原菌所致。

［防治办法］

① 池塘每667m^2用100～120kg生石灰清塘消毒。

② 发病季节用1mg/L的漂白粉全池泼洒。

③ 病鱼池撒漂白粉，用量：1g/m^3。

④ 直接在病灶上涂抹1%高锰酸钾水溶液。

⑤ 亲鱼患打印病，每千克鱼注射5000U金霉素或硫酸链霉素20mg。

八、大口鲶养殖的关键技术

① 亲鱼的选择是人工繁殖的关键。亲鱼应该选择自然水域中成熟的亲鱼，如果选择子一代，一定要注意近亲问题，防止近亲交配影响子代的质量。

② 大口鲶为凶猛性鱼类，相互之间的攻击性特别强，所以在人工繁殖时亲鱼一定要分开暂养，防止相互之间攻击，造成伤害。

③ 如果进行人工繁殖，一定要掌握好授精时间，保证有较高的受精率。

④ 人工孵化中水霉病是最大的危害，防治水霉病建议在孵化的第二天，抖动鱼巢，把没有受精的卵抖掉，换一个孵化器孵化，可以提高大口鲶的孵化率。

⑤ 在鱼苗“上墙”后立即加入浮游动物，以保证鱼苗有充足的开口饵料，可以大幅度地提高鱼苗的成活率。

⑥ 在鱼苗鱼种培育过程中注意分筛，大小分养。

⑦ 成鱼养殖中要注意饲养方式的选择，选择科学的喂养方式

进行喂养。

⑧ 养殖过程中要注意水质控制，防止浮头与泛池。特别是亲鱼培育阶段，应该杜绝浮头现象的发生。

⑨ 大口鲶的病害多为鱼体受伤造成的，要注意操作受伤、缺食撕咬受伤等，还有就是寄生虫，应该谨慎操作、充足供饵。经常进行消毒处理，谨防疾病的发生。

⑩ 高密度精养一定要配备好电力供应，最好有2～3条供电线路，不然就不要选择这种喂养方式。因为如果断电，在很短的时间内会出现浮头、泛池现象，损失巨大。

第三节　长吻鮠

一、经济价值

长吻鮠（图8-21）为大型的经济鱼类，其肉嫩味鲜美，富含脂肪，又无细刺，每千克鱼肉中含蛋白质150g左右，脂肪62g，热量1172kcal，钙612mg，磷1688mg，铁18mg。是贫血患者、营养不良患者、结核病患者、肝炎病患者、软骨病患者、骨质软化患者等和孕妇、乳母、老年人的佳肴。长吻鮠被誉为淡水食用鱼中的上品。其鳔特别肥厚，干制后为名贵的鱼肚。湖北省石首市所产的“笔架鱼肚”素享盛名。它胶层厚，味醇正，色半透明，制作工艺独特，干制品的外形和镶嵌在鳔内的一个美丽的自然图案，对着光源照看，与屹立在石首市城里的笔架山酷似，由此得名“笔架鱼肚”，并有“此物唯独石首有，走遍天下无二家”之说，实属食中之珍。早在明初就作为珍品献给明太祖朱元璋，从此一直被列为贡品。唐代诗人杜甫、宋代诗人苏轼和现代作家碧野都为之作诗著文大加赞誉。

二、生物学特性

（一）栖息特性

长吻鮠分布在长江干流的部分江段和各大支流的下游水域，性情温顺，不善跳跃，不打洞，昼伏夜出，在天然水域一般栖息在江

图 8-21　长吻鮠

河缓流的深水乱石中，有钻缝的习性。畏光喜阴，常有集群成堆的生活习性，尤其鱼苗、鱼种阶段。白天潜伏在深水处，不到水表活动，夜间则分散四处觅食。在人工养殖条件下，光照过强时，摄食减少。白天群集潜于池塘边角或底部的凹凼里，夜间分散到整个水域中去觅食。长吻鮠属刺毒鱼类，在鱼苗和鱼种阶段胸鳍硬刺就很发达，被刺后有强烈的酸痛感觉，是防止凶猛性水生生物攻击的有效手段。体表能分泌大量黏液，是防止病菌侵入的天然屏障。长吻鮠属温水性鱼类，生存适温为 0～38℃，摄食与生长的起始温度为 15℃，适宜温度区为 20～30℃，最佳水温范围为 25～28℃，水温在 14℃以下或 30℃以上时基本停食。在我国池塘中，只要有相当的水深都能自然越冬，在两广、海南等地，冬天还能继续生长。长吻鮠对低氧的耐受能力较差，一般离水 30min 就会死亡。在最适生长水温范围内，当水中溶解氧在 5mg/L 以上时，其食欲旺盛，生长率与饲料效率都很高；当溶解氧降至 3mg/L 时，其摄食量明显减少；降至 2.5mg/L 以下时，则出现浮头；再降至 1.5mg/L 以下时就要发生翻塘事故。所以普通的静水池塘尤其是肥水塘不宜养殖长吻鮠。长吻鮠对 pH 值的要求是 6.5～9.0，最适范围是 7.0～8.4，水的硬度最好为 8 左右，氨氮在 0.03mg/L、亚硝酸盐在 0.01mg/L 以下为宜。

（二）食性

栖息在江河水域中的长吻鮠，稚幼阶段为杂食性，主要摄食浮游动物、水生昆虫、小虾，藻类、高等植物的碎片等植物性饲料。

以后主要以肉食性为主。成鱼则喜欢捕食泥鳅、餐鲦、鳑鲏鱼、鲤鱼、鲫鱼、麦穗鱼、“四大家鱼”苗种等小型鱼类。以及青虾、龙虾、河蟹等水生甲壳类动物，还有水生昆虫、底栖无脊椎动物和蚯蚓等。在人工养殖条件下，通过驯化，长吻鮠可以摄取人工配合饲料，但配合饲料的蛋白含量不能太低。因为长吻鮠性情温和，所以在摄食时争抢性不是太强，因此，在人工养殖中，一般不与抢食能力强的鱼类，比如鲤鱼、草鱼、鮰鱼等配养。虽然长吻鮠长大后以肉食性为主，但都是一些小型鱼类，所以它们相互之间不存在相互攻击蚕食的现象。

（三）生长

虽然长吻鮠没有四大家鱼长得快，但是鮠科鱼类中生长速度最快的一种鱼。在江河中，1～4 龄鱼的生长情况见表 8-15；最大个体可达 17kg 以上。池塘养殖中，其生长速度比江河中快，具体情况见表 8-11。全长 10cm 以下时，体长的增长快于体重；全长 10cm 以上时，体重的增长快于体长。在性成熟之前，雄鱼的生长速度比雌鱼快。2～4 龄是长吻鮠生长最快的时期，4 龄以后生长趋于缓慢。

表 8-15　天然水域与人工养殖中长吻鮠生长比较

年龄	生活水域	体长/cm	体重/g
30 天培育	人工培育	5	1.5
1 龄	自然水域	15～20	50～150
	人工养殖	15～25	50～180
2 龄	自然水域	20～35	230～400
	人工养殖	30～45	270～750
3 龄	自然水域	35～50	400～1500
	人工养殖	45～60	750～2500
4 龄	自然水域	50～65	1500～3000
	人工养殖	60～70	2500～3500

（四）繁殖特性

长吻鮠的初始成熟年龄一般为 4 龄，雄鱼性成熟年龄早一年。

南方气温高，生长期长，性成熟比北方提前。性成熟的雄性个体一般比雌性重。长吻鮠的雄性成熟后精液量较少，一般难以挤出，有的能够挤出少量乳白色精液。雌鱼的绝对怀卵量因个体差异和年龄有所不同，一般为10万粒，初次成熟的个体怀卵量较少，一般为0.65万～1.4万粒/kg亲鱼体重。长吻鮠的生殖期拖的时间较长，从3～6月都可以产卵，4～5月为盛产期。长吻鮠的受精卵为黏性卵，产于江底激流的砂石中，呈橙黄色，黏在河底砂石上孵化，在水温较高的5月，受精卵2天就可以孵化出鱼苗。长吻鮠的亲鱼有护卵的习性，鱼苗孵化后随水流慢慢发育生长。

三、人工繁殖技术

（一）亲鱼的来源

亲鱼的来源主要有三种：一是从天然水域中收集，选择符合亲鱼标准的个体；二是从原良种场中购买；三是自主培育，自主培育主要是从成鱼中挑选出符合亲鱼选育要求的个体进行专池培育。在选育时，要注意选择不同种群的个体进行分开培育，在人工繁殖时再进行配种，避免近亲交配。也可以在挑选的时候，一个群体中只挑选雌性，一个群体中只挑选雄性，这样也可以避免近亲交配。

（二）亲鱼的质量

生物学特性明显，无病无伤，体质健壮，年龄在4龄以上，体重在3kg以上。

（三）亲鱼培育

1. 亲鱼池

排灌方便，水质优良，靠近催产池，环境安静，面积667～1334m^2（1～2亩），水深1.5～2m，淤泥不超过10cm的鱼池。

2. 鱼池准备

对亲鱼池进行清整、清淤，并进行清塘消毒，清塘消毒以采用传统的生石灰清塘为好。

3. 放养密度

一般有流水条件的鱼池放养密度为2kg/m^2左右；能够定期加水的鱼池每667m^2放养100～200kg为宜，搭配100～200尾花、白鲢，以调控水质。

4. 放养比例

采用人工授精，亲鱼比例为（3～5）：1；自然受精为1：1或2：3。

5. 喂养

来自江河捕捞的亲鱼，以投喂天然饵料为主，主要投喂野杂鱼、蚯蚓、白鲢等，把这些饵料定时投放在饵料台上，以1h内吃完为好。经过人工驯食的亲鱼，可以投喂人工配合饲料，投喂量控制在1%～3%，另外应该适当投喂一些天然饵料，以保证亲鱼的营养全面性。饵料的投喂量要根据季节、天气、水质、亲鱼的活动情况进行“四定”投喂。根据亲鱼的不同阶段改变饵料的品种，产后亲鱼体质较差，应该加强营养，可以投喂蛋白含量较高的饵料；夏天水温较高，投喂蛋白质含量较低的食物；秋天可以加强营养，使亲鱼储备足够的能量越冬；冬天注意防冻；早春可以采用降低水位增加水温提前投饵的方式，提早投饵；水温升高后，可以短期投喂一些高蛋白饵料，让亲鱼越冬之后尽快恢复体质，然后饵料的蛋白质可以适当降低，避免亲鱼过多的脂肪积累影响怀卵量和性腺发育以及催产率。

6. 水质调节

定期加水、换水是水质调节的主要方法。从催产后至12月份，每隔1～2周冲水一次，每次冲水3h左右；1～2月，每隔1周冲水1次，催产前2～3月最好每天冲水1次。冲水可以采用换水的方式，每次只能换水1/3；也可在池中架设水泵采用池内循环的方式冲水，也可以利用增氧机，既可以冲水，也可有效地增加水中溶氧。

(四) 催产

1. 催产时间

催产期一般在4月底至5月底，南方可提前20天左右，水温20～28℃，最适水温23～25℃。

2. 亲鱼的选择

雄鱼个体大于雌鱼，一般在3.5kg以上，雌鱼在2.5kg以上。

雌鱼腹部膨大而松软，尤其是后半部，仰腹可见明显的卵巢轮廓，手摸松软而有弹性，生殖孔松弛而圆润，色泽红润，生殖突比较短而宽圆，0.5cm 左右（图 8-22，彩图）。雄鱼精巢高度分支呈指状，每次排出的精液量很少，一般挤不出精液，生殖突细长，末端呈深红色，生殖突长 1.0cm。

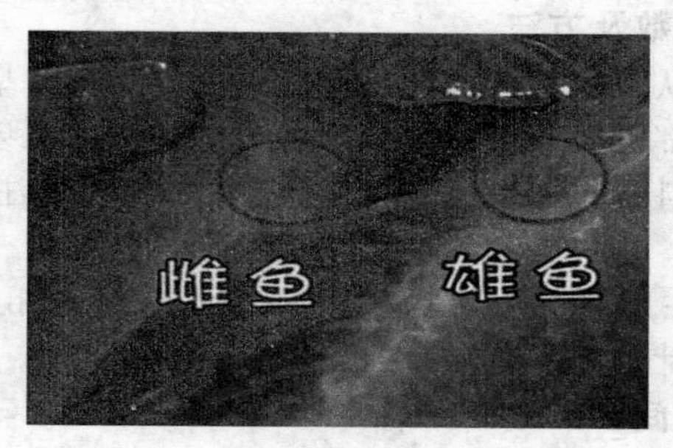

图 8-22 长吻鮠雌雄生殖孔比较

3. 亲鱼的配比

采用人工授精，亲鱼比例为（3～5）∶1；自然受精为 1∶1 或 2∶3。

4. 催产剂及剂量

催产剂有促黄体素释放激素类似物（LRH-A）、鲤鱼脑垂体（PG）和 DOM。采用 PG 和 LRH-A 注射，注射方法及剂量的选择可根据亲鱼的成熟情况、水温的高低及个人的习惯而灵活掌握，一般情况下雌鱼注射剂量为：每千克体重 LRH-A 30～45μg、鲤鱼脑垂体 0.5～1.5 个，雄鱼减半或为雌鱼的 2/3 左右。若对雌鱼采用两针注射，则第一针为总剂量的 1/5～1/4，余量第二针注射。雄鱼在雌鱼注射第二针时一次注射全量。两针之间的间隔为 10～12h。

采用 $LRH\text{-}A_2$ 和 DOM 混合注射催产，催产前 15～20 天，雌雄亲鱼注射催熟预备针，剂量 $LRH\text{-}A_2$ 5μg/尾。催产针分两次注射，针间距 10～14h。每次剂量均为 $LRH\text{-}A_2$ 5μg+DOM 5mg/kg，雄鱼减半。

5. 配制方法

催产剂通常用生理盐水或蒸馏水配制，注射水的用量以每尾鱼每针2ml左右为好。配制注射液时，应该根据亲鱼的尾重分别计算出催产剂和注射用水的用量，并在实际用量上加5%的损耗。

PG应在研钵中研碎，加入少量水研成溶液，再加水制成悬浮液。DOM配制后在打针前与其他激素混合。其他激素要相配现用。

6. 注射次数及方法

注射时，从胸鳍基部进针，进针角度应与身体呈45°。一次注射与两次注射都是生产上常用的两种方法。两种注射方法相比较，两次注射更为科学。如果是两次注射，第一针雌鱼注射剂量为总剂量的1/5～1/4，第二针注射余量。雄鱼一次注射，注射剂量为第二针的1/2，注射时间与雌鱼第二针注射的时间相同。当水温在22～24℃时两针的间距时间为10～14h。

7. 效应时间

不同的催产剂组合效应时间不同。自然水域收集的亲鱼效应时间要长一些，人工培育的亲鱼效应时间要短一些。产卵时间要根据工作安排而定，亲鱼的效应时间随水温的不同而有差异，在水温21～23℃时，效应时间为21～22h；水温26～28℃时，效应时间为14～18h。一般来讲，掌握亲鱼在第二天早上产卵最好，这样利于一天的工作安排和人员调配。注射催产剂后，一直要保持流水刺激，并且要在效应时间前1～2h加大冲水量，发情后水流适当减小。发情时，雄鱼不断追逐雌鱼，并用头吻部顶撞雌鱼后腹部，发情进入高潮时，水面可见浪花。雌鱼随机产卵，雄鱼缠绕雌鱼排精。

8. 人工授精

达到效应时间时均可观察到雌雄鱼开始发情追逐，此时要及时挤出卵子，做好人工授精工作，以免因卵子过熟，影响人工授精效果，从而导致人工繁殖的失败。成熟较好的长吻鮠雌鱼，到效应时间，卵子很容易挤出（图8-23，彩图），可以挤空；雄鱼很难挤出精液，一般将其杀死，取出精巢捣碎后与已经挤出的卵子混合，加入少量的蒸馏水，混匀后把受精卵撒在集卵板上或脱黏孵化。

9. 自然受精

自然产卵可以直接在催产池底部铺上一层鹅卵石，将底部进水

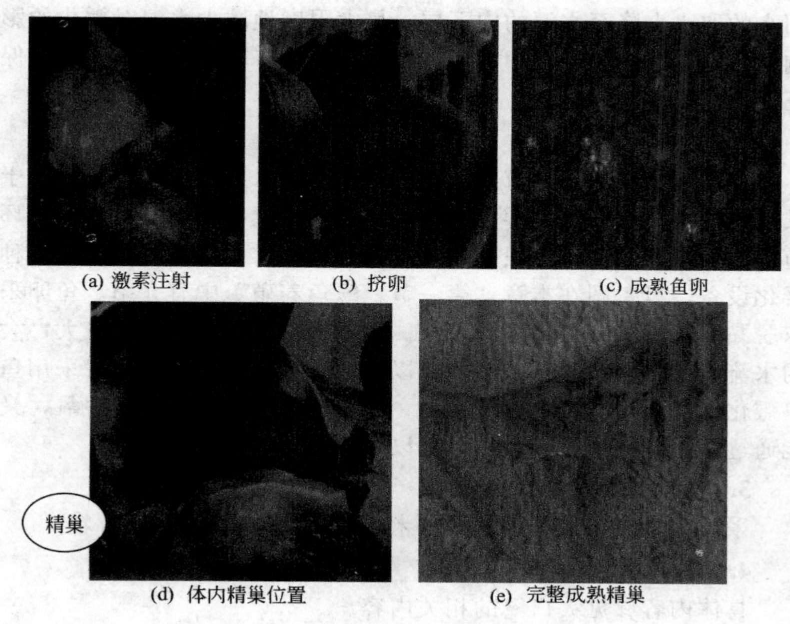

(a) 激素注射　(b) 挤卵　(c) 成熟鱼卵

(d) 体内精巢位置　(e) 完整成熟精巢

图 8-23　长吻鮠人工授精部分图片

口用纱布包裹起来，亲鱼把卵产在鹅卵石上，在原池中孵化；也可在池中放置棕片等鱼巢，产卵完毕后，移至孵化器中孵化。

(五) 孵化

1. 孵化条件

长吻鮠胚胎发育时间长短与水温有直接的关系，一般长吻鮠的孵化的适应水温为 20～28℃，最适水温 22～25℃，低于 20℃或高于 28℃不利于受精卵的孵化。要求水质良好，无污染，溶氧高，溶氧不能低于 5mg/L。pH 值 7.0～7.5，氨氮在 0.03mg/L 以下。水温高低决定孵化时间的长短，当水温在 24.5～27.5℃时，受精卵孵化 40～50h 出膜；当水温为 22.5～24.5℃时，孵化 60h 左右出膜；水温 17～22℃，则需要 80～100h 出膜。在孵化过程中，要控制好水温，变化幅度不要过大，如果在短期内水温变化超过 3℃，将会导致受精卵胚胎的死亡。因此在长江中下游地区，要防止 4～5 月份的寒潮引起的突然降温，如果寒潮来临，可以把孵化用水的取水点降至水源的中下层，最大限度地减少水温对孵化的影响。另外，在孵化过程中为了保持孵化池中有较高的溶氧，必须保证有一定的水流。

2. 孵化设备

长吻鮠的孵化采用流水孵化，一般的流水孵化设备都可以用于长吻鮠的孵化。如流水孵化池、孵化桶、孵化槽、孵化缸、孵化环道等，长吻鮠的孵化一般采用流水孵化池、孵化桶、孵化槽这三种孵化设备，设备图在本章“第一节　鳜鱼养殖”中有介绍。鱼卵采取脱黏孵化和鱼巢孵化两种形式。由于长吻鮠鱼卵的卵黄较大，大的水流容易使卵黄脱离胚胎，所以，在选择孵化形式时一般采用鱼巢孵化，让受精卵黏附在鱼巢上，使鱼卵既能得到充足的溶氧，又能通过鱼巢减缓水流的冲击，可以得到较好的孵化效果。

3. 放卵密度

采用鱼巢孵化，一般每平方米鱼卵密度不要超过 10 万粒。

4. 病害防治

具体内容参见大口鲶的相关内容。

5. 孵化管理

具体内容参考大口鲶的相关内容。

刚孵化出的仔鱼全身透明（图 8-24，彩图），腹部可见淡黄色的卵黄囊，只能静卧在水底，尾部不停颤动，3 天后开始平游，背部变黑，体侧有黑条纹。平游 2 天后开口吃食，此时可用熟蛋黄浆或轮虫作为仔鱼的开口饵料。一般 7 天左右作为水花鱼苗出售或下塘。仔鱼暂养期间要保持水体交换，保证水质清新、水温稳定；要及时排污，避免阳光直射，防止缺氧。

四、鱼苗培育

（一）培育池

培育池选择长方形、圆形水泥池或土底砖壁池，也可采用开挖土池铺设彩条布的方法。要求水质清新，排灌方便，溶氧丰富，透明度在 30cm 以上。鱼池可为 10～50m^2 的水泥池，也可采用 80m^2 以上的水泥池，水深 1m 左右。

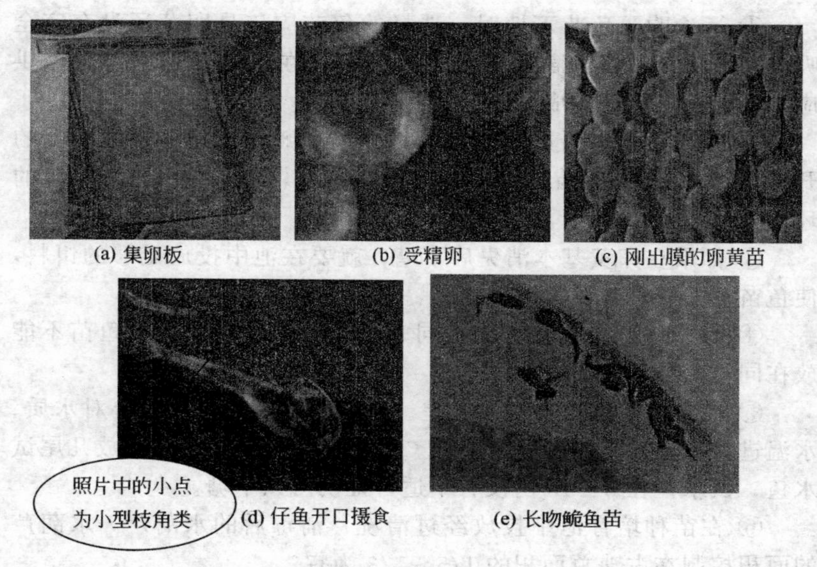

(a) 集卵板 (b) 受精卵 (c) 刚出膜的卵黄苗

(d) 仔鱼开口摄食 (e) 长吻鮠鱼苗

图 8-24 长吻鮠孵化过程中的部分片段

如果采用土池培苗，可采用 667～1000.5m^2（1～1.5 亩），水深 1～1.5m，底质较硬，淤泥不超过 10cm，池底平坦、不渗漏，无水生杂草，排灌水方便的土池。下苗前按照正常池塘整理、清淤、消毒。在鱼苗下塘之前 7～10 天注水至 40～50cm，每 667m^2 施发酵后的牛粪或鸡粪 100～300kg。也可以采用施菌肥的方式培育饵料生物。目前市场出售的浮游生物专用培育糖浆也可。

（二）鱼苗放养

条件比较好的，有微流水的水泥池，放养密度为 800～1000 尾/m^2（7 日龄的鱼苗）；一般水泥池 500～800 尾/m^2；土池 50～100 尾/m^2。

鱼苗的放养密度与池塘条件、饵料供应有很大的关系，鱼苗密度大，饵料供应紧张，溶氧条件差，活动空间小，苗种生长就慢，体质差，容易得病，成活率低。在确定放苗密度时，应该根据鱼苗质量、水源情况、环境条件、饵料丰歉、饲养管理水平等条件灵活掌握。在放苗时应该注意以下几点。

① 远途购买鱼苗下塘时，选择的鱼苗应该是卵黄还没有完全吸收完的鱼苗，带卵黄运输，可以使鱼苗在运输过程中有营养供应，能够保证鱼苗的成活率。

② 就近下塘，最好在鱼苗下塘之前在孵化设备中投喂一定的开口饵料，这样鱼苗下塘时体内有食物，能够较快适应新的环境。

③ 如果在卵黄基本消失后下塘，就要在池中投放足够的饵料，使鱼苗下塘后很容易得到食物。

④ 同一口塘的鱼苗应该是同一批鱼苗，不同批次的鱼苗不能放在同一鱼池。

⑤ 注意鱼池水质与水温温差。鱼苗下塘前有条件的要对水质、水温进行测定，看是否适合下塘。如果没有条件，可以先放几尾试水鱼，试水鱼在3～4h内没有不适，证明可以下塘。

⑥ 在苗种培育池中投放经过清洗、消毒后的水葫芦，水葫芦的面积控制在占池总面积的1/5～1/3为宜。

⑦ 鱼苗下塘时，应该人在池中将盛苗容器慢慢打开，徐徐放出鱼苗，不得向下倾倒。脚在水下要慢慢移动，不得任意踩踏。

（三）饵料的投喂

1. 饵料种类

长吻鮠的鱼苗开口饵料以采用浮游动物为好，蛋黄为辅，蛋黄只是在浮游动物不足的情况下采用，因为蛋黄虽然营养价值高，但鱼苗在消化系统还没健全的条件下消化这种高蛋白的食物还有一定的困难。采用浮游动物开口是最佳选择。浮游动物主要包括轮虫、小型枝角类，培育方法在“第六章　特色鱼类的饲料”中有简单介绍。随着鱼苗的生长发育，饲料可以投喂枝角类、桡足类、摇蚊幼虫、水蚯蚓。

2. 投喂前处理

① 投喂蛋黄时，要捣碎并用纱布过滤，制成蛋黄浆泼洒。

② 投喂浮游动物时，前面3天要用40目的纱布过滤，取下面的小型个体用2%的食盐水消毒后投喂。第4天开始可以不需要过滤，只消毒即可投喂。

③ 从第 7 天开始可以投喂水蚯蚓，开始把少量剁碎的水蚯蚓与水蚤一起投喂，以后慢慢减少水蚤的用量，直至全部用水蚯蚓代替。当鱼苗长到 2～2.5cm/尾时，可只投喂水蚯蚓。

④ 鱼糜、鲜猪血块也需要消毒后投喂。

3. 投喂量

水蚤的投喂量要保持每毫升池水有 10～20 个的密度。或一个 $20m^2$ 的水泥池每天投喂水蚤 1kg 左右。蛋黄的投喂量为每万尾鱼苗投喂 1～2 个。其他饵料以 1～2h 吃完为好。

4. 投喂次数及时间

每天投喂 4～5 次，清晨、早上 10 时、下午 4 时、晚 8 时和 11 时各一次。

5. 投喂方法

开始 1～3 天，以四边、四角为主泼洒，中间少许。以后漫池泼洒，5～7 天以后可以定点投喂水蚯蚓。

土池培育苗种要提前 3～5 天肥水，待繁殖出大量的白色枝角类后下塘。下塘前 3～5 天（具体要看当时水温，水温高，3 天；水温低，5 天），培育方法在“第六章　特色鱼类的饲料”中有简单介绍。培育丰富的浮游动物，以保证鱼苗下塘后有充足的天然饵料生物供应。随着鱼苗的生长可增加投喂人工配合饲料“黄板”（3 份鸡蛋黄、2 份面粉调成糊状后投在表面粗糙的木板上稍晾干后，将木板反扣在水表，待鱼苗从下面摄取）；一天投喂 3 次，早上8～9 时，中午 12～13 时，下午 18～19 时，每 $667m^2$ 投喂 0.5～1kg，投喂方法与水泥池投喂一样，先四周，后中间。

在水泥池培苗过程中，采用先投喂浮游动物，后投喂水蚯蚓的方法是最好的。浮游动物只投喂 3～5 天，尔后投喂剁碎的水蚯蚓 3～5 天，尔后可以直接投喂水蚯蚓。这种投喂方式比其他任何饵料配比都有难以取代的优点。经验证明，采用此种方法喂养的长吻鮠鱼苗生长速度快，培育时间短，体质健壮，规格整齐，可以维护良好的水质状态，生病少，管理简单，成活率高。此种方法的关键是浮游动物和水蚯蚓的供应问题，浮游动物在水温 26℃以前培育相对容易一些，26℃以后要注意添加井水，保证池水的水温在浮游动物的最佳繁育范围内。一般情况下，采用空闲的苗种池进行培育不会出现供应短缺的问题，为保险起见，可以采用2～3个鱼池同时培育，也可在没有投放鱼苗的发塘池捕捞浮游动物，基本不会出现短缺问题。水蚯蚓现在已经形成了专业养殖，也不存在供应问题。

鱼苗经过2周时间的培育，可以达到3cm的长度，这时鱼苗的个体较大，摄食量增加，应及时拉网分池，降低养殖密度。一般精养池可以稀疏至100～200尾/m^2。当鱼苗长到4～5cm/尾规格时，鱼苗的消化系统基本发育完成，适应能力更强，可进行驯食。驯食可以用鱼粉、面粉以及添加一定量的诱食剂配制，蛋白质的含量要保持在45%以上。诱食剂可以用鱼糜或肉糜、畜肝浆等，添加量为干饲料的20%～40%。采用鳗鱼或稚鳖饲料效果更好。驯食期间每天投喂2～4次，投喂量为鱼体重的10%～20%，将饵料投喂在固定的饵料台上。驯食开始时，可将水蚯蚓拌在饲料中，并逐渐减少至完全使用配合饲料。一般经过1周的时间绝大部分鱼苗可转到摄取配合饲料上来，此后逐渐减少诱食剂，直至不再添加诱食剂为止。

鱼苗下池水位不宜太深，一般40cm为好，当鱼苗长至1.5cm时，水深可加至60～80cm；当鱼苗长至2.5～3cm时，水深可加至1m。

(四) 饲养管理

长吻鮠的鱼苗培育饲养管理主要有以下几个方面内容。

1. 隐蔽物的设置

长吻鮠具有较强的畏光性，所以苗种培育池应该设置一些遮阴设备。水泥池搭建遮阳棚或放置一些水葫芦，水葫芦的面积控制在水面的1/5～1/3。土池培育的也可以投放一些水葫芦或者搭遮阳棚。

2. 水质管理

在培育初期，可以每天加一次水，每次加5cm，直到加到拟定的水位，以后每隔2～3天换一次水，每次只能换1/3，不能一次性加水太多，防止温差过大而影响鱼苗生长。水泥池配备充氧设备，保证鱼池24h充氧。培育期间，溶氧保持在5mg/L以上，pH

值 7～8，氨氮 0.03mg/L 左右，总氮 0.5mg/L，亚硝酸盐氮 0.01mg/L 以下。

3. 巡塘

除每天喂食时观察鱼的吃食情况和活动情况外，平时也要注意观察鱼苗的活动情况，发现问题及时处理。检查进排水口，防止逃苗、漫苗。清除青蛙卵以及水蜈蚣等敌害生物，防止它们对鱼苗的侵袭。

4. 病害防治

鱼苗培育阶段主要有车轮虫病、小瓜虫病、白头白嘴病和肠道疾病以及青苔等。防治车轮虫病、小瓜虫病主要把水源的病原体杀灭，鱼池水温如果能够调节到 26℃以上，或者每隔 5 天左右用高锰酸钾消毒一次即可。平时要注意死亡个体和活动力不强的个体体表观察，及时发现，及时治疗。白头白嘴病最主要是擦伤引起，要注意操作，防止操作动作过大造成鱼体受伤引发该病。肠道疾病主要从投喂方式上进行防治，不要投喂腐败变质的饵料，不要投喂过多的饵料，饵料投喂之前要进行消毒处理，这些方法都可以有效避免疾病的发生。青苔是水泥池中极易发生的一种现象，特别是在透明度较大的情况下容易发生。所以无论是水泥池培育还是土塘培育都不能使透明度过大，控制在 35cm 以下即可。

五、鱼种培育

（一）水泥池培育

1. 鱼池条件

面积 20～80m^2，也可在 100m^2 以上，池深 1.2m；水质清新，水源充足，进排水方便并能够进行微流水养殖。

2. 放养前处理

放鱼之前搭建遮阳棚，或准备一定数量的水葫芦。遮阳棚的搭建可以用遮阳布，也可以用树枝。毛竹搭架后栽种瓜果等，形成遮阳棚。如果用水葫芦，应该清除残枝败叶，清洗干净，并用高锰酸钾消毒后，漂洗干净，太阳下晾晒 1～2h 备用。鱼池用高锰酸钾消毒清洗后放水至 40cm 处，把水葫芦放入池中，水葫芦的面积只能占水面的1/5～1/3。

3. 放养密度及规格

放养规格可以选择3cm/尾或5cm/尾两种规格，要求整齐，不得有病鱼、伤鱼等进入池中，鱼苗下塘前用高锰酸钾或食盐水浸泡消毒。放养密度为300～500尾/m^2。

4. 喂养

如果下塘之前没有驯食，可以在鱼苗下塘适应几天后开始驯食。驯食之前的饵料还是采用鱼苗阶段的饵料投喂，1天2～3次。驯食后，采用驯食后的配合饲料喂养。鱼种阶段适合投喂含水分40%左右的软性团状饲料。鱼种对饲料营养的需求量为：蛋白质45%～50%，糖类20%～25%，脂肪10%～15%，粗纤维4%～8%，有效磷1.37%，饲料中有效锌102mg/kg，饲料中添加一定量的维生素B_6，可以促进生长，提高饲料利用率。

投喂时，应该在池中搭建几个饵料台，以30～40m^2搭建一个为宜。每天投喂2～3次，日投喂量为鱼体重的3%～5%，以投喂后1～2h吃完为好。

5. 管理

(1) 巡塘 坚持每天巡塘两次，早上和晚上各一次，并结合喂食观察鱼的吃食情况、鱼的活动情况、水质情况，及时清理池中杂物。及时了解情况，尽早处理。同时做好每天的记录。

(2) 水质调节 根据不同季节进行加水、换水。在放养初期，每1～2天加水5cm，直到加至1m为止。夏天每3～4天换水1次，每次换水1/3，秋天每星期换水一次。每月用石灰水或漂白粉对池水消毒一次。有条件的要坚持24h用充气泵充氧。

(3) 清理粪便 水泥池养殖对水质影响的最大因素就是鱼的粪便，如果不及时清理，就会引起水质变坏，引发浮头或泛池，也会引发疾病的发生。鱼池小的，有条件的每天清理粪便1次；鱼池较大的，清理不方便的，可以2～3天清理一次。夏天最好每天早上清理粪便1次。

(4) 饵料台的清洗、消毒 坚持每天清理饵料台1次，每2天消毒1次。及时清理残饵，以免影响水质，同时也根据残饵的情况调整投喂量。

(5) 分筛 喂养10～15天分筛1次，进行大小分养，一方面可以促进小规格的鱼种加快生长，另一方面可以使大规格的鱼种更好生长。

(二) 池塘培育

1. 鱼池条件

面积667～1334m^2（1～2亩），水深1.5～2m，底泥不超过10cm，水源充足，水质清新，配备增氧机。

2. 放养前处理

放养之前的池塘用生石灰消毒。遮阳棚的搭建、水葫芦的放养同“水泥池培育”。

3. 放养密度及规格

鱼种规格达到5cm/尾以上，并已经驯化转食，每667m^2放养4000～6000尾，搭配50～100g/尾的白鲢、花鲢100尾左右。

4. 喂养

喂养方式同“水泥池培育”。只是搭建饵料台的数量为6～8个，分别分散在池的四周离岸1m处。傍晚投饵可适当多投一些。每隔25～30天用土霉素做成药饵投喂，预防肠炎或出血病的发生。

5. 管理

同“水泥池培育”。

6. 分筛

喂养30～50天分筛1次，进行大小分养，一方面可以促进小规格的鱼种加快生长，另一方面可以使大规格的鱼种更好生长。

(三) 网箱培育

1. 水域选择

网箱养殖一般在大水面中进行，如水库、湖泊或河流。选择相对宽阔、向阳，有一定的风浪或缓流水通过，不能靠近主航道和排污口。水深5m以上，透明度0.8～1.0m，全年22℃以上水温时间有4～6个月，水的pH值在6.8～8.0，溶氧6mg/L以上。

2. 网箱制作

放养5cm/尾的夏花鱼种，可以配置1～3级鱼种网箱。网目大小分别为 0.7cm、1.0cm、1.5cm，箱体规格可选择 3m×3m、4m×4m、4m×5m、4m×6m 的开口箱。

3. 放养前处理

网箱下水之前要用高锰酸钾浸泡，漂洗干净后提前 1 星期下水，使网箱上长满固着藻，防止鱼种进箱后在箱上摩擦损伤表皮而引发病害。鱼种进箱之前用高锰酸钾或食盐水消毒后进箱。

4. 放养密度及规格

体长 5cm/尾的鱼种进入一级鱼种培育箱中培育至 8～10cm/尾后进入二级鱼种箱，达到 12～13cm/尾后进入三级鱼种箱中培育。放养数量，5cm/尾放养 300～400 尾/m^2，8～10cm/尾放养 150～200 尾/m^2，12～13cm/尾放养 80～120 尾/m^2，养至年底达到尾重50～100g 规格进入成鱼网箱养殖。

5. 喂养

同“水泥池培育”。

6. 管理

同“水泥池培育”。

六、成鱼养殖

(一) 池塘养殖

1. 池塘条件

面积 1334～3335m^2（2～5 亩），长方形，东西向，水深 2m，池底淤泥不宜超过 10cm，水质清新，水源充足，无污染。配备增氧机。

2. 放养前准备

对池塘进行修整、清塘、消毒。鱼体消毒。

3. 放养规格及数量

每 667m^2 放养 40～50g/尾鱼种 1200 尾，或尾重 50～100g 的鱼种 1000 尾，或尾重 250～350g 的 2 龄鱼种 500 尾左右，搭配尾重 150～250g 的白鲢 100 尾、花鲢 20 尾、鳜鱼或加州鲈3～5 尾，或大口鲶 2～3 尾。在以其他鱼类为主的养殖模式中可以培养长吻鮠，每 667m^2 放养 40～50g/尾的鱼种 10～15 尾，不需要另外增加开支，可以获得一定的收益。成鱼饲料对营养的要求为蛋白质40%～43%，糖类23%～27%，脂肪6%～9%，粗纤维3%～5%。可用鱼粉、豆饼、花生饼、小麦、玉米、酵母等原料配制。如果用鳗鱼饲料喂养长吻鮠，可获得较好的效果，但饲料成本较高。长吻鮠对溶氧的要求较高，一旦出现严重浮头，就会造成大量死亡。喂养方式采用搭建饵料台的方式，每667m^{2}鱼池设6个饵料台，每天投喂2次。日投食量为鱼体重的1.5%～3%。管理方式和水质调节参照“鳜鱼养殖”和“大口鲶养殖”。

（二）流水池养殖

要求水流稳定，水量充沛，水质良好，交通方便。最好水质不受天气的影响出现泥浆水或混浊度较高的水。鱼苗池每口20m^{2}左右，水深0.8m；鱼种池和成鱼池每口20m^2，水深0.8～1.2m。一般放养隔年鱼种2～20尾/m^2，或2龄鱼种3～12尾/m^2。饲料选用成鱼商品饲料的粉料揉成团后投放在设置的饵料台上，饵料在水中的稳定性要保持30～45min。每天投喂2次，上午、下午各一次。水质管理：可以适时加水、换水，可采用增氧机增加水中溶氧。水质管理与增氧机的应用可以参照“鳜鱼养殖”。每天清理饵料台1次，清洗鱼池1次。

（三）网箱养殖

成鱼养殖网箱的网目为2～3cm，外箱为3～4cm。规格50～100g/尾的鱼种40～60尾/m^2；规格250～300g/尾的鱼种20～30尾/m^2。11月至第二年3月份，将尾重50～100g的鱼种放进内箱网目2cm，外箱网目3cm的成鱼箱中饲养，内外箱间套养鲤鱼、鲴鱼等；6～7月份分筛，将鱼转入内箱网目3cm、外箱网目4cm的成鱼箱中饲养，内外箱间也套养红鲤鱼、鲴鱼等，养至年底上市。喂养方式、管理方法参考“鳜鱼成鱼养殖——网箱养殖”和“大口鲶成鱼养殖——网箱养殖”。

七、病害防治

（一）出血病

［病原］ 由细菌和病毒引起。

［症状］ 鳍和鳍基部也出血，鳍条末端有时腐烂，体表充血发红，鳃丝颜色变淡、黏液增多，腹部充血发红，肛门红肿，肌肉呈局部点状或斑状出血（图 8-25，彩图），肠道也充血发炎，有的病鱼肝、脾、肾等内脏器官也呈点状出血。

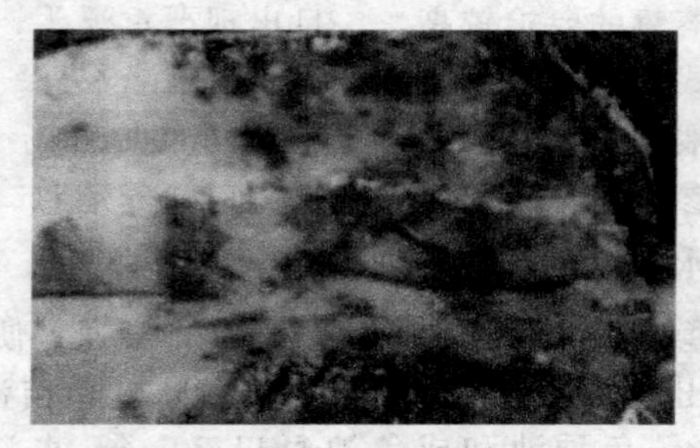

图 8-25 肌肉充血现象

［发病对象］ 鱼种。

［发病季节］ 高温季节易爆发，发病 1～2 天即大批死亡。

［防治方法］

① 每隔 15 天用 25～40g/m^{3}的生石灰全池泼洒。

② 注入新水，增加水体透明度，降低水温可防止此病发生。

③ 已经发病的鱼用 1～1.5g/m^{3}漂白粉或 0.3g/m^{3}强氯精全池泼洒，并在洒药当日投喂药饵。药饵用“鱼血散”或“败血灵”做成，每天每万尾鱼种用药 100g，连喂 5 天。

④ 也可用 10g/m^{3}土霉素浸泡病鱼 10～15min。

⑤ 调节水温在 28℃以下。

（二）肠炎病

具体参见大口鲶“七、病害防治”。

（三）烂鳃病

［病原］ 黏球菌。

［症状］ 一般是寄生虫刺伤所致，病鱼常离群独游于水面，行动缓慢，食欲减退或不进食，体色变黑，鳃丝颜色变淡，边缘沾有淤泥，严重时鳃丝腐烂呈缺刻（图 8-26，彩图）。

［发病对象］ 苗种和成鱼。

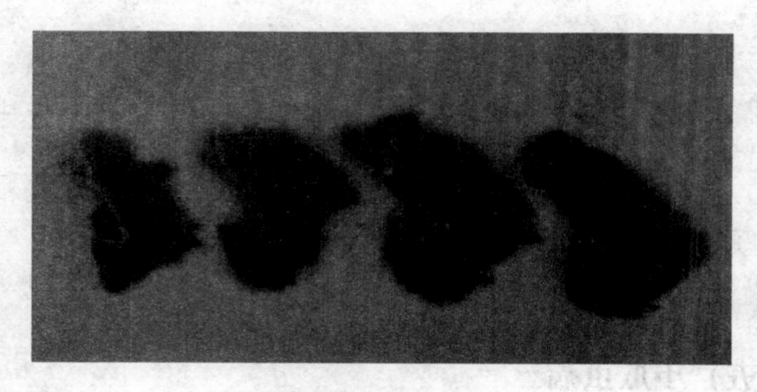

图 8-26　烂鳃症状

[发病季节]　4～8 月。

[防治方法]

① 清除淤泥，用生石灰彻底清塘消毒。

② 用漂白粉在食场挂篓。在池塘或网箱每边挂竹篓 3～6 个，将竹篓口露出水面约 3cm，篓装入 100g 漂白粉。第 2 天换药以前，将篓内的漂白粉渣洗净。连续挂 3 天。

③ 病重时，用 $1g/m^3$ 漂白粉全池泼洒。

④ $20g/m^3$ 生石灰全池泼洒对治疗和预防此病发生及延缓病情效果较好。

(四) 水霉病

[病原]　水霉、锦霉。

[症状]　菌丝侵入鱼体后，向内外生长，严重时形成白色或灰白色棉絮状物体，病鱼游动缓慢、呆滞、焦躁不安、食欲减退，体表黏液增多，不及时治疗会逐步消瘦死亡。若鱼卵感染水霉后，卵膜外的菌丝向外生长，呈放射状。菌丝吸收卵的营养致卵死亡(图 8-19)。

[发病对象]　以鱼卵、鱼苗危害最大，鱼种、成鱼也感染。

[发病季节]　全年，以早春、晚冬最为流行，水温 15～20℃ 易发生。

[防治方法]

① 用生石灰带水彻底清塘。注意保持良好的水质可减少疾病

的传播。

② 减少操作致伤和注意寄生虫的杀灭。

③ 在孵化期间可用1.5mg/L高锰酸钾、0.3%食盐水在孵化环道中每天各泼洒一次有良好的防治效果。

④ 育苗和成鱼养殖期间治疗可用2%～3%食盐水浸泡5～10min有一定的疗效。

⑤ 用0.04%的食盐水和0.04%的小苏打合剂全池泼洒。

⑥ 对受了伤的亲鱼，可用高锰酸钾溶液涂抹伤口。

(五) 小瓜虫病

[病原] 多子小瓜虫。

[原因] 一般水质不良，水体小，不换水，放养密度过大，水温在25℃以下的阴雨天多发。

[发病对象] 多发于鱼苗、鱼种，成鱼有时也被感染。

[发病季节] 每年3～5月、8～10月为发病盛期，发病水温为15～25℃。

[症状] 被感染的长吻鮠体表、鳍和鳃部有许多白色点状囊泡，此小白点增加很快，2～3天几乎布满全身，刺激皮肤和鳃组织，鱼体消瘦，食欲不振，游动迟缓，浮于水面，严重时，感染率达90%以上，引起鱼苗大量死亡。当水温在10℃或28℃以上，不用治疗成虫就自然死亡。

[防治方法] 小瓜虫一旦感染，很难治愈，只有在不适水温时才自行脱落。所以，对于小瓜虫，只有预防为主。

① 用生石灰彻底清塘，防止幼虫感染。

② 硫酸铜0.5mg/L和硫酸亚铁0.2mg/L合剂全池泼洒。

③ 高锰酸钾，一次量10～20g/m³，鱼种放养前，浸浴15～30min。

④ 用200～240mg/L冰醋酸浸泡鱼体15～20min。

⑤ 2.6g生姜+辣椒粉0.5g/m³，捣碎煮沸，全池泼洒，效果较好。

⑥ 采用生物防治法，在养殖池中搭配小型银鳞鲳，可专食病鱼体上的小瓜虫，达到治疗的效果。

（六）车轮虫病

［病原］ 车轮虫（图 8-8）。

［症状］ 主要寄生在鱼鳃和体表上，严重感染时，苗种多数在水中翻滚，头部和嘴周围黏液较多，不摄食。若大量寄生在鱼鳃时，会使鳃丝出现肿胀、失血，导致苗种呼吸困难，大量死亡。寄生在皮肤和鳍条上，往往使鱼体出现苍白、鳍条充血、腐烂，失去游泳和摄食能力，病鱼头上、尾下在水中旋转翻滚，最后死亡。

［发病季节］ 全年，发病严重期为 4～6 月。

［发病对象］ 鱼苗和夏花鱼种阶段，是鱼苗鱼种阶段最常见的和危害最严重的疾病之一。

［防治方法］

① 鱼池彻底清塘消毒。

② 鱼种放养时，用 2% 的食盐水浸泡 3～5min。

③ 硫酸铜 0.5mg/L 和硫酸亚铁 0.2mg/L 合剂全池泼洒。

④ 高锰酸钾，一次量 10～20g/m^3，鱼种放养前，浸浴 15～30min。

⑤ 苦参碱溶液，一次量 0.4g/m^3，全池泼洒 1～2 次。

⑥ 严重时，苦参碱溶液和阿维菌素溶液配合使用，量不变。

（七）锚头蚤

［病原］ 锚头蚤（图 8-27，彩图）。

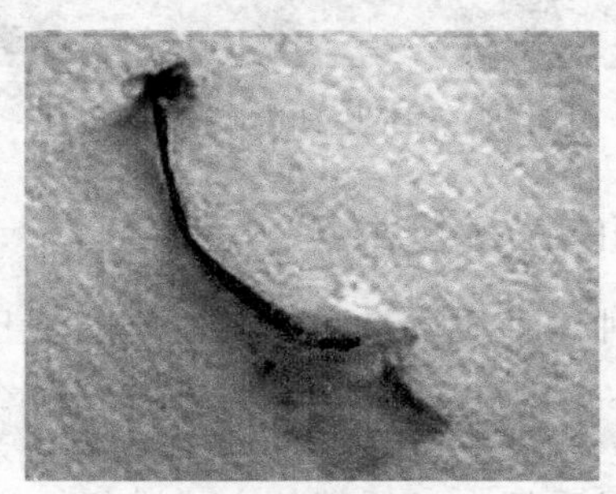

图 8-27 锚头蚤实录图

［症状］ 锚头蚤以头胸部插入肌肉里吸取营养，在寄生部位肉眼可以看到针状病原体。病鱼初期出现不安、食欲减退、鱼体消

瘦、游动迟缓，寄生部位周围组织发炎红肿、溢血。继而出现血斑，组织坏死，容易继发水霉或其他细菌感染死亡。

[发病对象] 鱼种、成鱼。

[发病季节] 春季和秋季。最适水温 20～25℃。

[防治方法] 以预防为主。用生石灰带水清塘，杀死池塘中的幼虫和成鱼。治疗可用 10～20mg/L 高锰酸钾水溶液药浴 1～2h，具体浓度和时间要根据水温高低而定。也可用 0.4g/m^3 晶体敌百虫全池泼洒，或用 0.4g/m^3 晶体敌百虫溶液浸泡鱼体。

(八) 营养性疾病

饲料中的糖类含量过高，或脂肪、蛋白质太多，缺乏必要的维生素及微量元素，易引起脂肪肝病、维生素缺乏症等。饲料中脂肪含量不足，则可导致生长缓慢，引起烂鳍、体表色素暗淡等（图 8-28，彩图）。在饲养过程中，改进饲料配方，提高饲料质量，不投霉变饲料。适当添加维生素和微量元素。

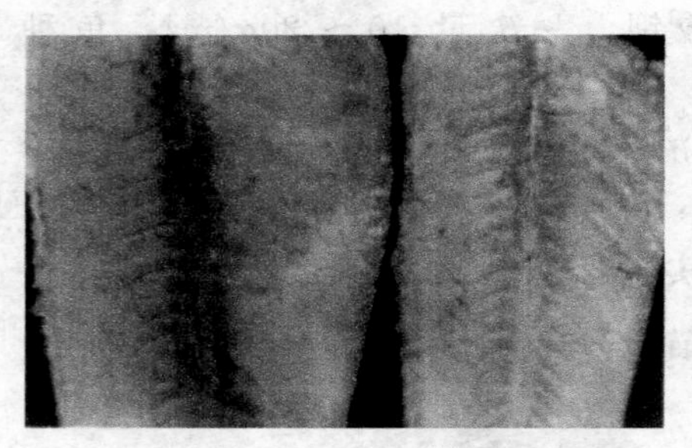

图 8-28 营养不良造成的肌肉苍白

八、长吻鮠养殖的关键技术

① 为保证苗种的种质质量，在亲鱼的选择上，要避免近亲繁殖，尤其是进行人工授精方式繁殖的厂家，雄鱼不断地消耗，在雄性亲鱼补充时，应该避免留用本场雄鱼作为后备亲鱼。

② 人工繁殖以采用人工授精的方式进行，这样能够保证较高的受精率。

③ 为防止水霉病的危害，建议采用生态防治的方法，在孵化的第二天抖卵，把没有受精的鱼卵从鱼巢上抖掉，后清除干净，能

够保证较高的孵化率。

④ 建议在卵黄苗的卵黄还没有吸收完就投放浮游动物，使鱼苗在卵黄还没有吸收完就可以摄取浮游动物，能够顺利开口，提高鱼苗的成活率。

⑤ 苗种培育阶段，要注意寄生虫的危害，特别是车轮虫、小瓜虫的危害，防止造成苗种大量死亡。

⑥ 长吻鮠的驯食是实现人工喂养的关键，一定要搞好长吻鮠的驯食，在驯食过程中要循序渐进，逐步完成驯食。

⑦ 为提高生产效率，在苗种培育阶段应该按照不同规格进行分养，及时分筛。

⑧ 长吻鮠是一种不耐氧的养殖品种，对水质要求也较高，在养殖过程中要注重水质调节，定时加水、换水，开启增氧机，保证水中溶氧量。

⑨ 喂养要按照“四定”“四看”实现科学喂养，不得投喂腐烂变质的饲料，每隔 1 月要投喂药饵，防止肠道疾病的发生。

⑩ 注意防病治病，以预防为主，治疗要内外兼治。

第四节　黑鱼

一、黑鱼的营养价值

乌鳢是黑鱼的学名，俗称黑鱼（图 8-29）、才鱼、生鱼、乌棒等，各地都有不同的叫法。是一种深受欢迎的经济鱼类。它的含肉量高，肉质细嫩，味道鲜美，营养丰富，蛋白质含量较高，每 100g 肉含量达 19.5g，脂肪含量较少，仅为 1.4g，含钙量高于其他鱼类，还含有多种维生素和无机盐。黑鱼还含有瓜氨酸、丝氨酸、蛋氨酸等 10 多种游离氨基酸。黑鱼肉蛋白质组织结构松软，易被人体消化吸收，是儿童、老年体弱者适宜的食品。适用于身体虚弱、低蛋白血症、营养不良、贫血之人食用，可用以催乳、补血；黑鱼还有祛风治疳、补脾益气、利水消肿之效，因此三北地区常有产妇、风湿病患者、小儿疳病者觅乌鳢鱼食之，作为一种辅助食疗法。食用黑鱼可以补充这些氨基酸，对增强机体抗病能力有着十分重要的意义。

图 8-29　黑鱼

二、生物学特性

（一）栖息特性

黑鱼喜栖于水草丰富、底质松软、淤泥较厚、有缓流的湖泊、水库、河流及池塘，以湖泊生活居多，特别是藻草茂盛的水域是黑鱼出没最多的水域。黑鱼对环境的变化适应性很强，对低氧的适应能力是一般鱼类无法比拟的。缺氧时，可将头露出水面，呼吸空气中的氧气，在水少或无水的潮湿地带也能生存较长时间。特别是在冬季，干池后，能在淤泥中静卧长达几天。黑鱼的生存温度为 0～41℃，适温 16～30℃。春季当水温回升到 8℃以上时，常在水的中上层活动。夏季多在水草丰富的地区活动。天气闷热、有降雨时，有时会顶水跳跃匍匐在岸边。秋季水温降到 6℃以下，活动迟钝，潜入深水区。冬季多蛰伏于水底。

（二）食性

黑鱼是一种凶猛性鱼类，猎食方式独特，常隐蔽于草丛或其他隐蔽物中，注意观察捕食对象的活动情况，当捕食对象游至它的攻击范围之内，黑鱼常突然发起攻击。自然水域中，黑鱼的摄食对象各阶段有所不同。一般体长 3cm 以下，以桡足类、枝角类、摇蚊幼虫、水蚯蚓等为食；体长 3～8cm 时主食水生昆虫的幼体、水蚯蚓、小虾、蝌蚪、小鱼等；体长 8cm 时，则主食小型鱼类；体长

20cm 以上以及成鱼主食小杂鱼、青蛙、虾类以及昆虫、飞蛾类。黑鱼与鳜鱼不同，摄取对象不会随着自身的生长要求提高，而是随着自身的生长扩宽了摄食范围，在适口范围以内的大小个体都是它们捕食的对象。黑鱼的游泳、跳跃能力很强，不但游泳快，而且跳跃高。主要靠突然袭击、游泳追逐和跳跃捕食。黑鱼的食量很大，可吞下它本身体长一半的鱼类，最大胃容量达体重的60%。其食量随水温的变化而变化，夏秋季摄食力最强，当水温低于 12℃时停止摄食。在人工饲养下，通过驯化，可以摄食人工配合饲料。

(三) 生长

黑鱼的生长速度很快，在自然条件下，1 冬龄鱼的体长可达 20～30cm，体重 100～750g；2 冬龄鱼的体长达 38～45cm，体重达 600～1400g；3 冬龄鱼的体长达 45～59cm，体重达 1400～2000g；最大个体可达 5000g，在人工饲养下，当年鱼体重可达 250g，第二年可达 500～1000g。一年四季中，黑鱼以夏季生长最快，夏季水温高，食欲强，饵料丰富。其次就是秋季，春季的生长速度低于秋季，冬季不摄食，生长停止。

(四) 繁殖特性

黑鱼的性成熟年龄随地区不同有所差异，南方 1 冬龄鱼就性成熟，长江中下游以及以北，2 冬龄性成熟。2 冬龄性成熟亲鱼体长 30cm 以上，体重 500g 以上。一般个体的怀卵量在几千到 1 万余粒不等，最少 5000 粒，最多 3 万～5 万粒，分批产出。黑鱼的繁殖季节因地区不同有差异。华南地区为 4～5 月，北方 5～8 月上旬，长江中下游为 5～7 月。以 6 月为繁殖旺季。繁殖水温 18～31℃，最适温度 20～26℃。产卵多在水草茂密、无水流的水域或岸边进行。产卵前，雌雄亲鱼用口收集水草筑成圆形鱼巢，直径 40～50cm，漂浮于水面。筑好后，在风平浪静的黎明前，雌雄鱼相互追逐、发情，产卵于鱼巢上。产卵后，亲鱼守护在鱼巢底部，直到孵出。黑鱼的受精卵为黄色，浮性，具油球，无黏性，卵径 2.0～2.2mm。在水温 20～25℃，受精卵 3 天就可孵化出仔鱼。刚孵化出的仔鱼身体为黑色，依靠吸收卵黄支持身体发育。一周后体长达

8～10mm 时卵黄吸收完毕，此时鱼苗体色转为黄绿色并离巢觅食。黑鱼有护仔的习性，亲鱼一直护仔到鱼苗能够单独行动为止。

三、人工繁殖技术

（一）亲鱼的来源与选择

亲鱼可以从两个方面收集：一是从天然水域中捕捞，选择体质健壮、无病无伤、生物特性明显的个体；另一是从池塘套养的成鱼中选择合适的个体作为亲鱼。从池塘套养选择的个体要注意近亲问题，可以在一地选择雌性亲本，一地选择雄性，可以避免近亲繁殖。

亲鱼的选择除了对亲鱼的体质加以挑选外，还要注意亲鱼的年龄和体重，黑鱼亲鱼的个体不宜太大，一般选择 0.5～0.8kg 的个体，体重超过 1kg 的黑鱼亲鱼受精率反而下降，雌雄之比为（1∶1）～（3∶1）。选择生命力强、体肥无伤的 1 冬龄以上的成熟黑鱼作为亲本。雌鱼以体形肥壮，腹部膨大突出而松软，胸部丰满圆滑，卵巢轮廓明显，生殖孔大而微突为佳。

（二）雌雄鉴别

黑鱼在非生殖季节，雌鱼体形稍短而圆，胸部无黑斑，腹部呈微灰色或淡黄白色，胸鳍白嫩微黄。雄鱼体型瘦长，腹部、胸部呈灰黑色，腹部膨大不明显。在繁殖季节，雌鱼腹部膨大突出，生殖孔较大而圆，红润突出；雄鱼腹部较小，不膨大，体侧呈紫红色，生殖孔狭小而微凹（图 8-30，彩图）。

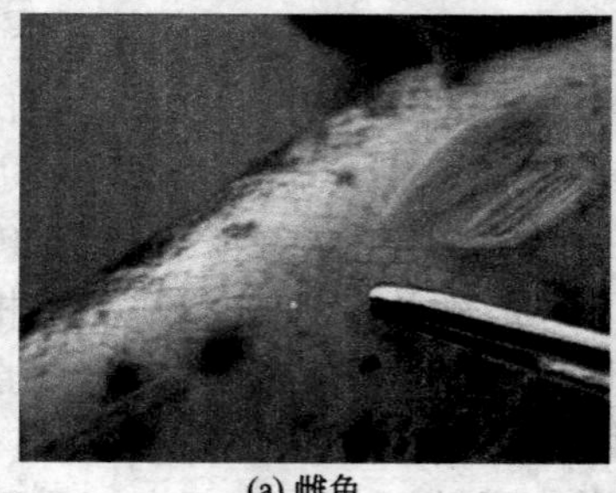
(a) 雌鱼

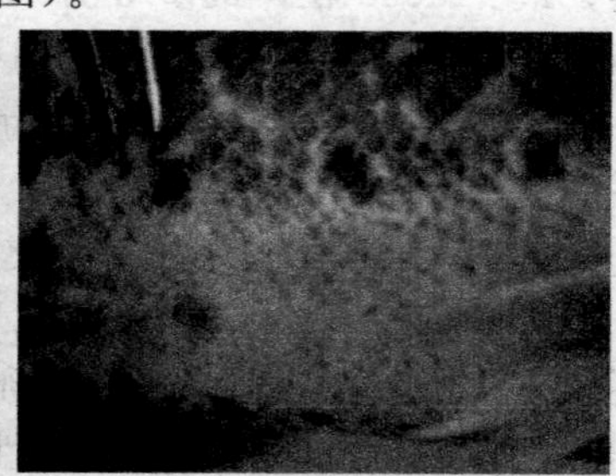
(b) 雄鱼

图 8-30　雌雄性征比较

(三) 亲鱼培育

1. 鱼池条件

以 667～1334m² (1～2 亩) 为好，水深 0.8～1.2m，池底以 15～20cm 深的淤泥为宜。池埂必须高出水面 50cm 左右，防止黑鱼跳跃逃逸，或在池四周架设高 1～1.5m 的围网，防止黑鱼跳出逃逸。池中放置占水面积 1/4 的水葫芦遮阴。要求水质优良，排灌方便。

2. 放养密度

放养前，亲鱼池按照一般池塘的清塘方法进行清塘。每 667m² 放养 100～150kg，最多不超过 200kg。或者每平方米放养 2 尾亲鱼。雌雄比例 1∶1。

3. 投饵

在培育或暂养期间，需投喂充足的饵料鱼，以野杂鱼、家鱼鱼种、鲤鲫鱼鱼种、小虾、蝌蚪和蚯蚓等作为饵料，日投喂量为鱼体重的 5%～6%，如果完成驯食，可以投喂蛋白质较丰富的人工配合饲料。在临近产卵季节前 60 天，加强投喂，增加投喂量，促进亲鱼性腺发育，提高繁殖效果。另外，应该适当加注新水，保持良好水质。在繁殖前 1 月，每天冲水 2h，可以促进性腺发育，提高催产率。

(四) 池中自然产卵

1. 产卵池

产卵池面积视亲鱼数量而定，一般 667～2001m² (1～3 亩) 即可。池底有深浅两部分，深处 1.2m，浅处 0.5m 左右。池埂建设同亲鱼池。池中移植沉水植物或挺水植物，植物面积不低于 1/5～1/4。保持水质清新，为亲鱼营造一个自然产卵的生态环境。

2. 亲鱼放养

一般 2～3m² 放养亲鱼 1 尾。雌雄比例 1∶1，每天给每尾亲鱼投喂 30～40g 适口的野杂鱼作为亲鱼饵料，以满足亲鱼性腺发育所需营养。

3. 人工鱼巢

为了便于孵化和采卵，可以设置人工鱼巢，也可投放水草让黑鱼自已垒。人工鱼巢采用3cm左右的竹竿或木条做成70～80cm宽的正方形框架，用棕榈线围四周缠绕，框底部四周留30cm长线头垂向水底，框上部四周留20cm长线头浮于框内水面。也可在框的四周扎上水草。

在产卵期间，将人工鱼巢放在较浅的水域水面，用竹竿固定，在框中投放一些水草，供亲鱼在框内产卵。每天早上巡查一次，发现产卵及时捞出孵化，或者等仔鱼孵出后捞走培育。采卵后的鱼巢可以再放回原处供再度产卵。

（五）催产

1. 催产时间及水温

长江流域一般在5～6月开始催产。催产水温一定要连续3天早晨水温达到20℃以上，并且短期内没有寒潮和大的降温来临方可进行催产。

2. 亲鱼的选择

亲鱼必须选择纯正的黑鱼才能获得纯正、优质、健康的鱼苗。亲鱼应该选择无病无伤、体质健壮、种质纯度高的优质鱼类作为繁殖亲鱼。成熟的雌鱼，腹部膨大、突出、松软，且丰满圆滑，卵巢轮廓明显，生殖孔大而微红外突。成熟的雄鱼体呈紫红色，背鳍长，排列有透明清晰的白色小圆斑点，腹部肥软，生殖孔稍呈粉红色。

3. 亲鱼的配比

雌雄比为1∶1。

4. 催产暂养池

催产池可以选择水泥池、网箱。水泥池面积5～10m^2，水深1～1.2m，排灌方便，有微流水为最好。网箱面积2～4m^2（网目60目）。每个水泥池和网箱只放亲鱼1对。

5. 产卵方式

自然产卵。

6. 产卵池

可以采用催产暂养池和池塘。采用水泥池与网箱的产卵池中只能放1组亲鱼，如果亲鱼放置过多，会因为争夺配偶而打斗，造成亲鱼受伤，影响亲鱼的成活率和催产率。亲鱼池、苗种池都可以作为产卵池，可以放置多组亲鱼。虽然黑鱼有护卵和护仔的习性，但为了防止其他亲鱼对鱼卵或仔鱼的攻击，最好在产卵后把卵移出孵化或把刚孵化出的仔鱼移出专门培育。

7. 鱼巢的设置

在产卵池中要设置人工鱼巢或放置水草让黑鱼自己筑巢，人工鱼巢的做法在前面已经介绍。黑鱼亲鱼自己建造的鱼巢见图 8-31（彩图）。

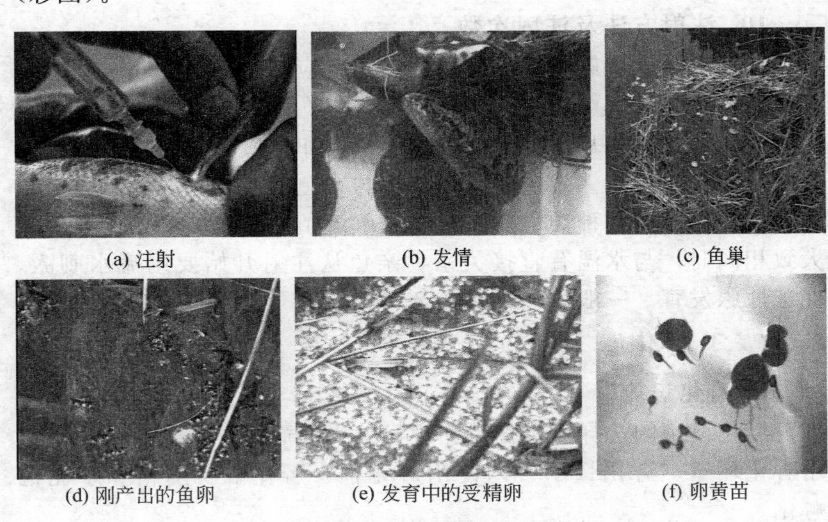

(a) 注射　(b) 发情　(c) 鱼巢

(d) 刚产出的鱼卵　(e) 发育中的受精卵　(f) 卵黄苗

图 8-31　黑鱼繁殖部分图片

8. 催产激素及剂量

表 8-16　黑鱼催产激素及推荐剂量（雌性用量）

激　素	剂　量	两针间隔时间/h	第一针剂量
PG	4～5 粒/kg	12	15%
PG＋HCG	4mg/kg＋800～1000IU/kg	12	1/5
DOM＋HCG＋LRH-A_2	5mg/kg＋800IU/kg＋3～5μg/kg	10	30%～50%

表 8-16 的推荐剂量仅供参考，具体使用量要根据亲鱼的成熟

度、水温灵活掌握。雄鱼剂量减半。

9. 注射液的配制

催产剂通常用生理盐水或蒸馏水配制，注射水的用量以每尾鱼每针2ml左右为好。配制注射液时，应该根据亲鱼的尾重分别计算出催产剂和注射用水的用量，并在实际用量上加5%的损耗。

PG应在研钵中研碎，加入少量水研成溶液，再加水制成悬浮液。DOM配制后在打针前与其他激素混合，如果混合时间太长，会堵塞针管。其他激素要现配现用。

10. 注射方法及注射次数

注射时，从胸鳍基部进针，进针角度应与身体呈45°。

11. 效应时间

效应时间是指从注射催产素到发情产卵这段时间。从第二针注射的时间开始计算。效应时间的长短与亲鱼的发育状况、水温、注射次数、催产药物种类、产卵环境及水流条件等有关，在其他条件大致相同时，与水温有直接关系。亲鱼从注射开始要用流水刺激，促进性腺发育。一般效应时间在20～34h。

(六) 孵化

1. 孵化设施

孵化设施的选择可根据孵化规模的大小而定。孵化量大可以使用孵化环道，孵化量小可以使用孵化桶、孵化缸、网箱和水泥池孵化。

孵化环道与孵化桶、孵化缸前面已经介绍。水泥孵化池是最常见的一种孵化设施，一般长10m×宽5m×深1m，每池可放50万粒；孵化环道10万粒/m^3左右。受精卵在进孵化设施之前，可用水霉净进行消毒，孵化时要遮阳，防止太阳直射。

网箱孵化可以选择在风平浪静有微流水的库湾、河湾或湖汊，放卵密度为1万～2万粒/m^3。这种孵化方式孵化简单，管理方便，在湖区适宜推广。

2. 孵化管理

(1) 水流 黑鱼孵化对水流的要求虽然不如其他鱼类的要求高，但充足的溶氧有利于提高黑鱼的孵化率，但水流过大，会使受精卵堆积在一起，造成缺氧，或感染水霉病，所以水流不能过大，保持微流水状态，能够保证水中的溶解氧即可。

(2) 水温 水温对黑鱼的孵化是至关重要的，在适宜范围内，温度越高，孵化时间越短，温度越低，孵化时间越长。黑鱼的适宜孵化水温为24～30℃，一般水温变化不能超过2℃，否则会影响孵化率和苗种的质量。所以，在长江中下游地区进行黑鱼孵化时，要防止5月份的寒潮，尽量避开。如果不可避免，可以调整进水口的位置，即把进水口的位置调整到水源的中下层，以保持水温的恒定性。黑鱼卵在水温25～28℃时，孵化时间为33～38h。

(3) 水质 如果没有微流水，采用静水孵化，每天换水一次，防止缺氧和水质恶化。换水过多，可能会造成水温的变化过大，影响孵化率。一般仔鱼孵化的当天，孵化池换水占总水量的60%～70%；第2～5天换水量达80%，鱼苗出膜后，要及时清理卵膜，防止卵膜腐烂影响水质。

(4) 病害 水霉病是孵化期间危害最大的一种疾病，鱼卵极易感染水霉病而降低孵化率，除了进行水霉病的药物防治以外，还要随时剔除发白的和长毛的鱼卵，避免水霉传播。

四、苗种培育

(一) 幼苗驯养

黑鱼的苗种培育是指从鱼苗能够平游到能够作为成鱼养殖的鱼种规格要求。苗种培育又分为鱼苗培育和鱼种培育。鱼苗培育是指从平游到2.5cm的阶段；夏花培育是指培育到2.5～4cm的规格，夏花鱼种培育到6～8cm，再经过分养培育到10～12cm为1龄鱼种培育。

黑鱼的催产较为简单，而鱼苗的培育是人工繁殖的关键。因饵料、水质等因素的影响，黑鱼的成活率不高，一般只有不到50%。所以在孵化过程中必须特别注意水质及水的调节，及时清除卵膜，防止卵膜污染水质。在卵黄吸收完后，注意开口饵料的衔接，才能保证有较高的成活率。

黑鱼的鱼苗培育主要有两种方式：一种是鱼苗直接放入土塘，成活率很低，现在很少有人采用；绝大多数采用集约化培育，效果比较好，这里主要介绍的就是集约化培育。

（二）鱼苗培育

鱼苗的培育是黑鱼整个养殖中的关键，这个时期比任何一个时期都重要，这个时期有一个死亡高峰期，这个死亡高峰期也是鱼苗整个发育阶段消化吸收系统的形成期，即卵黄吸收完，鱼苗的开口期。这个时期处理得好，鱼苗成活率就较高，如果处理得不好，就会出现大量的死亡，所以在实际工作中主要采用以下措施。

① 选择微流水的水泥池进行培育　水泥池的面积一般为10～20m^2，水深0.8m，放养密度1～1.5/m^2，采用定时换水的方法保证水的质量。

② 在卵黄快吸收完时，投放浮游动物幼体，个体控制在200μm以下，采用少量多餐的投喂方法，一般每4h投喂一次，以保证鱼苗的数量与浮游动物数量的比例为1∶40以上。经过3～4天的投喂，每次投喂的数量要逐步增加，次数减少，保持每天3次。据观察，鱼苗在出膜5～7天的死亡率较高，主要原因就是饵料的不可口造成消化不良；另一个原因就是肠胃中没有食物，也就是在从内源性营养转向外源性营养的过程中出现了食物缺乏或饵料不适口的现象，鱼苗出现了闭口，造成鱼苗死亡。所以，在此期间，要注意浮游动物的投喂数量和个体的大小。建议浮游动物捕捞网的网目在100～120目，捕捞的浮游动物要通过40目的网绢过滤，并用2%的食盐水消毒后投喂。浮游动物应该采用专池培育，培育方法在前面已经作了介绍。在饲料缺乏时，可以增加一些蛋黄或豆浆。

③ 在出膜1～7天这个阶段，鱼苗容易集群成堆，造成局部缺氧死亡或捕食困难，造成缺食死亡。应该通过搅动水体，驱散集群的办法，让鱼苗得到充分的溶氧和饵料，提高鱼苗的成活率。

④ 加强水质管理，如果是以孵化池培育鱼苗的，要加强换水，除去卵膜，防止卵膜影响水质。如果是换池培育的，应该每天换水一次，每次换水1/3～1/2，清除死苗、病苗、弱苗、畸形苗。

⑤ 此阶段是寄生虫病和水霉病的高发期。寄生虫主要是车轮虫和小瓜虫，如果感染数量较多，可造成鱼苗大量死亡，所以，在培育过程中应该采取预防在先的办法，在鱼苗放养前用0.5%硫酸

铜等药物进行消毒，蓄水池的水有条件的可以用生石灰或氯制剂等消毒剂提前处理。密切注意鱼苗的活动情况，时时用显微镜检查鱼苗体表、鳍条以及鳃上的寄生虫情况，发现情况及时处理。

当鱼苗喂养1星期左右后，鱼苗体长可达1～1.5cm，身体各个器官发育基本完善，活动能力增强了，主动捕食能力增加，食量也在增加，使池中的鱼苗活动及捕食受到密度限制，容易造成摄食不足和缺氧现象，如果不及时分养，体质分化明显，发病率会相应提高，影响鱼苗的成活率。所以应该抓紧时间进行分养、移池，降低密度，进行夏花鱼种的培育。

(三) 夏花鱼种及大规格鱼种的培育

夏花鱼种的培育也可采用水泥池或土池培育，当鱼苗长至2.5～4cm/尾，转入大池网箱培育成6～8cm/尾的鱼种。

1. 水泥池培育

(1) 鱼池条件 以长方形为好，面积20～30m^2，高1m，底部向排水口倾斜，排灌方便，水源充足，水质清新，配备增氧设备、排苗口和食台，食台可采用网绢用铁丝固定后放入水面下20cm处。在水泥池上架设遮阳棚，防止阳光直射。在放苗前10天左右进行彻底消毒。若是新建的鱼池，必须提前半个月用清水浸泡，也可在水中加入少量的米醋，除去水泥的碱性和有害物质。清洗数遍后加入经过消毒的新水，准备放苗。

(2) 放养密度 一般静水养殖池的放养量为500尾/m^{2}左右；微流水养殖池的放养量为800尾/m^{2}左右；最多可放1000尾/m^{2}左右。

(3) 饲料与投饵方法 刚下池的鱼苗，要仍以浮游动物为食，要用40目筛过滤出大型浮游动物。当鱼苗长到2cm/尾以上，每天投喂2～3次浮游动物，要放置在食台上。食台面积1～2m^2，架设在低于水面20cm左右处。投喂量一般为0.5～1kg/万尾。

饲养15天左右，可以在饵料中逐步加入部分鱼糜。大约20天后逐渐替代浮游动物，日投喂量为1～1.5kg/万尾，日投喂4次。

(4) 饲养管理

① 水质调节：水泥池面积小，饲养密度大，鱼苗排泄的粪便

多，剩饵腐烂变质都会影响水质，水质调控直接影响鱼苗的成活率。因此，每天清污一次，同时打扫食场，清除剩饵。静水养殖池每1～2天换水1次，每次换水1/3。微流水池应该保持微流水状态。为保证养殖池的溶氧，增氧机要24h开启，但在摄食时停止。

② 及时分养：黑鱼也有食弱的现象，所以在饲养一段时间后要进行分池，一般10天左右分池一次，进行大小分开饲养，不仅有利于大规格的鱼苗生长，也有利于小规格的鱼苗获得更多的饵料，加速生长。一般经过2～3次换池分养后，规格可达3～4cm/尾。

③ 巡塘：巡塘的目的就是通过观察鱼苗的活动情况、摄食情况，了解鱼苗的身体状况，及时发现问题，采取合理的解决办法。若发现有集群停滞在水面、反应迟钝或离群独游、鱼苗的反应力下降、体色发生变化等现象，应引起注意。根据水质、鱼体摄食情况、活动情况、季节，调整投饵量，及时采取防病治病措施。另外，巡塘时还要注意检查进排水口，防止逃苗、漫苗。

2. 网箱培育

网箱培育采用在池塘中架设网箱的办法，池塘要求进排水方便，水源水质清新，水源充足，池塘面积大小不定，可以根据苗种培育的规模选定池塘。

(1) 网箱设置 网箱采用8～16目的软质夏花网布制成，规格10～30m^2，深1m，长方形为好。架设网箱时，每箱间距应不小于2m，保证网箱的水流通畅。网箱架设采用木料或竹竿固定，网箱可以随水位升降。网箱底部要求平坦，离池底50cm以上。网箱应加网罩，防止鸟类的侵袭。

(2) 水质培育 培育池应该在放苗前10天左右彻底清塘，清塘办法按照传统方法进行。5天后加注新水。每667m^2加发酵后的人畜禽粪便200kg，培育浮游动物。放苗后，应该注意水质变化，经常加注新水，防止水质老化，保持池水水质。

(3) 放养密度 网箱培育放养的鱼苗规格为3～4cm/尾，要求规格整齐，放养密度为600尾/m^2。

(4) 投喂 如果有条件，夏花鱼种的饵料仍然以浮游动物为主，搭配少量的水蚯蚓等。一般情况下，在此阶段开始驯食，以死水蚤、鱼糜做成的混合料投喂。在网箱中搭建一个 0.5～1m^2 的食台，食台低于水面 20cm 左右。每天投喂量为 1～1.5kg/万尾鱼，为鱼种总重量的 5%～10%。1 星期左右，增加 0.25kg，每天投喂 3～6 次，以投喂后 30min 吃完为好。如果投喂的饲料被鱼种迅速吃完，应该增加投喂量，如果投喂后 30min 后还有剩余，应该减少投喂量，要灵活掌握投喂量，防止投喂过多影响水质或鱼种吃了腐败变质的饵料引发肠道疾病。在投喂过程中，应该逐步减少水蚤的含量，增加鱼糜的含量，直至鱼种完全适应单纯的鱼糜喂养。如果选用黑鱼配合饲料喂养，可以把幼鱼配合饲料的破碎料与水蚤混合投喂，最先以水蚤 80%、配合饲料 20%，鱼种适应了这种配比喂养后，逐步减少水蚤的含量，增加配合饲料的含量，直到最后完全采用配合饲料喂养。驯养成功后，今后的大规格鱼种培育和成鱼养殖都可以采用配合饲料喂养。

(5) 日常管理 每天上午必须对网箱进行清洗，防止污物和固着藻类封闭网眼，影响水体交换造成网箱内水质恶化和缺氧。在清洗网箱的同时，对食台进行清洗并消毒，防止残饵污物腐败变质影响水质。网箱饲养 1 周后，应该换箱 1 次，并在换箱的同时对鱼种进行分筛，进行大小分养。经过 3～4 次换箱，即经过 4～5 周的培育，可以达到 8～12cm/尾。

(6) 巡塘 每天坚持早晚 2 次巡塘，观察鱼种的活动情况、摄食情况、病害情况以及水质情况等。

3. 池塘培育

(1) 池塘准备

① 池塘条件：面积 300m^2 左右，池深 1m，池埂结实，不渗漏，底部平坦无淤泥，进排水方便，防逃设施完备。

② 清整池塘：按照常规办法进行清塘。

③ 水质培养：在鱼种下塘之前 1 星期左右注入新水，水位控制在 40～50cm，每 667m^2 投放 300kg 左右发酵好的人畜禽粪肥，培育浮游动物，或者用菌肥和浮游动物培育糖浆培育浮游动物。施肥时间与鱼苗孵化时间一致，这样鱼苗下塘后有足够的浮游动物提供给鱼苗摄食。

(2) 放养

① 放养密度：鱼苗的放养密度根据浮游动物的丰歉而定，一般控制在50万～60万尾/667m²。经过20天的培育，鱼苗长至3～4cm/尾时分池1次。分养按照2万～4万尾/667m²放养，培育到10cm/尾。也可一次性放养5万～10万尾/667m²长至10cm/尾。一般来讲，经过分养的成活率要高一些，一次性放养成活率要低一些。

② 鱼苗培育中应该注意的问题：

a. 鱼苗放养应该同一批放养，不能有多批或不同规格的鱼苗同池放养。

b. 鱼苗在移动过程中应该带水移动，避免离水操作，以免损伤鱼苗。

c. 鱼苗在分筛过程中要带水作业，谨慎操作，防止鱼苗受伤。

d. 鱼苗下塘之前应该试水，防止鱼苗下塘之后不适或中毒引起鱼苗死亡或影响鱼苗生长。

e. 掌握好下塘时的温差，防止温差过大对鱼苗产生影响，温差不能超过±2℃，最好在鱼苗下塘之前把尼龙袋放在水中适应一段时间，待尼龙袋中的水温与池塘水温基本一致后把鱼苗放入池中。

f. 池中四周最好培养水葫芦或水花生，用毛竹或绳子固定，使鱼苗可以在植物下躲避、栖息。植物的面积应该控制在池塘面积的1/5左右。

g. 鱼苗应选择在晴天无风的时候放养，如果遇到有风的天气，应该选择在上风口放养。

h. 鱼苗下塘时，应该轻拿轻放，让水慢慢进入尼龙袋后轻轻倾斜尼龙袋，让鱼苗慢慢游进池塘。放鱼苗时把水搅混，以免呛死鱼苗。

(3) 管理

① 及时追肥：鱼苗下塘后，以浮游动物为食，随着鱼苗的生长和摄食量的增加，浮游动物的数量会越来越少，因此应该追肥，增加浮游动物的数量。可采用常规的追肥方式进行，具体方法在前面“第五章第三节　饲料”中有介绍。

② 一周后开始投饲，每万尾鱼苗每天投喂活水蚤0.5kg，并根据水质灵活掌握追肥时间或追肥多少。

③ 在饲养2～3周后，鱼苗长至2.5～3cm时，在培育池中搭建两个食台，每个食台1～2m²，用网绢制作，放置在低于水面20cm左右处。

④ 经过4周左右的喂养，鱼苗长至6cm以上时，采用鱼糜加配合饲料破碎料混合驯化喂养，驯化方法同前面介绍。经过2～3周的喂养，鱼苗可以长至8～12cm。

⑤ 及时拉网分池：通过拉网、分筛，适当分养，可以提高鱼苗的成活率，促进鱼苗生长。拉网前1天停食，安排在晴天上午8、9点为好。拉网时要选择合适的网具，谨慎操作，防止鱼苗受伤。

⑥ 水质管理：在养殖过程中，要及时加水、换水，保证水质良好。一般经过1星期的饲养后，每隔一段时间加水10cm左右，以后每次加水10cm，直到加至80cm，以后采用换水的方式调节水质，每次换水不得超过1/3。

⑦ 日常管理：每天坚持早、中、晚三次巡塘。观察水质变化情况，特别是在天气炎热、气压较低、阴雨天气、水质较肥的情况应该加强巡塘。同时观察鱼苗活动情况、摄食情况，并通过观察掌握的情况及时调节水质、灵活掌握投饵和对鱼病的预防。防止鱼苗集群，防止鱼苗被风浪冲至鱼池下风或岸上。并对有害生物如水蛇、水鸟、青蛙、青苔等及时驱赶或清理。鱼病防治以预防为主，一般每隔20～30天全池泼洒生石灰1次，浓度为10～20mg/L，或晶体敌百虫（含量90%），浓度为0.3～0.5mg/L。注意进排水口的检查，防止苗种逃逸。

五、成鱼养殖

（一）池塘养殖

1. 池塘条件

黑鱼的池塘养殖一般都是采用高密度的养殖方式，投喂的饵料蛋白质含量较高，换水十分频繁，所以，必须水源充足，水质清新，排灌方便，水质必须符合渔业用水标准。池塘面积667～3335m² (1～5亩)，水深1.5～2m，泥质池底。池四周用砖、竹篱笆或塑料网加高0.5m左右，防止黑鱼跳出逃逸。池面种植1/5面积的水葫芦作为黑鱼隐蔽或避暑之处。注水应从池顶离池壁30cm处进水，防止黑鱼顶水逃逸或与池壁摩擦受伤染病。

2. 鱼种放养

放养规格10～15cm/尾，数量3000～5000尾/667m²。搭配花鲢50尾，规格500g/尾；白鲢250尾，规格300g/尾；鲫鱼1000尾，规格150～180尾/kg。放养前用3%～4%的食盐水浸泡20min后下池。

3. 饲料

目前喂养黑鱼的饲料主要有两种：一种是冰鲜鱼；另一种为黑鱼配合饲料。

4. 喂养方式

每天投喂2次，早晚各一次，投喂量为鱼体重的5%～7%，最多不能超过10%。如果采用配合饲料，必须在体长2cm时开始驯化，以后除特殊情况最好不要再投喂活饵料。

黑鱼除了耐低氧以外，还对水温有较高的适应能力，所以一般夏天也是黑鱼快速生长期，在夏季的投饵量不仅不能减少，而且要增加，促进黑鱼快速生长。

投饵要坚持"四定"原则和"四看"方法，根据具体情况灵活掌握每天的投喂量。首先要训练黑鱼定时定点吃食的习惯，在投喂前以击拍声为"信号"形成"感官"反应，把黑鱼集合到食场周围，容易形成抱食局面，提高摄食量，减少饵料浪费。饵料种类以鲜动物为主，主要是海水或淡水小杂鱼、虾。淡水中有餐鲦、麦穗、沙里爬、小鲫、小马非、鳑鲏鱼、青稍、小青虾等，海水的有沙丁、青（黄）鱼等各种小杂鱼。黑鱼吃食旺季，鱼饵量大约为鱼重的8%，高者可达10%以上。吃食淡季为3%～4%。不能投喂腐烂变质的饵料。投饵方式采用"慢—快—慢"投喂效果好，饲料浪费少，大部分鱼吃饱后跑掉即可停喂。根据天气的好坏、气压高低、水质好坏、鱼的活动情况调整摄食量。

配合饲料主要有两种：一种是硬性颗粒饲料；另一种是膨化颗

粒饲料，蛋白质含量都在40%以上。可以根据不同情况进行选择。硬性颗粒饲料最好采用人工投喂，以大部分鱼吃饱游走为停食标准。也可以采用投饵机投喂，采用投饵机投喂要根据鱼的活动情况、季节、天气情况和水质情况，在每天核定的投饵量上进行灵活掌握，要多观察鱼的摄食情况，及时调整投喂量。要训练黑鱼在水面吃膨化饲料的习惯，每次的投喂量要以在2h内吃完为止。投喂时最好在池中放置一个固定的投喂框，把饲料投放在饲料框中，使黑鱼能够在固定的地方摄食，以免因为风浪的作用使饲料漂流到下风处，影响鱼的摄食。

5. 日常管理

主要做好以下几个方面的工作。

(1) 巡塘 观察鱼的摄食、活动、水质变化，有无浮头预兆，有无病鱼等，发现问题应及时处理。

(2) 换水 黑鱼每天摄入高蛋白饵料，池水中氨的浓度较高，特别夏季水温高，水体很容易变坏。为此需要及时更换水体，一般每2～3天换去1/3，1星期换去4/5，具体看水质的变化灵活掌握，有条件的地方，最好保持微流水养殖，养殖期间水温以不高于30℃为好。

(3) 防逃 黑鱼种放养初期，鱼种尚小，跳跃能力较差。当逐渐增长，跳跃能力增强较大，尤其是在雨天换水时或清晨跳跃十分活跃，因此池埂离水面高度一般应大于50cm，进排水口要安装结实的防逃网，池四周安装防逃网或防逃墙。

(4) 增氧机的应用 虽然黑鱼耐低氧，但丰富的溶氧会利于鱼类生长，因此在养殖中应该每个池配备一个增氧机，增加池水溶氧。溶氧机的科学使用参见大口鲶“六、成鱼养殖”。

(5) 疾病防治 疾病要做到预防为主，做到早发现，早治疗。具体方法在后面有专门介绍。

(6) 防鸟 黑鱼有时喜欢在水面活动或静卧水面，容易受到鸟类的攻击，所以，有条件的要在鱼池上方加水丝网防鸟，保证黑鱼成活率。

(7) 记好日志 要坚持每天记日志，记录每天鱼的吃食情况、活动情况、天气情况以及病害情况等，为日后的总结和经验的积累提供素材。

6. 捕大留小

如果价格合适，有条件的可以在养殖过程中把达到上市规格的个体捕捞上市，一方面可以增加收入，加快资金回笼；另一方面，可以疏松养殖密度，加快其他鱼类的生长，提高鱼产量，增加养殖收入。

(二) 网箱养殖

1. 养殖水域条件

① 交通方便，电力供应有保证。

② 应选择避风向阳、底部平坦、常年水深在 4m 以上、水位变化不大的水域。

③ 不靠近主航道和水利设施，如果是峡谷型水库，不要靠近上洪水入库的地方。平原型水库最好不要靠近农田密集的地方，防止农田径流水带来的农药污染。

④ 水面较为宽阔，水流平缓，水的流速在 0.1m/s 以内。

⑤ 环境安静，没有大的噪声。

⑥ 水质清新、无污染源，透明度在 60cm 以上，水质呈弱碱性为好，溶氧量在 4mg/L 以上。

⑦ 尽量远离人类活动频繁的地方，防止偷鱼或破坏。

2. 网箱的制作

(1) 材料 聚乙烯网片。

(2) 网箱面积 25～40m^2。网高：3～3.5m。网目：1～1.5cm。加盖网，盖网上有 1 个 50cm×60cm 的活口，平时封闭，投饵时打开。

3. 网箱的设置

(1) 架设材料 一般采用毛竹或镀锌钢管做成框架支撑网箱。网箱高出水面 50cm。

(2) 浮子 采用泡沫或油桶作为浮子，把网箱架固定在浮子上。

(3) 沉子 采用石头或铁锚通过钢绳固定，或通过钢绳固定在岸上，使网箱可以随着水位的变化而变化。但不得漂移。

(4) 网箱的布设 网箱底必须离水底 1m 以上。网箱呈“一”

或“品”字排列，箱距 2m 以上，每列间距 20m 以上，保证水流通畅，溶氧充足。

4. 鱼种放养

(1) 放养规格 8～12cm/尾或 20～30 尾/kg。

(2) 放养密度 45～60 尾/m^2。

(3) 放养注意事项

① 网箱在下水之前用 20mg/L 的高锰酸钾浸泡数小时后清洗干净，在阳光下晾晒 2h 以上。

② 网箱提前 1 星期左右下水，让网箱上长些固着藻类，使网箱光滑，可防止鱼体擦伤。

③ 选择的鱼种要经过拉网锻炼，并暂养 1～2 天，排干体内粪便，利于运输，也可让黑鱼尽早适应密集环境，提高成活率。

④ 每个网箱的鱼种应该规格一致，无病无伤，体质健壮。

⑤ 进箱前用 2%～3%食盐水浸泡鱼种 20min 后直接进箱。

⑥ 选择晴天无风的天气放养，注意运输容器与养殖水域的温差，温差不能超过 3℃。

5. 喂养

黑鱼网箱养殖要遵循“四定”投喂的原则，采用“四看”的方法进行喂养。

(1) “四定”

① 定质：黑鱼是典型的肉食性鱼类，饵料要保持新鲜适口，不能投喂发霉、腐烂、变质的饵料。黑鱼进箱 2 天内不投饲，让其充分饥饿，如果用冰鲜鱼投喂，在第 3 天用新鲜猪肝与冰鲜鱼切碎混合后喂养，这样可以使鱼种尽快摄食。如果采用配合饲料则用猪肝与饲料混合喂养后，逐步减少猪肝的用量，最后完全采用配合饲料喂养。

② 定量：每天的喂养量可以根据全年的饲料估算量，按照每月的用量量化到每天，每天的投喂量要根据天气、水质、季节以及鱼的活动情况进行合理调整，保证吃到“七八成饱”为宜，研究表明，这个比例饲料的利用率较高，过多消化不良造成浪费，过少则影响生长速度。建议采用手工投喂的办法喂养，首先培养鱼类适应某种声音形成的条件反射进食的习性，采用“慢—快—慢”的节奏

投喂。先少量投喂，引诱鱼种到水面抢食时，加快投喂速度和投喂量，待鱼种抢食速度变慢时，要放慢投喂速度，待大部分鱼吃完游走后停止喂食，一般每个网箱的投喂时间控制在10～15min。

③ 定位：为防止饵料的浪费和沉入箱底腐烂变质，一般都采用搭建食台的方式，把饵料投喂到食台，便于管理和观察。

④ 定时：一般每天在固定的时间投喂2～3次。

(2)“四看”

① 看鱼的活动情况：通过鱼类的活动可以知道鱼类的健康状况，根据健康状况可以判断它们进食的多少。一般身体健康，活动活跃，摄食量较大，应该适当增加投喂量。如果活动比较迟钝或呆滞，摄食量就会减少，应该减少投喂量，并要找出原因，提出解决办法。

② 看水质：水质优良，鱼类摄食量会增大，水质出现问题，鱼类的摄食量就会减少，要根据水质的好坏及时调整投喂量。

③ 看季节：不同的季节鱼类的摄食量是不同的。黑鱼各季节的投喂量与一般鱼类有所不同。网箱养殖中，鱼种进箱后就基本进入黑鱼的摄食旺季，整个夏季都是黑鱼的摄食旺季，这是黑鱼与其他鱼类最大的区别。秋季黑鱼的摄食量也较大，到深秋后要进行调整，减少投喂量。

④ 看天气：鱼类生活在水中，不同的天气变化也会反映到水质的变化，恶劣天气下，少投饵或不投饵，天气晴朗多投饵。

6. 日常管理

(1) 网箱检查 采用定期检查和重点检查两种。一般1周检查1次。发现问题及时处理。在洪水、台风或水位陡降陡升时重点检查。

(2) 适当移箱 根据具体情况进行适当移箱，保证网箱在水质条件最好的水域。

(3) 及时换箱 黑鱼生长速度较快，又有食弱的习惯，个体差异较大时，会出现相互撕咬的现象，会引发鱼病的发生和成活率降低，一般养殖1～2个月后要进行分箱，大小分开饲养，适合大规格的鱼种更好地生长，小规格的鱼种加快生长速度。

(4) 防止敌害的侵袭 防止凶猛性鱼类和老鼠等咬破网箱逃鱼

或吃鱼。如发现其他鱼、螃蟹、甲鱼、老鼠等咬破网箱，应采取措施防范。

(5) 清洗箱 每隔一段时间对网箱进行清洗，防止水绵、丝状藻等堵塞网眼，影响水体交换。

7. 病害防治

病害防治可参照后面介绍的方法进行。

六、病害防治

(一) 出血病

[症状] 病鱼鳍条基部、腹部、尾部等有血斑，身体暗黑而消瘦，眼球突出，皮下呈点状或块状充血、出血（图 8-32，彩图）。严重的全身呈鲜红色，鳃丝发白，即呈“白鳃”现象，肠内无食、肠壁充血。

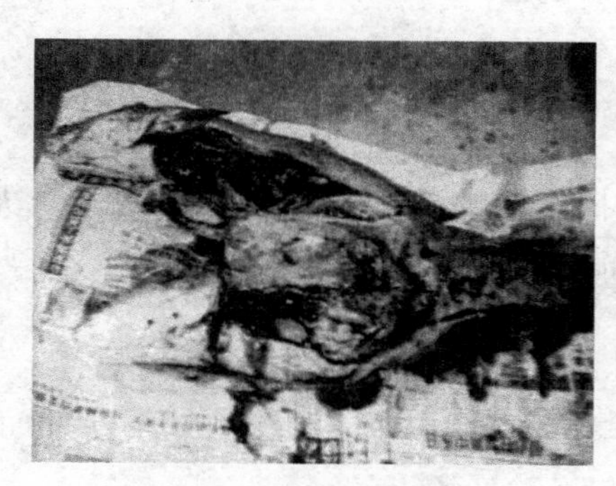

图 8-32 出血病病症解剖图

[发病对象] 鱼种。

[发病季节] 每年 6～9 月为主要发病期。流行水温 27～30℃。

[原因] 放养密度过大，水质恶化，水中溶氧低，透明度低。

[防治办法]

① 冬季捕鱼之后，清除池底淤泥，用 150～200kg/667m^2 的生石灰全池泼洒消毒。

② 选用新鲜无病的饵料鱼投喂，饵料投喂前最好用 3%～5% 的食盐溶液浸泡 30～60min 消毒。

③ 提高水位，增加换水次数，改良水质，增加红虫等黑鱼喜爱食物的投喂量。

④ 发病季节，水深1m的池塘，每667m^2用生石灰25kg，加水溶解后全池泼洒，每月1次。

⑤ 博灭特0.5～1mg/L全塘泼洒，并拌喂不溶性氟哌酸原粉5g/kg饲料，连喂3～5天。

⑥ 百杀迪0.2～0.3mg/L全塘泼洒，并拌喂利福平原粉4g/kg饲料，连喂3天。

（二）白皮病

[症状] 病鱼背鳍下方或尾柄处在初期发病时出现白点，尾柄处发白，并迅速蔓延扩大。随着病情的发展，迅速扩展蔓延，严重时病鱼尾鳍慢慢烂掉或残缺不全，病鱼游泳不能平衡。头部向下，尾部朝上，与水面垂直，时而做挣扎状游动，时而悬挂水中，不久死亡。

[发病对象] 夏花鱼种。

[发病季节] 每年6～8月为流行季节。

[原因] 因操作不慎，碰伤鱼体或水质恶化，尤其放了没有充分发酵的粪肥，病原菌更易滋生和繁殖，容易发生此病。死亡率高达50%以上，从发病到死亡只有2～3天。

[防治方法]

① 发病时全池泼洒漂白粉（有效氯30%），使池水药物浓度为1mg/L。

② 定期充换新水或泼洒生石灰、养殖宝、海中宝等药物调节水质，以保持水质爽洁。

③ 二氧化氯等消毒药物水0.3mg/L全池泼洒，连用2天。

④ 五倍子4～5mg/L全塘泼洒，隔日再用一次。

⑤ 大黄粉3mg/L煮水全塘泼水，并拌喂溃疡平或鱼夫宝，3～5天为一疗程。

（三）水霉病

[症状] 卵膜外丛生大量外菌丝，外菌丝呈放射状（图8-33，彩图）。

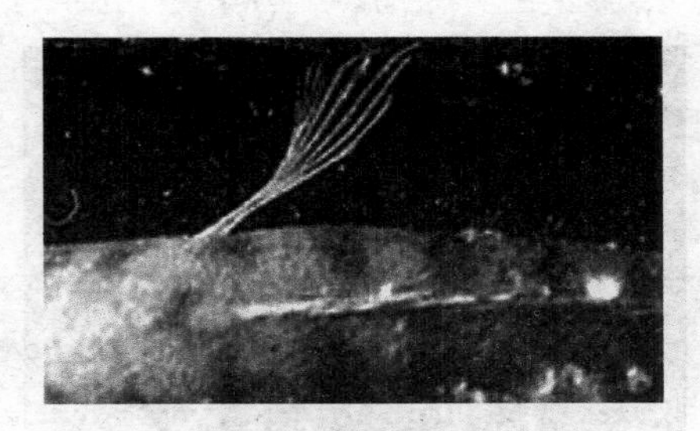

图 8-33 成鱼水霉感染图

[发病对象] 受精卵、冬季和早春受伤鱼。

[发病季节] 孵化季节。

[原因] 水质不良，水霉感染未受精鱼卵所致。

[防治方法]

① 对孵化水源消毒，杀灭致病菌。

② 及时清理出未受精的鱼卵。

③ 用水霉净全池泼洒。

④ 严格用药物消毒孵化池和池塘，保持水体清新，水温低的季节做好防虫、防冻伤鱼的工作。

(四) 小瓜虫病

[症状] 病鱼皮肤、鳍条或鳃瓣上布满了白色小点状囊泡，严重时体表覆盖一层白色薄膜。病鱼行动迟缓，漂浮于水面，鱼体不断与其他物体摩擦，最后病鱼呼吸困难死亡。

[发病对象] 无年龄选择。

[发病季节] 春秋两季。

[原因] 水质恶化，水温适宜，造成小瓜虫大量繁殖。

[防治方法] 可用硫酸铜与硫酸亚铁合剂（比例为5∶2）全池泼洒，使池水浓度达0.7mg/L。

(五) 车轮虫病

[症状] 病鱼黏液增多，鱼体大部分或全部呈白色（图8-34，彩图），游动缓慢，鱼体消瘦，呼吸困难而死。

[发病对象] 鱼苗鱼种。

[发病季节] 4～7月较流行，适宜温度20～28℃。

图 8-34　车轮虫感染图

［原因］ 水质不良、饵料不足、密度过大、连续下雨等情况引发车轮虫大量繁殖。

［防治方法］

① 用硫酸铜和硫酸亚美合计（比例为 5∶2）全池泼洒，使池水含量为 0.7mg/L。

② 苗种分塘、转池、越冬时用 8mg/L 的硫酸铜溶液浸洗 10～15min。

③ 毒虫一号 0.1mg/L 全池泼洒。

④ 每 667m^2 用苦楝树 20～30kg 煮水泼洒，连用 2 天。

（六）鳍子宫线虫病

［症状］ 寄生在黑鱼的背鳍、臀鳍、尾鳍的鳍条之间，雄虫寄生在鱼的鳔和肾内，一般肉眼难以看出症状。

［发病对象］ 成鱼、亲鱼。

［发病季节］ 冬季、春季。

［防治方法］

① 用 3%～5%的食盐水浸泡病鱼 10～20min。

② 用晶体敌百虫（90%）和面碱混合泼洒（比例为 5∶3），浓度为第一天 0.2mg/L，第二天 0.3mg/L。

（七）萎瘪病

［症状］ 因饵料不足鱼体消瘦，离群独游，萎瘪而死，鳃丝花

白，严重贫血。

[发病对象] 夏花鱼种和成鱼。

[原因] 由于放养过密，饵料不足所致。

[防治方法] 在放养过程中放养规格要一致，密度适中，饵料适口、充足，当发现营养不良时，要及时增加营养。

（八）肝胆坏死病

[症状] 病鱼体软无力，游动缓慢，常常靠在岸边，解剖内脏可见肝脏变黄或变白，表面分布有白色或绿色或黑色的脓点，肝脏肥大，部分病鱼胆汁变清。部分严重的病鱼肠道有充血现象。

[流行情况] 此病流行于每年的 6～11 月份高温季节，为严重危害生鱼养殖的疾病之一。

[原因] 由于水体亚硝酸盐浓度太高，或长期过量投喂，常会导致此病的爆发。

[防治方法]

① 用药之前先调水，可用海中宝和亚硝酸盐降解剂降低水中的毒性和亚硝酸盐。

② 百杀迪 0.2～0.3mg/L 全塘泼洒，连用 2 天，并拌喂氟哌酸原粉 4～6g/kg 料，一天两次，连喂 3～5 天为一疗程。

③ 强毒净 0.8～1mg/L 全塘泼洒，隔一天再用一次，并拌喂抗生素原粉，连用 3～5 天。

七、黑鱼养殖的关键技术

① 用于繁殖的黑鱼亲本不能超过 1kg，否则繁殖效果不理想。

② 黑鱼催情产卵不难，以自然繁殖为主，但要注意收集鱼卵或仔鱼，虽然黑鱼有护仔的习性，但是在池塘中进行自然产卵也会出现其他亲鱼伤害鱼卵和仔鱼的现象，要及时收集鱼卵和仔鱼。

③ 孵化中要注意水霉病，及时清除未受精的死卵，防止水霉感染。

④ 鱼苗开口饵料要适口、充分，不得有缺食现象，开口饵料解决的好，可以大幅度提高鱼苗的成活率。

⑤ 鱼苗培育阶段防止鱼苗集群造成局部缺氧死亡，要及时驱散鱼群。

⑥ 驯食最好在 2cm 时进行，越往后驯食效果越不理想。

⑦ 无论是苗种、鱼种和成鱼养殖都要注意规格一致，不能把不同规格的个体放在一起养殖，一定要分开喂养。同规格的在养殖过程中也要及时分养。

⑧ 黑鱼虽然耐低氧，对水质的要求也没有其他鱼类严格，但也要注意水质变化，做到勤换水，勤增氧，为黑鱼提供良好的生活环境有利于提高产量。

⑨ 根据黑鱼的习性，可以实现养殖产量的最大化，可以在条件许可的情况下，尽量挖掘生产产能。

⑩ 黑鱼池塘养殖中应该搭配一些调水鱼和能够摄取腐殖质的鱼类，如花鲢、白鲢的搭配可以在一定条件下起到调节水质的作用，鲫鱼的搭配，可以消耗池中一定的腐殖质，也可以起到缓解水质恶化的作用。

⑪ 黑鱼有较强的抗病能力，但要注意放养密度、水质调节、同规格放养、及时分养、谨慎操作、科学投饵等事项可以大幅度减少疾病的发生。

第五节　黄颡鱼

一、生物学特性

（一）营养价值

黄颡鱼（图 8-35）是淡水鱼类中味道鲜美、营养丰富的一种

图 8-35　黄颡鱼

优质鱼类，肉质细嫩，无小刺。每100g含热量124kcal，硫胺素0.01mg，钙59mg，蛋白质17.8g，核黄素0.06mg，镁19mg，脂肪2.7g，烟酸3.7mg，铁6.4mg，碳水化合物7.1g，锰0.1mg，维生素E 1.48mg，锌1.48mg，胆固醇90mg，铜0.08mg，胡萝卜素0.8μg，钾202mg，磷166mg，视黄醇当量71.6μg，钠250.4mg，硒16.09mg。

(二) 黄颡鱼的种类

黄颡鱼的种类较多，有瓦氏黄颡鱼、岔尾黄颡鱼、盎黄颡鱼、塘黄颡鱼、中间黄颡鱼、细黄颡鱼、江黄颡鱼、光泽黄颡鱼等。

1. 岔尾黄颡鱼

吻短。须4对，上颌须长，末端超过胸鳍中部。体无鳞。背鳍硬刺后缘具锯齿。胸鳍刺与背鳍刺等长，前、后缘均有锯齿。脂鳍短。臀鳍条21～23。尾鳍深分叉。鼻须全为黑色。为江河、湖泊中常见鱼类，尤以中、下游湖泊为多。营底栖生活。食昆虫、小虾、螺蛳和小鱼等。个体不大。分布于长江水系。

2. 江黄颡鱼（硬角黄腊丁、江颡）

头顶覆盖薄皮。须4对，上颌须末端超过胸鳍基部。体无鳞。背鳍刺比胸鳍刺长，后缘具锯齿。胸鳍刺前缘光滑，后缘也有锯齿。腹鳍末端达臀鳍。脂鳍基部稍短于臀鳍基部。臀鳍条21～25。为底层鱼类。江河、湖泊中均能生活，尤以江河为多。主食昆虫幼虫及小虾。最大个体1kg左右。分布于长江和珠江水系。

3. 光泽黄颡鱼（尖嘴黄颡、油黄姑）

吻短、稍尖。须4对，上颌须稍短，末端不达胸鳍基部。背鳍刺较胸鳍刺为长，后缘锯齿细弱，胸鳍刺前缘光滑，后缘带锯齿。腹鳍末端能达到臀鳍起点。脂鳍基部短于臀鳍基部，臀鳍条22～25。尾鳍深分叉。江湖中、下层生活。食水生昆虫和小虾。4～5月在近岸浅水区产卵。生殖时，雄鱼在水底掘成锅底形圆穴，上面覆盖水草，雌鱼产卵于穴中，雄鱼守候穴旁保护鱼卵发育。个体不大，常见体长为80～140mm。分布于长江水系。

4. 瓦氏黄颡鱼（硬角黄腊丁、江颡、郎丝、肥坨黄颡鱼、牛尾子、齐口头、角角鱼、嘎呀子）

在分类学上属于鱼鲶形目，鲿科鱼类，在中国长江、珠江、黑龙江流域的江河、与长江相通的湖泊等水域中均有分布，均能形成自然种群，瓦氏黄颡鱼是中国江河流域水体中重要的野生经济型鱼类。瓦氏黄颡鱼喜栖息于江河缓流江段及江河相通湖泊水体，底栖生活，其肉质细嫩、味道鲜美、无肌间刺、营养丰富，极受消费者欢迎。瓦氏黄颡鱼比黄颡鱼大得多，最大个体可达1kg以上。

（三）栖息特性

黄颡鱼分布很广，除西部高原地区以外，我国水域都有分布。虽然个体小，但产量很大。多生活在湖泊静水或江河缓流水中，尤其喜欢生活在具有腐败物和淤泥的浅滩处。白天一般潜伏在水体底层，夜间觅食，冬季聚集在深水区越冬。黄颡鱼对不良环境的适应性比较强，因而分布于各种水域。黄颡鱼属于温水性鱼类，生存温度0～38℃。最佳生长温度25～28℃，pH值范围6.0～9.0，最适pH值为7.0～8.4。水中溶氧在3mg/L以上都能正常生活，低于2mg/L时出现浮头，低于1mg/L会窒息死亡。

（四）食性

黄颡鱼是典型的以动物性饵料为主的杂食性鱼类，食性广泛，主要摄食小鱼、虾、浮游动物、水生昆虫的幼虫、蚌、螺蛳等，偶尔也食水生植物及其果实。幼鱼阶段以轮虫、枝角类、水蚯蚓、丝蚯蚓及水生昆虫等小型水生动物为食。

（五）生长

黄颡鱼属于中小型鱼类，生长速度较慢，2龄鱼平均规格为50～150g，3龄鱼平均规格为150～250g。雄鱼的生长速度比雌鱼快1～2倍。

（六）繁殖特性

黄颡鱼的性成熟年龄为2年以上，雄性为3年以上，性成熟的雄鱼在肛门后面有一个生殖突，雌鱼没有。全长12.3～17.8cm的绝对怀卵量为1028～6525粒。繁殖季节水温为21～30℃。最佳水温为 23～28℃。长江中下游繁殖期为 5～7 月中旬。

二、人工繁殖技术

（一）亲鱼的收集

黄颡鱼的亲鱼可以从自然水域中收集，也可以从池塘套养的黄颡鱼中收集。为保证黄颡鱼苗种的质量，利用池塘套养的黄颡鱼中选择亲鱼应该只选择雌鱼，雄性可以从外面购买。黄颡鱼的亲鱼应该选择体质健壮、无病无伤、规格整齐的达到性成熟的个体，雌性应选择 2 龄以上的个体，体长 15cm，体重 100g 以上；雄性体长 20cm，体重 150g 以上。

（二）亲鱼培育

亲鱼培育池一般为 2001～3335m^2（3～5 亩），水深 1.2～1.5m 的池塘，底质平坦，底部淤泥较少。要求水源水质良好，水量充足、无污染，排灌水方便，环境安静，离孵化设施较近。池塘按照常规要求进行清塘消毒并用发酵后的人畜禽粪培育浮游动物，也可用 3～5kg/667m^2 的生物菌肥全池泼洒，5～7 天后浮游动物大量繁殖后投放亲鱼。亲鱼放养量为 2000～3000 尾/667m^2，150～200kg。可以搭配花、白鲢等调水鱼，每 667m^2 放养规格 250g/尾 100 尾，花鲢 20 尾，规格 400g/尾，不得搭配鲤鱼、鲫鱼。采用人工饲料喂养，蛋白质含量不得低于 42%。水温 10℃以上时，日投喂量为池鱼重量的 1%；15～20℃时，日投喂量为 2%；20～25℃时，日投喂量为 4%～5%；28℃以上，日投喂量为 2%。每天上午 8～10 时和下午 5～6 时各投喂 1 次。如果是从自然水域中收集的亲鱼，还要进行驯食。驯食的方法为，先用鱼糜喂养 3 天左右，待鱼吃食正常，可以掺入 20%的配合饲料，正常摄食后，掺入 40%的配合饲料，这样直到全部用配合饲料替代而且摄食正常为止。

在培育过程中，每隔 7～10 天加水 1 次，每次换水 20cm。每 10～15 天用生石灰化浆全池泼洒 1 次，泼洒浓度为 10mg/L。每天下午开增氧机 1～2h。特别是在催产前 1 个月，必须每天冲水 2h，有助于提高催产率。在培育过程中不使用对黄颡鱼敏感的敌百虫、菊酯类药物。

(三) 催产

1. 催产池

催产池选用流水水泥池，面积 6～10m^2，水深 0.8m。

2. 催产年龄

雌鱼 2 龄，雄鱼 3 龄。

3. 催产时间

催产期一般在 4 月底至 6 月下旬，5 月下旬为最盛，水温 21～30℃，最适水温 24～28℃。

4. 亲鱼的选择

雄鱼个体大于雌鱼，一般在 150g 以上，雌鱼在 100g 以上。雌鱼腹部膨大而松软，尤其是后半部，仰腹可见明显的卵巢轮廓，手摸松软而有弹性，生殖孔松弛而圆润，色泽红润。雄鱼精巢高度分支呈指状，每次排出的精液量很少，一般挤不出精液，生殖突细长（图 8-36，彩图），末端呈深红色，生殖突长 0.5cm。

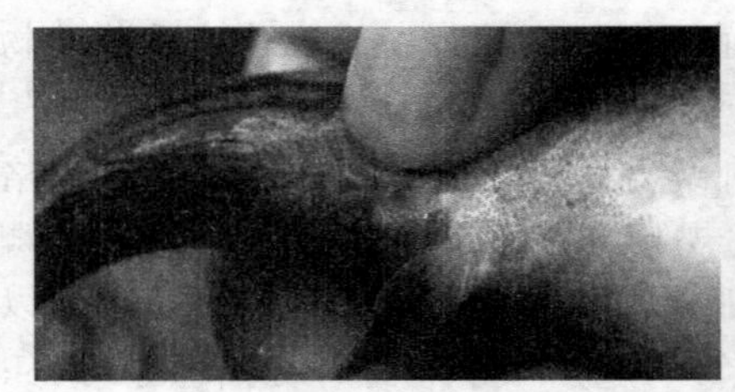
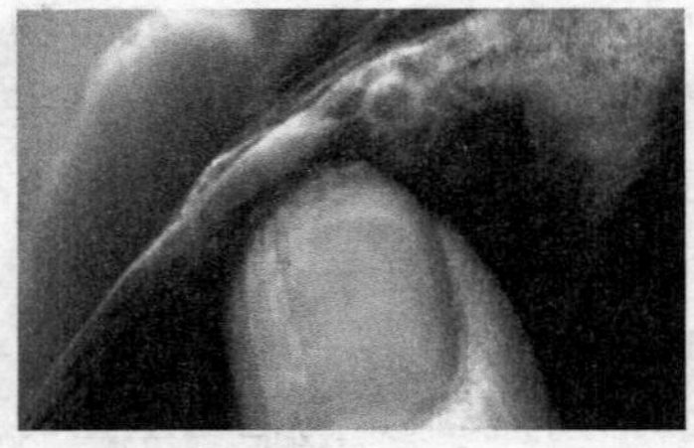

图 8-36 黄颡鱼雌雄生殖孔比较

5. 亲鱼的配比

采用人工授精，亲鱼比例为 10∶1；全雄黄颡鱼繁殖 50∶1 自然受精为 1∶1。暂养 2 天后催产。

6. 催产剂及剂量

催产剂有促黄体素释放激素类似物（LRH-A）、绒毛膜促性腺激素（HCG）和 DOM。注射方法及剂量的选择可根据亲鱼的成熟情况、水温的高低及个人的习惯而灵活掌握，一般情况下雌鱼注射剂量为：每尾雌鱼使用 HCG 2000～3000IU＋LRH-A_2 0.01～

0.015mg＋DOM 3mg。雄鱼减半或为雌鱼的2/3左右。若对雌鱼采用两针注射，则第一针为总剂量的1/5～1/4，余量第二针注射。雄鱼在雌鱼注射第二针时一次注射全量。两针之间的间隔为12～20h。或者PG 3～5mg＋LRH-A_2 20～50μg＋HCG 800～1200IU/kg。两针间距12～18h。或者HCG 200～500IU＋LRH-A_2 3-8μg＋DOM 3～5mg。两针间隔10～12h。

7. 配制方法

催产剂通常用生理盐水或蒸馏水配制，注射水的用量以每尾鱼每针0.5ml左右为好。配制注射液时，应该根据亲鱼的尾重分别计算出催产剂和注射用水的用量，并在实际用量上加5％的损耗。

PG应在研钵中研碎，加入少量水研成溶液，再加水制成悬浮液。DOM配制后在打针前与其他激素混合。其他激素要现配现用。

8. 注射次数及方法

注射时，从胸鳍基部进针，进针角度应与身体呈45°（图8-37）。一次注射与两次注射都是生产上常用的两种方法。两种注射方法相比较，两次注射更为科学。如果是两次注射，第一针雌鱼注射剂量为总剂量的1/5～1/4，第二针注射余量。雄鱼一次注射，注射剂量为第二针的1/2，注射时间与雌鱼第二针注射的时间相同。

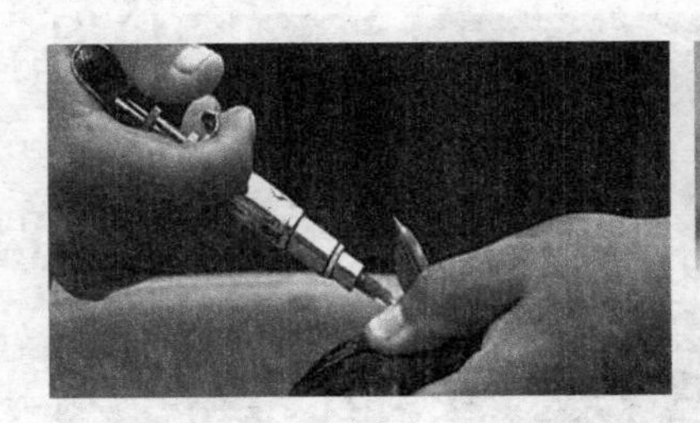
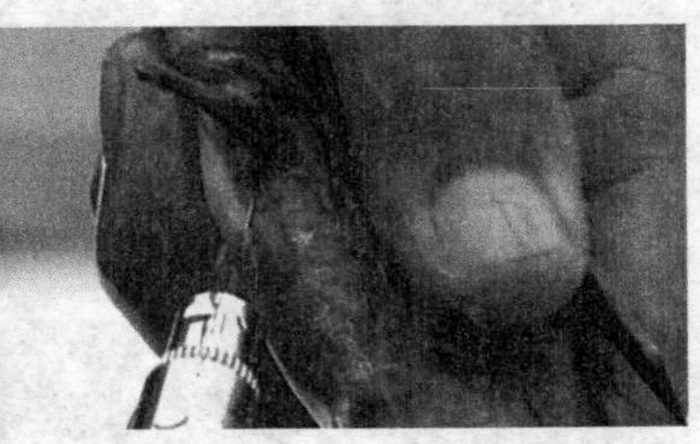

图8-37　注射方法

9. 效应时间

不同的催产剂组合效应时间不同。自然水域收集的亲鱼效应时间要长一些，人工培育的亲鱼效应时间要短一些。产卵时间要根据工作安排而定，亲鱼的效应时间随水温的不同而有差异，在水温22～23℃，效应时间为18～30h；水温24～25℃时，效应时间为20～24h；水温26～27℃，效应时间为11～13h。一般来讲，掌握亲鱼在第二天早上产卵最好，这样利于一天的工作安排和人员调配。注射催产剂后，一直要保持流水刺激，并且要在效应时间前1～2h加大冲水量，发情后水流适当减小。发情时，雄鱼不断追逐雌鱼，并用头吻部顶撞雌鱼后腹部，发情进入高潮时，水面可见浪花。雌鱼随机产卵，雄鱼缠绕雌鱼排精。

10. 人工授精

达到效应时间时均可观察到雌雄鱼开始发情追逐，此时要及时挤出卵子，做好人工授精工作，以免因卵子过熟，影响授精效果，从而导致人工繁殖的失败。成熟较好的雌鱼，到效应时间，卵子很容易挤出，可以挤空；雄鱼很难挤出精液，一般将其杀死，取出精巢捣碎后（图8-38，彩图）与已经挤出的卵子混合，加入少量的蒸馏水，混匀后把受精卵撒在集卵板上或脱黏孵化。

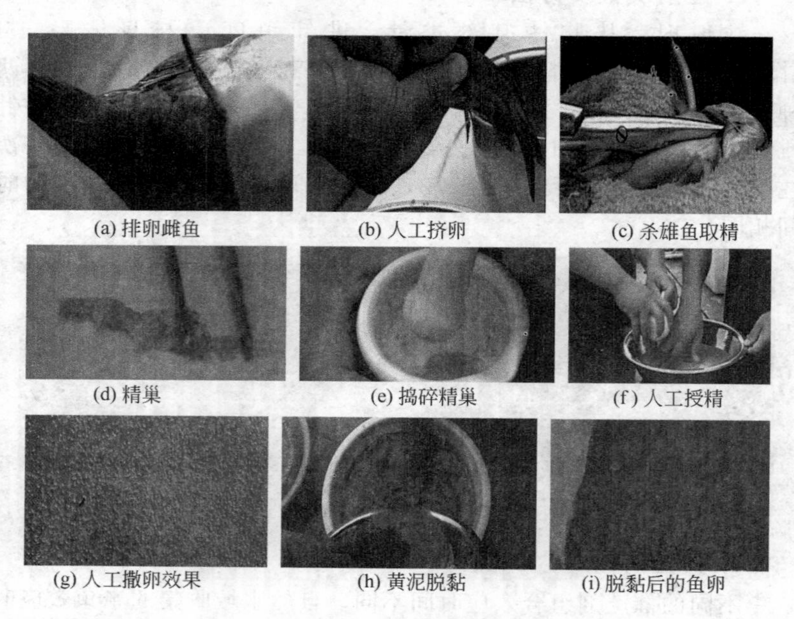

(a) 排卵雌鱼　(b) 人工挤卵　(c) 杀雄鱼取精
(d) 精巢　(e) 捣碎精巢　(f) 人工授精
(g) 人工撒卵效果　(h) 黄泥脱黏　(i) 脱黏后的鱼卵

图8-38　人工授精部分图片

人工授精撒卵方法：将精液加入挤好的鱼卵搅拌 1min，再加水搅拌 2～3min，然后一个人站在静水池中，两手握住沾卵板（用 60 目网布固定在铁丝上做成的鱼巢，面积 50cm×30cm）在水面下不停地平行摆动，一人轻轻往水中倒入受精卵，使每个沾卵板上的鱼卵数为 1 万～2 万卵。沾好卵后，立即放在流水孵化池中孵化。

黄泥脱黏法：首先选择无杂质的黄泥若干，捣碎后，用 80 目的网布边加水边过滤，制成黄泥浆备用。将受精卵倒入黄泥中，黄泥与卵的比例为 8∶1，搅拌 1～2min 后，将鱼卵与泥浆水一同倒入 60 目网布中过滤，过滤后在清水中洗净黄泥，如果鱼卵粘连成团，用手慢慢把鱼卵搓开后放入孵化器中孵化。

11. 自然受精

在亲鱼第二次注射催情药物前，在产卵池中布置好消毒后的鱼巢。产卵池面积 6～10m^2，水深 0.8m，产卵池有微流水进入。注射激素后，将雌雄按 1∶1.5 的比例放入产卵池。在效应时间到来之前用流水刺激，发情后改用微流水刺激，让其在产卵池中完成整个受精产卵过程。产卵完成后，取出鱼巢放入流水孵化池中孵化，再把亲鱼捞出放入暂养池中休养生息后放入产后亲鱼培育池。在放入培育池之前最好进行鱼体消毒处理。清理池底，收集池底的受精卵，放入孵化器中孵化。

(四) 孵化

1. 孵化条件

黄颡鱼胚胎发育时间长短与水温有直接的关系，一般孵化的适应水温为 20～28℃，最适水温 22～25℃，低于 20℃或高于 28℃不利于受精卵的孵化。要求水质良好，无污染，溶氧高，溶氧不能低于 5mg/L。pH 值 7.0～7.5，氨氮在 0.03mg/L 以下。水温高低决定孵化时间的长短，当水温在 22～23℃时，受精卵孵化 74～78h 出膜；当水温为 24～25℃时，受精卵孵化 70～72h 左右出膜；水温 26～27℃，需要 62～64h 出膜；当水温 27～28℃时，受精卵孵化58～60h 出膜。在孵化过程中，要控制好水温，变化幅度不要过大，如果在短期内水温变化超过 3℃，将会导致受精卵胚胎的死亡。在孵化过程中为了保持孵化池中有较高的溶氧，必须保证有一定的水流。

2. 孵化设备

黄颡鱼的孵化采用流水孵化，一般的流水孵化设备都可以用于黄颡鱼的孵化。如流水孵化池、孵化桶、孵化槽、孵化缸、孵化环道等，黄颡鱼的孵化一般采用流水孵化池、孵化桶、孵化槽这三种孵化设备，设备图在本章“第一节　鳜鱼养殖”中有介绍。鱼卵采取脱黏孵化和鱼巢孵化两种形式。由于黄颡鱼鱼卵的卵黄较大，黄颡鱼鱼卵又为微黏性卵，大的水流容易使鱼卵从鱼巢上脱落或易使卵黄脱离胚胎。

3. 放卵密度

采用鱼巢孵化，一般每平方米鱼卵密度不要超过1万粒。脱黏孵化，每升水体放卵2000～3000粒。

4. 病害防治

具体内容参见大口鲶的相关内容。

5. 孵化管理

具体内容参见大口鲶的相关内容。

刚孵化出的仔鱼全身透明，腹部可见淡黄色的卵黄囊，只能静卧在水底，尾部不停颤动，10h左右，鱼苗成灰色（图8-39）后将鱼苗转入鱼苗池暂养。

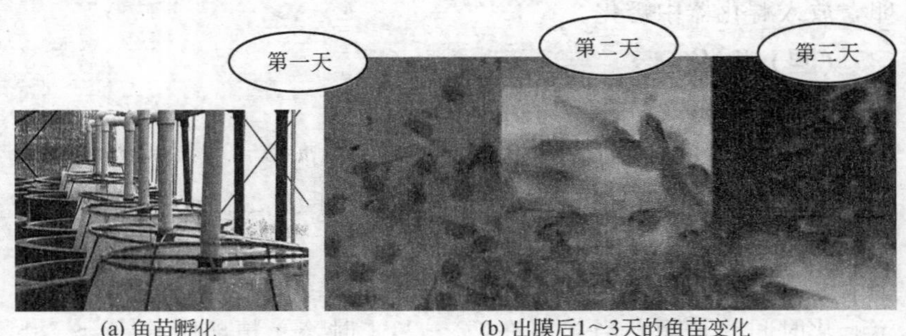

(a) 鱼苗孵化　　(b) 出膜后1～3天的鱼苗变化

图8-39　孵化过程中的部分片段

三、鱼苗培育

1. 鱼苗暂养

鱼苗需要在鱼苗暂养池或孵化池或孵化缸中暂养4～5天，黄额鱼出膜 2～3 天后可以投喂小型轮虫、枝角类幼体等小型浮游动物，浮游动物的培育方式在“第六章　第二节　饵料的种类”中有介绍。用 180～200 目筛绢捞取浮游动物，用 60 目网布过滤，用过滤网下面的浮游动物投喂，投喂密度必须达到 10～15 个/ml。

2. 乌仔培育

乌仔培育是指暂养后的鱼苗经过 20 天左右的培育，鱼苗长至 2～2.5cm 后即成为乌仔。

(1) 流水培育池培育　面积 10～20m^3，池深 1～1.2m，水深 0.3～0.8m，底质光滑，进排水方便，水源充足、水质清新，溶氧丰富。出水口用 40～60 目筛网拦实，将经过暂养的鱼苗采用虹吸的方式虹吸到密网眼的网箱中清除杂质后过数，放入培育池中培育，放养密度为 1 万～2 万尾/m^3。每天投喂小型浮游动物活饵料 3～4 次，每次保证池水中浮游动物数量 10～15 个/ml。中期可以投喂大型浮游动物，后期可以投喂水蚯蚓。在鱼苗放养 1 星期以后，开始投喂剁碎的水蚯蚓，5 天后可以直接投喂水蚯蚓。所有饵料都要用 1%～3%的食盐水消毒后投喂。在培育过程中，设遮阳棚或放置水葫芦等水生植物。水葫芦的放养面积为鱼池面积的1/3。水葫芦在放置之前要清除残枝败叶，用 20mg/L 的高锰酸钾消毒洗净后在阳光下晾晒 2h 方能使用。培育池要保持微流水或配备充氧设备，全天候充氧，以保证水体溶氧不低于 4mg/L。每天换水 20%～30%，水温不得超过 30℃，每天采用虹吸的方式清污 1 次。在培育中要注意车轮虫、小瓜虫等寄生虫的侵袭，观察鱼苗的活动情况，发现有鱼苗漂游在水面，应该检查是否感染了寄生虫，如果发现，要及时采取措施，防止病害蔓延。具体方法见后“病害防治”。

(2) 池塘培育　池塘面积 2001～3335m^2（3～5 亩），池深 1.5m，水深 40～50cm，底质平坦，淤泥少。要求水源水质优良、供应充足，排灌水方便。配备增氧机 1 台。在池的四周设置水草、旧网片、草帘等隐蔽物。放养前 1 周每 667m^2 用 200kg 的生石灰或 20kg 漂白粉清塘，药效消失后，每 667m^2 用生物菌肥 2～3kg 培育浮游动物，待浮游动物中轮虫出现高峰时放苗，放苗时间为 4 月下旬至 6 月上旬，放养量为每 667m^2 15 万～20 万尾，5 天后，池中浮游动物日渐减少，这时可以泼洒豆浆，一天1次，投放量为0.1～0.2kg/万尾。豆浆一部分可以直接被鱼苗摄入，另一部分被浮游动物利用，增加了它们的繁殖速度，给鱼苗提供了更为丰富的生物饵料。也可以每隔1天每667m^{2}施菌肥1～2kg，以保证浮游动物持续繁殖生长，使鱼苗能够获得持续的、充足的生物活饵料。鱼苗长至2～3cm，可以用黄颡鱼专用饲料或甲鱼饲料，蛋白质含量应该在35%～45%。每天下午18时，把揉成面团的饲料放在食台上。每个池塘设置6～8个食台。食台可用网布制成，选用网目60目左右的网布用铁丝固定，做成长60cm、宽50cm的网片，用细绳固定在竹竿上，网片平面在水面以下30～40cm（图8-40）。在改用饲料的前几天，可以在饲料中加入少量的水蚯蚓，并满池投放饵料，尔后慢慢缩小投饵范围，把鱼苗引到食台上摄食。1个星期以后，可以直接用破碎料喂养。每天3次，上午7时、下午2时、晚上8时各1次。白天投饵量为全天的40%，晚上占60%。每隔3～5天加水20cm，直到加至1.5m。为防止病害的发生，可以在培育期间用漂白粉消毒1次，使池水漂白粉的浓度为1mg/L。鱼苗长至3cm后分池喂养。

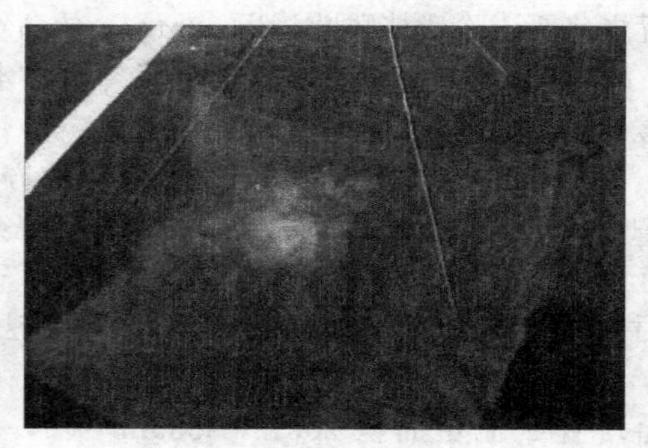

图8-40 食台

四、鱼种培育

1. 池塘面积

池塘选择2001～3335m^2（3～5亩），水深1.8m左右，淤泥少，排灌方便，水质优良，供应充足，水电有保障的池塘。在放苗前1周每 $667m^2$ 用 75～100kg 的生石灰清塘，药效消失后注水1m，采用生物菌肥培养饵料生物，每 $667m^2$ 施菌肥 2～3kg，并在池四周设置水草、旧网片、草帘等隐蔽物，隐蔽物占池塘面积的1/4。待池水中饵料生物的数量达到高峰时，水质稳定后即可放苗。放苗时，投放地点可选择在隐蔽物的设置处。主养黄颡鱼的池塘每 $667m^2$ 放养体长 3cm 的鱼苗 2 万尾左右，搭配白鲢夏花鱼种 2000～2500 尾，不要搭配鲤鱼、鲫鱼和花鲢鱼苗，可以少量搭配鳊鱼苗。混养的每 $667m^2$ 放养黄颡鱼 0.8 万～1 万尾，搭配白鲢鱼苗 3000 尾，鲫鱼苗 2000 尾，团头鲂 1500 尾。混养品种要在黄颡鱼苗驯食成功后投放。

2. 投喂

每个池塘设食台 6～8 个，食台的制作和架设同前。鱼苗下塘后，可在食台两侧 5～6m 范围内少量投喂饲料，每天 2～3 次，采用固定的声响诱导鱼苗摄食，比如敲击饵料桶或池壁等，使鱼苗形成条件反射，听到声音后进入摄食区摄食。后逐渐缩小投食范围，最后固定在食台投喂。采用配合饲料的要先进行食性驯化，在饲料中掺入鱼糜或水蚯蚓，待鱼苗摄食正常后，慢慢减少鱼糜或水蚯蚓的比例，直到全部采用配合饲料。配合饲料可以选用黄颡鱼的专用饲料，也可采用甲鱼、鳗鱼饲料。选用黄颡鱼配合饲料喂养，在驯食完成后，可以搭配饲料破碎后投喂。选用动物性饲料喂养的，如以冷冻鱼、禽畜内脏等为主，适当掺一些面粉、麸皮、多维添加剂经绞肉机绞成的软性团状饲料。饲料中的蛋白质含量应该为40%～45%，后期含量为 35%～40%。整个驯食时间大约需要 10 天，尔后可以进入常规的喂养方式。每天投喂 3～4 次，上午 7 时、下午 2 时、晚 8 时各 1 次。白天投饵量为全天的 40%，晚上占 60%。每次以 80%～90%鱼吃好离开为好。

在喂养中，应该遵循“四定”投饵原则，采用“四看”方法灵活投饵。

3. 日常管理

(1) 巡塘　坚持每天巡塘两次，早上和晚上各一次，并结合喂食观察鱼的吃食情况、鱼的活动情况、水质情况，及时清理池中杂物。及时了解情况，尽早处理。同时做好每天的记录。

(2) 水质调节 根据不同季节进行加水、换水。在放养初期，每3～5天加水20cm，直到加至1.8m为止。夏天每2～3天换水1次，每次换水1/3，秋天每星期换水一次。每月用石灰水或漂白粉对池水消毒一次。

(3) 饵料台的清洗消毒 坚持每天清理饵料台1次，每2天消毒1次。及时清理残饵，以免影响水质，同时根据残饵的情况调整投喂量。

(4) 分筛 有条件的可以在喂养过程中分筛1～2次，进行大小分养，一方面可以促进小规格的鱼种加快生长；另一方面可以使大规格的鱼种更好生长。

(5) 池塘透明度要保持在40cm以上。在培育过程中不能施肥，不能过量投饵；夜间投饵要适当开启增氧机，要根据天气和季节灵活开启增氧机，保证池水的溶氧不低于4mg/L。前期水浅时必须设置隐蔽物，保持水温不超过30℃，坚持巡塘，及时解决发现的问题。

五、成鱼养殖

(一) 池塘养殖

1. 池塘条件

一般的池塘都可以作为黄颡鱼成鱼养殖池，大小不限，大的可以为6670～10005m^2（10～15亩），小的1334～3335m^2（2～5亩），中等的3335～5336m^2（5～8亩），池深2～2.5m，水深1.5～2m以上，池底淤泥10～20cm，池底平坦，进排水方便，水源水质优良、水源充足、无污染，电力供给有保障，每2001～2668m^2（3～4亩）配备增氧机1台，投饵机1台。放养前按照常规对池塘进行整理，清除过多淤泥，在清塘之前要进行暴晒，杀灭有害病菌后，还要用生石灰或漂白粉清塘，用量采用常规用量。清塘后加水至1m。在池中投放一些漂浮水生植物，如水葫芦等，水葫芦要清除残枝败叶，并用20mg/L的高锰酸钾消毒，在阳光下晾晒2h后投放在池塘中，水葫芦的面积占池塘面积的1/5。

2. 鱼种放养

应该选择人工繁殖的鱼种进行养殖，不仅能够保证鱼种的纯正性和提高存活率，还能避免对鱼种进行驯食，鱼种能够很快适应新的环境，有利于黄颡鱼的生长。应该选择规格整齐、体质健壮、无病无伤的鱼种，放养时间3～4月，放养密度应该根据池塘条件、管理水平、技术能力、饲料供应以及鱼种规格等情况进行灵活掌握。一般每667m^2放养5cm鱼种的数量，可以根据预期产量确定，一般有3000～5000尾、5000～8000尾、1万～1.2万尾、1.5万～2万尾四种放养模式。这四种放养模式的预计667m^2产量分别是200～250kg、350～400kg、550～600kg、750～1000kg。目前黄颡鱼池塘放养模式很多，产量也有所不同，单产有几百斤、一千多斤、二千多斤到三千斤不等。放养量可以放到3万尾/667m^2。不同的放养密度，采用的管理方式不同，主要是水质管理，通过不同的水质管理方式保证池水中溶解氧达到养殖要求，有害物质在安全浓度以下。

其他鱼类的放养品种、规格及数量如下。白鲢：规格10～15cm/尾，数量300～800尾/667m^2不等。鳊鱼：300～500尾/667m^2，规格5cm/尾。草鱼：放养20cm/尾的100～200尾。鲫鱼夏花1000尾/667m^2。所有配养鱼类要在黄颡鱼已经正常摄食后放养。不得放养鲤鱼、花鲢。

3. 饲料投喂

对于不同的放养方式来讲，投喂方式基本是一样的。饲料采用黄颡鱼专用饲料，蛋白质含量在38%以上，脂肪含量6%，规格较小时蛋白质含量要高一些，可以达到45%，以后规格越大，蛋白质含量越低。不管是已经驯食完毕还是没有驯食的黄颡鱼鱼种，都要进行驯食，驯食方式见前面的介绍。每天投喂3次，分别为上午8时、中午2时、晚上8时，因为黄颡鱼喜欢夜间觅食，所以晚上的投喂量应占全天投喂量的60%以上，以80%～90%的鱼吃饱离开为投饵结束。投饵可以人工投饵，也可用投饵机投喂。人工投喂的效果比投饵机投喂的效果要好，但工作量较大，不适合大面积饲养。采用投饵机投喂要根据每天的投饵量进行投喂。一般5～6月每日投喂3次，日投喂量为池鱼体重的3%～5%；7～9月每日投喂3次，每日投喂量为池鱼体重的2%～3%；10月份后每日投喂2次，早晚各1次，投喂量为池鱼体重的2%。投喂中要遵循“四定”投饵的原则进行投喂管理，按照“四看”的方法灵活掌握每天的投喂量。

(1) 四定

① 定质：选择按照黄颡鱼的生理、生长需要科学配制的人工配合饲料。

② 定量：每天的喂养量可以根据全年的饲料估算量，按照每月的用量量化到每天，每天的投喂量要根据天气、水质、季节以及鱼的活动情况进行合理调整，保证吃到“七八成饱”为宜，研究表明，这个比例饲料的利用率较高，过多消化不良造成浪费，过少则影响生长速度。建议采用手工投喂的办法喂养，首先培养鱼类适应某种声音形成条件反射进食的习性，采用“慢—快—慢”的节奏投喂。先少量投喂，引诱鱼种到水面抢食时，加快投喂速度和投喂量，待鱼种抢食速度变慢时，要放慢投喂速度，待大部分鱼吃完游走后停止喂食。

③ 定位：沉性饲料采用食台投喂或投饵机投喂，浮性饲料采用投饵框投喂。

④ 定时：一般每天在固定的时间投喂 2～3 次。

(2) 四看

① 看鱼的活动情况：鱼类的活动可以反映鱼类的健康状况，根据健康状况可以判断它们进食的多少。一般身体健康，活动活跃，摄食量较大，应该适当增加。如果活动比较迟钝或呆滞，摄食量就会减少，应该减少投喂量，并要找出原因，提出解决办法。

② 看水质：水质优良，鱼类摄食量会增大，水质出现问题，鱼类的摄食量就会减少，要根据水质的好坏及时调整投喂量。

③ 看季节：不同的季节鱼类的摄食量是不同的。黄颡鱼各季节的投喂量有所不同。按照每个月的投饵比例不同进行投喂。

④ 看天气：鱼类生活在水中，不同的天气变化也会反映水质的变化，恶劣天气下，少投饵或不投饵，天气晴朗多投饵。

4. 水质管理

(1) 加水、换水　鱼种投放时的水深为 1m，鱼种放养后，每 5 天加水 20cm，逐步加至 2m，以后每 7～10 天换水 1 次，每次加水、换水 15～30cm，高密度养殖，一般夏天 3 天换水 1 次，每次换水不能超过1/3，春秋两季5～7天换水1次。保证池水溶氧在任何时候都在3mg/L以上。

(2) 增氧机的使用　一般放养密度每2001～2668m²（3～4亩）配增氧机1台，功率为2.2kW/h；高密度放养的池塘，每1000.5m²（1.5亩）配备1台增氧机。增氧机的科学应用方法参见大口鲶“六、成鱼养殖”。

(3) 药物调节　每月用生石灰化水泼洒1次，浓度为20mg/L，每隔10天（夏天5天）在投饵机和增氧机处用2kg漂白粉或5kg石灰水泼洒1次。高温季节用微生态制剂调水，但在使用杀虫剂的前后3天禁止使用微生态制剂。池水pH值保持在7～8.4。

5. 鱼病防控

除按照鱼病防治方法预防和治疗各种疾病外，每隔1个月用抗生素拌饵投喂，可以预防肠道疾病，并可对其他病害进行防治。

6. 日常管理

① 巡塘：观察鱼的摄食、活动情况，水质变化，有无浮头预兆，有无病鱼等，发现问题应及时处理。

② 清理池塘杂物、敌害，提高黄颡鱼的成活率。

③ 有条件的要及时分塘，进行大小分养，促进黄颡鱼的生长。

④ 根据市场需求，可以选择达到上市规格的个体提前上市，既可以回收部分资金，又可以最大限度地提高池塘利用率，利于其他个体的快速生长。

⑤ 在年底上市时，为保证黄颡鱼的体质，在准备捕捞上市时，要根据不同的水温进行停食处理，一般水温16℃时，停食7天；16～25℃时停食3～5天，25℃时停食2天。拉网时的水深为1～1.2m。

⑥ 做好日志，便于总结经验，吸取教训，提高养殖技术水平。

(二) 水泥池集约化养殖

1. 鱼池及其他设施

鱼池面积30～50m²，池深1.5m，水深1.2m，有加氧设施，加氧设施分为空气加压增氧和液氧增氧。有遮阳设施，即遮阳网。进排水自流，可以进行流水养殖。水源要求：水源充足，水质清新，无污染，符合渔业水质标准。

2. 鱼种放养

放养规格 5cm/尾，放养密度 200 尾/m^3，要求规格整齐，体质健壮，无病无伤。放养前用 3%的食盐水消毒 10～20min。

3. 饲养管理

根据黄颡鱼的摄食习性，每日早晚各投喂 1 次。饲料使用配合饲料，蛋白质要求 38%～40%，手工投喂，投喂时间约 20min。以 80%～90%的鱼吃饱离开为停止投喂时间。当水温达到 20℃以上时，每周用溴氯海因 0.3mg/L 消毒 1 次。

4. 水质管理

养殖池采用微流水养殖，为保证水中的溶氧，采用空气加压增氧或液氧 24h 增氧。每天清污 1 次，清除水中鱼类粪便和残饵。

5. 日常管理

坚持每天巡塘，了解鱼类活动情况和鱼类摄食情况，根据实际情况提出解决养殖过程中出现的问题的办法。检查各项设备的工作情况以及进排水系统，保证供氧和供水的正常工作。

(三) 网箱养殖

1. 养殖水域条件

具体内容参见黑鱼“五、成鱼养殖”。

2. 网箱的制作

(1) 材料 聚乙烯网片。

(2) 网箱 网箱面积 12～30m^2，网高 2m，网目 2～3cm。网底网目为 1.5cm。

3. 网箱的设置

具体内容参见黑鱼“五、成鱼养殖”。

4. 鱼种放养

网箱养殖黄颡鱼一般在春节后开始投放鱼种，水温较低，鱼体容易受伤，操作要谨慎。网箱下水之前用 50mg/L 的高锰酸钾浸泡 1 天，清洗后在阳光下晾晒 3～4h，在鱼种放养前 7～10 天安装好网箱，使网箱上附着上固着藻类，以免鱼种进箱后擦伤导致鱼病的发生。鱼种进箱前用 3%～5%的食盐水浸泡鱼体 10～20min。鱼种放养密度为100～150尾/m^2，鱼种规格20g/尾。

5. 喂养

饵料采用配合饲料，每天投喂2次，上午9～10时和下午4～6时各投喂1次，每日投饵量为鱼体重的3%～6%。

6. 日常管理

注意观察鱼的活动情况和摄食情况，采用“四定”投饵原则投饵，采用“四看”方法灵活掌握每天的投饵量。每5～7天清洗网箱1次，保证水体交换。检查网箱是否破坏，防止逃鱼。另外，注意水位变化，及时解决发现的问题。

7. 鱼病防治

采用轮流在网箱四角挂袋的方式预防鱼病，漂白粉和硫酸铜与硫酸亚铁合剂交替挂袋，一般每周更换1次。定期在饲料中加喂抗生素，防止肠道疾病和其他疾病，保证鱼体健康生长。

8. 适时上市

根据市场行情和鱼体生长情况，可以适时起捕，挑选已经达到上市规格的个体提前上市。

六、全雄黄颡鱼养殖技术（参考刘汉勤教授提供的资料）

（一）大规格鱼种及成鱼养殖技术

1. 放养前的准备

要求水源充足，水质良好，无工业污染和生活污水污染。如果水量不足可以利用地下水补充。水质应符合GB 11607—1989《渔业水质标准》和NY 5051—2001《无公害食品　淡水养殖用水水质》的规定，池水透明度在20～30cm，水中溶氧在5mg/L以上。

池塘面积以6670～13340m^2（10～20亩）为宜，东西向，长方形，长宽比为（2～3）：1。池底平坦，向出水口方向呈1%倾斜，淤泥厚度为20～30cm，水深2～3m，进排水方便。每3335～5336m^2（5～8亩）配2.2kW/h的增氧机1台，3335m^2（5亩）配备投饵机1台。水、电、路通畅。

在鱼种放养前10～15天按照常规方法清塘消毒。3天后进水，进水口用双层密网过滤，水深在1.5m左右。鱼种放养前5～7天每 667m² 施菌肥 3～5kg。

2. 鱼种放养

放养时间根据各地气候条件确定，一般夏花在 5 月下旬至 7 月上旬，冬片在 11 月以前，春片在 3～4 月。放养量见表 8-17。

表 8-17　全雄黄颡鱼池塘养殖放养模式

养殖方式		养殖周期	放养规格/(cm/尾)	放养量/(万尾/$667m^2$)	起捕规格/(g/尾)	产量/(kg/$667m^2$)
第一阶段	夏花过渡养殖	6～7 月(30 天)	3.0	6～8	6～7cm/尾	—
第二阶段	夏花养大鱼种	7～10 月	6～7	5～6	10～12	500
	夏花养成鱼	6～7 月	6～7	1～1.2	>100	1000
冬、春片成鱼主养		1 周年	10g/尾	0.6～0.8	>150	1000
鱼种池套养		7～12 月	6～7	500 尾/$667m^2$	100	>40
成鱼池套养		1 周年	10g/尾	500 尾/$667m^2$	150～200	>50

注：1 周年为 10 月或第二年 3 月到第二年 10 月或 12 月。养殖条件好的可适当增加放养量，提高产量。主养模式在鱼种放养半月后，每 667m² 套养 500g/尾左右的白鲢、花鲢鱼种 50～100 尾（白鲢、花鲢比例为 8∶2）。鱼种放养前要进行鱼体消毒。

3. 饲养管理

饲料选择黄颡鱼专用饲料，鱼种蛋白含量为 40%以上，成鱼蛋白含量为 38%以上。每口池塘设置 6～8 个食台，食台制作与架设同前。

投饵遵循“四定”投饵原则，一般每天投喂 3 次，分别在上午 7 时、下午 4 时、晚上 9 时，根据黄颡鱼的习性，晚上投喂量为全天的 60%。按照“四看”方法灵活调整投喂量，当 80%～90%的鱼种吃饱离开后就停止喂食。如果需要换饲料要采用驯食方法，使两种饲料平稳过渡。6～7 月份每日投喂 3 次，日投喂量占池鱼体重的 3%～5%；7～9 月份日投喂 3 次，投喂量为池鱼体重的2%～3%；10 月份以后日投喂 1～2 次，中午和晚上投喂，日投饵量占池鱼体重的 1%～2%。不同规格选择不同粒径的沉性硬颗粒饲料，要求颗粒饲料在水中的稳定性在15min以上。

鱼池水深前期控制在1.5m左右，后期逐步加深至2～2.5m，高温季节7～10天换水1次，每次换水量为15～30cm，保持池水溶解氧在5mg/L以上。每月用生石灰20mg/L化水全池泼洒1次，每15天在食场和增氧机处用2kg漂白粉或5kg生石灰化水泼洒1次进行局部消毒。保持池水pH值在7～8.4。

根据天气和水质变化情况在凌晨和午后定时开机。在高温季节施用微生态制剂改善水质，但在使用消毒或杀虫剂的前后3天禁用。坚持每天早晚巡塘，观察并记录天气、水温、水质、投饵、病损等情况，制订相应的饲养管理措施。掌握天气和鱼的活动情况，防止浮头、泛塘事故。

4. 池塘套养

(1) 池塘条件 一般养殖池塘都可以套养。

(2) 品种搭配 只要池塘中没有凶猛性鱼类，全雄黄颡鱼可以作为任何主养品种的搭配品种。

(3) 鱼种放养 详见表8-17。

(4) 日常管理 池塘套养管理与常规养殖管理相同，但要注意用药管理，在对主养鱼类进行病害防治时，注意不要影响黄颡鱼的正常生长。由于黄颡鱼是无鳞鱼，对硫酸铜、高锰酸钾、敌百虫及菊酯类农药比较敏感，要控制好用量，防止急性和慢性中毒。

(二) 网箱养殖技术

1. 放养前的准备

环境条件与水体条件与前面普通黄颡鱼网箱养殖要求相同。

网箱的大小应根据所放鱼种的规格来确定，通常有苗种箱和成鱼箱，苗种用0.2cm的无结聚乙烯网片制成，规格4m×4m×2m；成鱼箱可用5m×5m×2.5m规格网箱。网箱设置及前处理同前。

2. 鱼种放养

网箱养殖放养模式见表8-18。

3. 喂养

喂养方式同前。

表 8-18　网箱养殖放养模式

养殖模式	养殖周期	规格	放养量/(尾/m²)	成活率/%	起捕规格/(g/尾)	产量/(kg/m²)
夏花-成鱼	6～7月	3cm/尾	3000	80	3～4	—
	7月至翌年5月	3～4g/尾	400	70	＞100	30
冬片-成鱼	10月至翌年5月	10g/尾	400	70	＞150	40

七、病害防治

1. 烂鳃病

［病原］　柱状屈桡杆菌。

［症状］　病鱼鱼体发黑，离群独游。进食量很少或不摄食。鳃丝腐烂有污物病灶呈白斑块。鳃盖骨的内表面充血（图 8-41），有时腐烂呈透明区，俗称“开天窗”。由于鳃丝腐烂，鱼呼吸困难，常游近水面呈浮头状。病情控制后可见原病灶边缘逐渐清晰，健康部分颜色复原，坏死部分脱落，鳃瓣留存残缺部分康复后可部分愈合。

图 8-41　烂鳃症状

［发病对象］　鱼种、成鱼。

［发病季节］　4～6月。

［防治方法］

① 做好清塘工作，鱼种放养前用 2%～3%的食盐水浸洗消毒 5～10min。

② 用二氧化氯或等量的三氯异氰尿酸或等量的溴氯海因全池泼洒（0.3～0.4g/m^2），连续 2～3 次可治愈。

③ 五倍子全池泼洒，使水体浓度为 2～4g/m^3。

2. 爆发性出血病

[病原] 由细菌引起。

[症状] 鱼体表泛黄（图 8-42，彩图），黏液增多，咽部皮肤破损充血呈圆形孔洞，腹部膨大，肛门红肿，头部充血，鳍基充血，鳍条溃烂，腹腔积水。该病在高温季节爆发，来势凶猛，蔓延迅速。

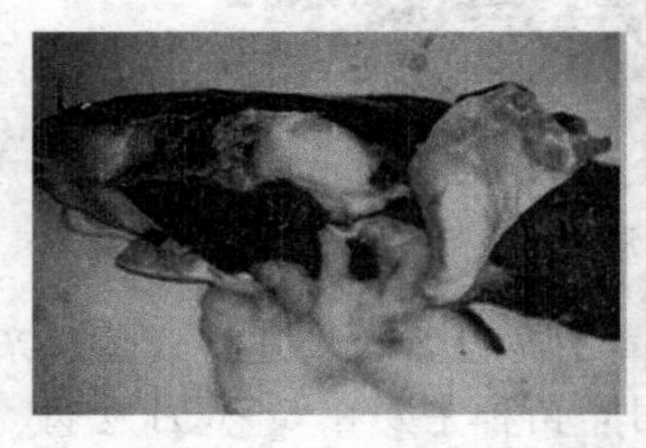

图 8-42 爆发性出血病症状

[发病对象] 鱼种、成鱼。

[发病季节] 高温季节。

[防治方法]

① 合理放养鱼种，经常加注新水，水质过肥时应及时使用降氨药物（如“中水”降氨宁）或“科恩”生物净水剂调节水质，排除池塘有毒气体。

② 发病时，池塘使用二溴海因 0.3～0.4mg/L 全池泼洒，连续 2 次，病症严重者，尚需用颗粒型溴、氯消毒剂全池直接播撒 1 次。

③ 饲料中添加克暴灵或鱼血康，添加量为 4‰～5‰，连喂3～5 天。若投喂鱼浆鱼块的，再加 1%的食盐，治疗效果更好。

④ 发病初期全池泼洒 1 次 15～20mg/L 的生石灰，或 1～2mg/L 漂白粉。

⑤ 水体消毒后，第 2～6 天可连续投喂药饵。投喂药饵时，投喂量减半，每千克饲料拌 0.5g 盐酸吗啉胍加 0.5g 盐酸黄连素，或

者每千克饲料拌 0.25g 土霉素加 0.5g 复方新诺明。

3. 肠炎病

[病原] 点状产气单胞杆菌。

[症状] 病鱼独游，腹部膨大，肛门红肿，轻压腹部，肛门有黄色黏液流出，解剖可见肠内无食（称“空肠”），解剖观察，食道和前肠充血发炎（图 8-43，彩图），严重者全肠发炎呈浅红色。

图 8-43 肠炎病症状

[发病对象] 对鱼种和成鱼都有危害，主要危害成鱼和亲鱼。

[发病季节] 流行于 6～9 月，苗种主要在 5～6 月发病。

[防治方法]

① 控制好水质，保持良好的池塘环境条件，鱼种下塘前用 2%～3%的食盐水浸浴。

② 坚持“四定”投饵，不投喂霉变、腐败的饲料；鲜活动物饵料用 2%～3%的食盐浸浴消毒后投喂，并定期在饲料中添加 1%食盐或大蒜汁。

③ 发病池用三氯异氰尿酸 0.2～0.3mg/L 进行水体消毒。

④ 用肠炎灵等内服药配合杀菌王、百毒净等外用消毒药治疗，连续 3 天。或每千克饲料混拌痢特灵 0.3～0.4g，连用 2～3 天。

4. 小瓜虫病

[病原] 多子小瓜虫。

[症状] 小瓜虫的幼虫浸入鱼体皮肤或鳃丝组织后，吸取营养。在病鱼的皮肤、鳍条和鳃上，肉眼可看见白色小点状胞囊，严重时体表似覆盖了一层白色薄膜。病鱼反应迟钝或漂浮水面。因病灶处细菌感染，使鱼体表发炎，或者局部坏死、鳍条斜裂，鳃上皮增生，鳃部因运动失调而致呼吸困难，最终死亡。

[发病对象] 鱼苗、鱼种。

[发病季节] 水温为 15～25℃，pH 值 6.5～8，夏季少见发病。

[防治方法]

① 采用生石灰清塘、鱼种消毒、合理放养等生产措施，可防止小瓜虫病的传播。

② 辣椒粉和干生姜煮沸半小时后全池泼洒。使用量：1m 水深每 $667m^2$ 用 0.5kg 辣椒、0.2kg 干生姜。

③ 用“纤灭”全池泼洒，或定期在饲料中添加“纤灭”粉投喂，每 1kg 体重 0.3～0.4g，连用 5～7 天。

5. 原生虫病

[病原] 主要为斜管虫和车轮虫。

[症状] 斜管虫喜欢寄生于黄颡鱼鳃边缘或鳃上，也侵袭皮肤，车轮虫喜寄生在鳃上、鳍条。病鱼的鳍条、鳃上黏液增多，反应迟钝，头下尾上或侧卧，严重感染时病鱼沿塘边狂游，呈“跑马”现象。

[发病对象] 主要危害苗种。

[发病季节] 4～6 月。

[防治方法]

① 池塘用生石灰彻底清塘消毒。

② 苗种用 1～2mg/L 硫酸铜、硫酸亚铁合剂遍洒，病情严重者，隔天再用 1 次。

6. 白皮病

[病原] 荧光假单胞菌。

[症状] 病鱼体表局部或大部分发炎充血，黏液增多，特别是体两侧及腹部最为明显（图 8-44，彩图），病鱼常伴有肠道发炎和烂鳃症状。严重的病鱼，一般头部朝下，尾鳍朝上，与水面近似垂直，不久死亡。

[发病对象] 鱼种、成鱼。

[发病季节] 夏季最严重。

[防治方法]

① 防止鱼体受伤。

图 8-44　白皮病症状

② 鱼种放养前，用 10mg/L 漂白粉浸浴 10min 再放养。

③ 在饵料台用漂白粉挂篓或漂白粉 250g 兑水溶化在饲料台及附近泼洒，每半月一次。

④ 用漂白粉全池泼洒，浓度为 1mg/L。

⑤ 用溴氯海因全池泼洒，浓度为 0.3～0.4mg/L。

⑥ 用五倍子全池泼洒，浓度为 2～4mg/L。

7. 爱德华菌病

[病原]　爱德华菌。

[症状]　病鱼头朝上，尾朝下，或在水面呈间歇性螺旋状转游，病鱼腹部膨大，鳍条基部、口腔、下颌、鳃盖、眼眶充血，头部正中部位皮下发红，严重时头骨裂开，在头顶部出现一条狭长的溃烂出血带，呈现典型的红头病症状（图 8-45，彩图）；解剖腹腔，有少量血水或透明腹水，肝脏有点状或块状出血，胆肿大呈紫黑色，胃、肠道发白，肠内无食。

[发病对象]　鱼苗、体重 25～100g 的鱼体。

[发病季节]　4～6 月、9～10 月。

[防治方法]

① 鱼苗下塘第 7～8 天用防治纤毛虫的鱼药杀虫 1 次。

② 在鱼苗 1.5cm 和 10cm 时，饲料中添加多维（维生素 K_3 粉）＋三黄散＋纤灭＋青莲散＋芳草菌尼＋复方强力霉素＋地锦草，投喂两个疗程。每个疗程按每天 1 次连喂 5 天。

③ 其他内服药　选择氟苯尼考、氨苄青霉素、磺胺类、恩诺

(a) 溃烂症状
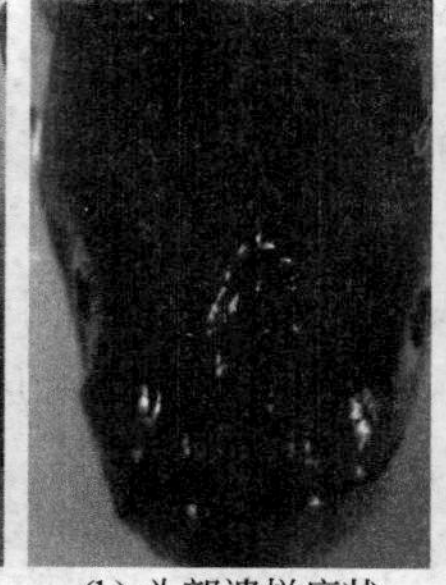
(b) 头部溃烂症状
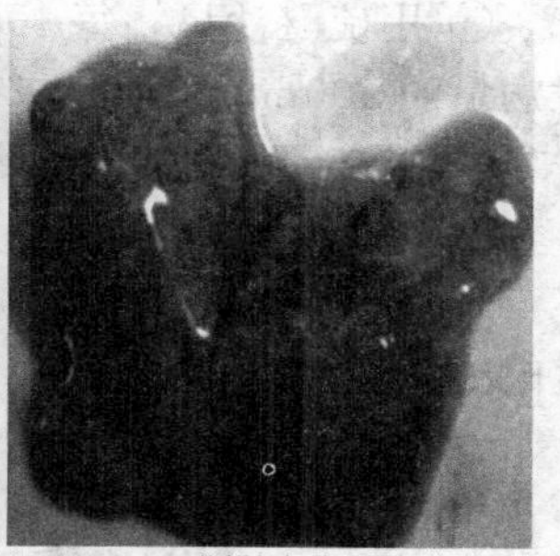
(c) 肝脏充血肿胀

图 8-45　爱德华菌病症状

沙星、盐酸土霉素，一天 1 次，连用 3～5 天。

④ 先用硫酸铜＋硫酸亚铁合剂 0.7mg/L(5∶2) 杀虫，第二天用 0.3mg/L 浓度的二氧化氯水体消毒杀菌，同时在饲料中添加抗生素投喂 14～19 天，抗生素的种类为盐酸土霉素、四环素、氟苯尼考、氨苄青霉素、恩诺沙星等，按说明书使用。

8. 水霉病

[病原]　水霉、锦霉。

[症状]　水霉菌初寄生时，肉眼看不出异状，随着疾病发展到肉眼能看到时，水霉已从鱼体向外生长成棉絮状菌丝。对孵化中的鱼卵和鱼体体表带有伤口的苗种、成鱼有严重危害。随着病灶面积的扩大，鱼体负担过重，游动失常，焦躁不安，食欲减退，直到肌肉腐烂，最后瘦弱而死。

[发病对象]　鱼卵或受伤的鱼体。

[发病季节]　水温 22℃以下，一年四季流行。

[防治方法]

① 用 0.19～0.23kg/m^3 的生石灰清塘。

② 在捕捞、运输和放养过程中，尽量避免鱼体受伤。

③ 在鱼种下塘前，要用浓度为 2%～3%的食盐水溶液药浴消毒 5～10min，并掌握合理的放养密度。

④ 受精卵在孵化前要进行严格消毒，水温最好控制在 26～28℃，孵化过程中要对受精卵进行再次消毒。

⑤ 用硫醚沙星，每100ml原液用20kg水稀释后全池泼洒。一般病情用100ml/(667m² · m)；若病情较重，可连用2天。

9. 锚头蚤病

［病原］ 鲤锚头蚤。

［症状］ 发病初期，病鱼游动缓慢，急躁不安，鱼体消瘦；虫体附着处组织发炎、红肿，并出现石榴般红斑（图8-46，彩图）。

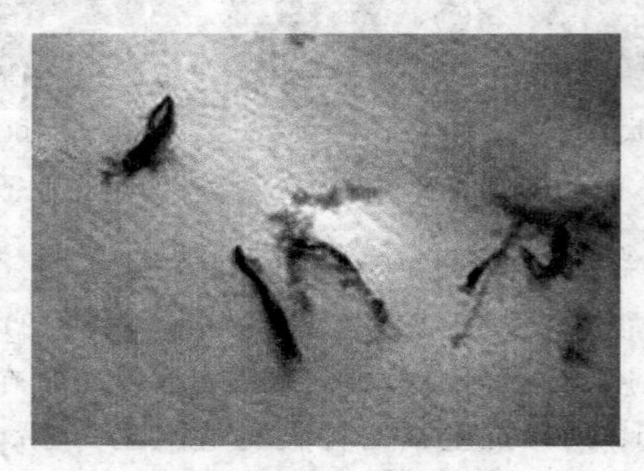

图8-46 锚头蚤虫体图

［发病对象］ 鱼种、成鱼。

［发病季节］ 4～10月。

［防治方法］

① 用生石灰彻底消毒清塘。

② 用90%的晶体敌百虫全池泼洒，使池水含药0.3～4mg/L，疗效显著。黄颡鱼为无鳞鱼，用敌百虫要注意使用剂量。

③ 采用轮养法可以减少锚头蚤的侵袭。

10. 营养性疾病

［病因］ 由饲料配方营养不平衡、原料变质或蛋白质中必需氨基酸、能量不够等引起。

［症状］ 肝、胆肿大，肝黄胆黑（图8-47，彩图），个体大的先死。

［发病对象］ 成鱼。

［发病季节］ 全年。

［防治方法］ 改进配方，提高饲料质量，饲料中粗蛋白含量应达到35%以上。饲料中必须添加适量的维生素和微量元素，如果

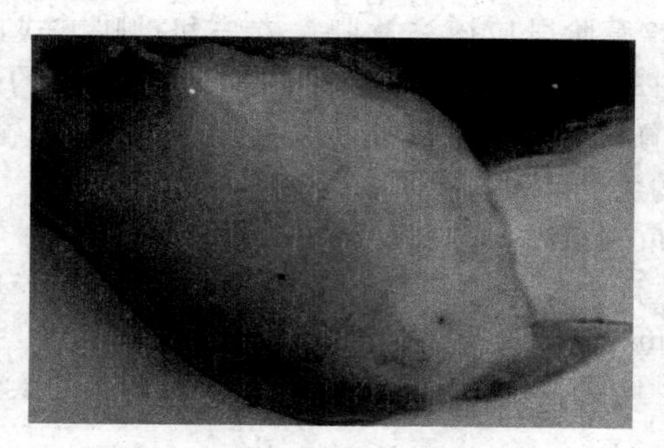

图 8-47 肝脏肿大变黄症状

有专用添加剂则更佳。饲料中长期添加生物活性物质，可大大提高黄颡鱼的机体免疫力和生长速度。

八、黄颡鱼养殖的关键技术

① 黄鳝鱼的品种选择很重要，目前推广的全雄黄颡鱼生长速度比原有雌雄混合养殖的快 30%左右，是黄颡鱼养殖比较好的品种。

② 如果购买或全雄黄颡鱼的制种有问题，为提高生产效率，可以按照实际黄颡鱼的生产需求量培育 2～3 倍的夏花鱼种，利用分筛的办法，可以基本分出雌雄夏花鱼种，对雄性夏花鱼种进行单独养殖，也可以达到提高生产效率的作用。

③ 黄颡鱼的繁殖只要亲鱼选择得好，人工催产没有太大的问题。重点是苗种培育，苗种培育的技术关键又是黄颡鱼的开口阶段，应该利用浮游动物进行开口，提供充足的浮游动物，使黄颡鱼从摄取内源性营养到摄取外源性营养平稳过渡，可以大大提高黄颡鱼苗种的成活率。

④ 在黄颡鱼苗种培育过程中，应该选择适口的生物饵料，根据不同的阶段选择不同的饵料生物，在饵料生物投喂的过程中，应该做好消毒处理，防止苗种阶段感染疾病。

⑤ 苗种培育阶段应该注意放养密度，如果放养密度过大，或者在苗种培育过程中不及时分筛容易爆发爱德华菌病，所以在苗种培育阶段应该进行多次分筛，实现大小分养和适当稀养。

⑥ 鱼种培育阶段应该注意驯食方法和投喂方式，尽量使鱼种适应人工饲料的喂养，并且培养鱼种的定时、定点的摄食习惯。

⑦ 饲料的配方应该讲究科学性和营养平衡性，选择的饲料应适合黄颡鱼的生长和发育要求。

⑧ 黄颡鱼成鱼高效养殖已经在全国进行推广，可以实现黄颡鱼池塘养殖生产力的最大化，可以大幅度地提高生产收益。

⑨ 黄颡鱼是一种比较贪食的鱼类，在喂养过程中应该注意每次的投喂量，防止过度投喂，不仅会引发黄颡鱼的疾病，还会造成饲料的浪费。

⑩ 在养殖过程中应该注意各个阶段的水质调节，防止水质变化影响黄颡鱼的生长，甚至引发泛池事故的发生。

⑪ 注意疾病的防控，特别是注意外病内治和定期进行药物预防，防止爆发病的发生。

第六节　斑点叉尾鮰

一、生物学特性

（一）营养价值

斑点叉尾鮰（图 8-48）是湖北省水产科学研究所于 1984 年引进的一种鮰科鱼类，经过多年的研究及推广养殖，证实该种鱼适合我国大部分地区养殖。也是我国引进的淡水鱼类中最为成功的品种之一。它不仅含肉率高，蛋白质和维生素含量丰富，而且肉质细嫩，味道鲜美，是一种深受养殖生产者和消费者欢迎的优质鱼类。鮰鱼肉嫩无细刺，胶汁爽口，肥而不腻，营养价值可与我国珍稀名贵鱼类媲美。类似甲鱼裙边的胶原蛋白含量在 22%；胆固醇仅为 0.07%；鱼油中含人体必需的不饱和脂肪酸达 73%，其中 DHA 和 EPA 含量为 25.1%。具有很好的降血脂、健脑益智、补肾明目、减肥、抗衰老、增强免疫力之功能。

（二）栖息特性

斑点叉尾鮰亦称沟鲶，属于鲶形目、鮰科鱼类。斑点叉尾鮰天然分布区域在美国中部流域、加拿大南部和大西洋沿岸部分地区，

图 8-48 斑点叉尾鮰

以后广泛地进入大西洋沿岸，现在基本上全美国和墨西哥北部都有分布。产地是水质无污染、沙质或石砾底质、流速较快的大中河流。也能进入咸淡水水域生活。斑点叉尾鮰属底层鱼类，幼鱼阶段活动能力较弱，喜集群在池边缘水体中摄食、活动，随着鱼体生长，游泳能力逐步加强，逐步向水的下层活动。现为美国主要淡水养殖品种之一。对生态环境适应性较强。适温范围为0～38℃，属温水性鱼类；生长摄食温度为5～36.5℃，最适生长温度为18～34℃。在溶氧2.5mg/L以上即能正常生活，溶氧低于0.8mg/L时开始浮头，正常生长的pH值范围为6.5～8.9，适应盐度为0.2‰～8.5‰。斑点叉尾鮰适温广、耐低氧、个体大、食性杂、生长快、产量高、易繁殖、易饲养、易捕捞、抗病力强，极适合各地采用各种方式养殖。

(三) 食性

根据对327尾体长2.3～28.1cm的斑点叉尾鮰观察和食性分析，在人工饲养条件下对投喂的配合饲料都能摄食，尤其喜食由鱼粉、豆饼、玉米、米糠、麦麸等商品饲料配制而成的颗粒饲料，还能摄食水体中的天然饵料，包括常见的底栖生物、水生昆虫、浮游动物、轮虫、有机碎屑及大型藻类等。

斑点叉尾鮰从鱼苗至成鱼在以人工饲养为主的池塘中，鱼苗、鱼种及成鱼主要是摄食人工配合饲料，但摄食人工配合饲料的强度鱼苗期要低于鱼种及成鱼期，这可能与幼鱼阶段摄食器官发育程度、池塘中适合幼鱼的天然饵料数量有关。如 2.3～4.5cm 的幼鱼在投喂人工配合饲料为主的情况下，其食物组成为浮游动物、枝角类、桡足类、摇蚊幼虫及部分人工配合饲料为主；10cm 至成鱼阶段则以投喂人工配合饲料及部分底栖生物、水生昆虫和陆生昆虫、枝角类、无节幼体、轮虫等为主。在以培育天然饵料为主的池塘中，鱼苗、鱼种及成鱼对天然饵料的摄食种类要求也有差异，前者主要摄食较小的生物个体，随着摄食器官的日趋完善，鱼体的增大，摄食量的增加，逐渐以个体较大的生物为主。在 2.3～4.5cm 鱼苗阶段主要摄食浮游动物、轮虫、枝角类、桡足类、摇蚊幼虫及无节幼体等为主。在 10cm 以后对天然饵料有一定的选择性，主要摄食个体较大的生物，如底栖生物、水生昆虫、陆生昆虫、大型浮游动物、水蚯蚓、甲壳动物、有机碎屑等为主。

在冬季低温期天然饵料不充足条件下能摄食个体较小的虾。胆囊管道上有较多的胰岛细胞，能分泌消化液促进消化功能。肠长与体长之比随着鱼体增长而增长，肠弯曲也随之增加。鳃耙数目的变幅，外侧平均值为 17～20，内侧平均值为 18～21。鳃耙数目变化不大，鳃耙间距变化较大，随着鱼体的增大鳃耙间距愈来愈大。斑点叉尾鮰属底栖鱼类，较贪食，具有较大的胃，胃壁较厚，饱食后胃体膨胀较大。有集群摄食习性，并喜弱光和昼伏夜出摄食。摄食方式在 10cm 以前吞食、滤食方式并用，10cm 以上开始以吞食为主，兼滤食。

（四）生长

在美国有报道最大成熟个体全长为 127cm。在池塘养殖条件下，第一年体长可达 13～19.5cm，第二年可达 26～33cm，第三年可达 34～45cm，第四年可达 46～57cm，第五年可达 58～63cm。斑点叉尾鮰性成熟后其生长速度没有明显的下降迹象。在池塘养殖中常见体长超过 53cm，体重超过 1.5kg 的个体。最大个体可达 35kg 以上。

（五）繁殖特性

斑点叉尾鮰性成熟年龄为 4 龄以上，人工饲养条件好的少数 3 龄鱼可达性成熟，性成熟鱼体重为 1kg 以上。在自然条件下，斑点叉尾鮰在江河、湖泊、水库和池塘中均能产卵于岩石突出物之下，或者淹没的树木、树桩、树根之下或河道的洞穴里。斑点叉尾鮰的雄鱼是典型的筑巢鱼类，在与雌鱼交尾后会赶走雌鱼，并守护受精卵发育直至孵出鱼苗。通常斑点叉尾鮰产卵温度范围为21～29℃，最适温度为26℃，水温超过30℃不利于受精卵的胚胎发育和鱼苗成活。在长江流域斑点叉尾鮰的繁殖季节为6～7月。体重（或年龄）较大的比体重（或年龄）较小的其产卵季节要早些。产卵时，每尾鱼通常以尾鳍包裹对方头部，雄鱼剧烈抖动鱼体并排出精液，与此同时，雌鱼开始产卵。卵受精后发黏，相互黏结而附于水池底部。据Clemens和Sneed（1957）报道，雄鱼护卵时位于卵块上方，不断摆动胸鳍，以达到对受精卵增氧的作用。

二、人工繁殖技术

（一）亲鱼的选择

因为斑点叉尾鮰为引进品种，引进的数量和批次有限，不可能每个繁育场都能从原产地选育，只能从成鱼养殖场中选育优质的个体进行培育。为避免近亲繁殖，在选择亲鱼时，应该从不同引进场家的成鱼中进行选育，而且在同一场家只能选择同一性别的个体。选择的亲鱼生物学特征明显，体质健壮，无病无伤。年龄4～8龄以上，体重1.5kg以上，体长30～50cm。

（二）亲鱼培育

1. 亲鱼池条件

亲鱼池2001～2668m²（3～4亩），水深1.5m，南北朝向，淤泥厚20～30cm。亲鱼池水源充足，水质优良，符合渔业水质标准，排灌方便。远离闹市，周围没有污染和噪声源。

2. 亲鱼池的整理

按照常规要求进行池塘整理、清塘、消毒。

3. 放养密度和放养比例

放养密度为30～50尾/667m²，雌雄比为1∶1。亲鱼池中可搭配3～4寸（1寸＝3.33cm）的花白鲢150～250尾/667m²，利于调控池塘水质。池塘中不得搭配放养鲤鱼、鲫鱼，这两种鱼争食能力太强，不利于亲鱼的培育。

4. 饲料选择

一般选择配合饲料，蛋白质含量为25%～30%。在繁殖前1个月可以适当投喂一些冰鲜野杂鱼。

5. 饲养

在饲料喂养中，要按照“四定”投饵的原则进行投喂，根据“四看”方法灵活掌握每天的投饵量。一般水温5～10℃时，投喂量为池中亲鱼体重的1%；12～20℃时，投喂量为2%；20～35℃时，投喂量为3%～4%。一天一次。在产卵前30天左右，可以投喂小鱼等冰鲜饲料。

6. 水质管理

亲鱼池每隔10～15天换水1次，夏季7～10天换1次水。有增氧机的可以在适当的时候开启增氧机，增氧机的开启可以参照前面的介绍。池塘水质要保持溶氧在4mg/L以上，pH值保持在6.5～8.5，较高时，可以在池中适当泼洒一些食醋，太低可以在池中泼洒10～20mg/L的生石灰。

7. 产卵前的准备

为保证亲鱼能够顺利产卵，在产卵前1月，每天晚上冲水2～3h，以提高亲鱼的产卵率。

(三) 催情产卵

1. 自然产卵

在自然条件下，亲鱼会在树洞、堤坎洞等洞穴中产卵。在池塘条件下，一般提供人工鱼巢供亲鱼产卵。人工鱼巢可以选用陶瓷罐、塑料罐、金属罐和竹篾篓等。目前，我国大多数场方采用加工后的榨菜罐。把榨菜罐底部锯穿，用网布扎紧，保证罐中水流通畅(图8-49)。

斑点叉尾鮰的产卵时间为4月下旬至7月。当水温达到18～19℃时开始放置。放置地点离岸3～5m。每隔5～6m放一个鱼巢，每个鱼巢用一根细绳连接漂浮体作为记号，鱼巢一般平放在水中，方向不定。亲鱼一般在20℃时开始产卵，所以，检查鱼巢的时间也是在水温20℃以后。

图 8-49 斑点叉尾鮰人工鱼巢

繁殖时，雄鱼首先进入鱼巢，并用胸鳍和尾鳍不停扇动，清除鱼巢中的淤泥和杂物。然后引诱雌鱼进入鱼巢。雌鱼进入鱼巢一段时间后，雌雄亲鱼首尾相连，各自用尾鳍紧贴对方头部，形成一个"太极图"状（图 8-50），雄鱼身体开始剧烈抖动排精，同时雌鱼开始产卵。产卵完毕后，雄亲鱼会赶走雌亲鱼，独自护卵至鱼苗孵出，在护卵过程中，雄亲鱼会在受精卵上方不停扇动胸鳍，保证受精卵的溶氧。斑点叉尾鮰的卵为黏性卵，产出的卵成团黏在鱼巢壁或底部网布上。产卵时间一般在夜晚或清晨，所以收卵时间应该在每天上午 10 时以后。收卵时应该轻轻把卵团从鱼巢壁或底部刮出放入装水的盆中，在放置及运输过程中避免阳光直射。

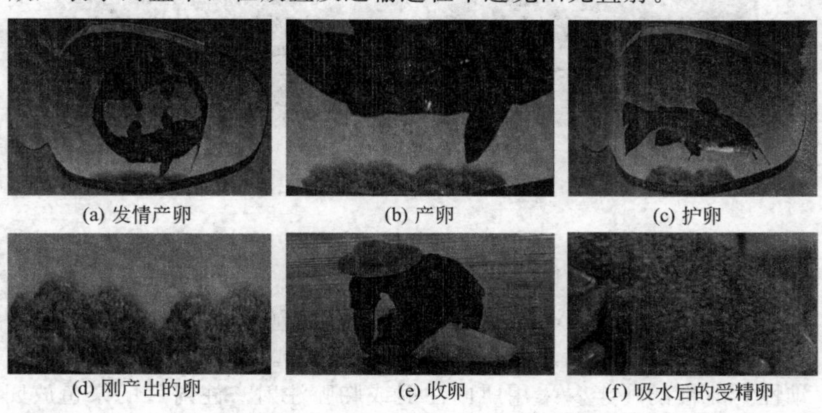

(a) 发情产卵 (b) 产卵 (c) 护卵

(d) 刚产出的卵 (e) 收卵 (f) 吸水后的受精卵

图 8-50 斑点叉尾鮰产卵受精及收卵过程

2. 人工催产

(1) 产卵池 选择排灌方便的水泥池，面积 80～120m²，水深 1.2～1.3m，也可利用四大家鱼的产卵池。产卵池的放养密度为每 5～6m²放置 1 组亲鱼（1 组为 1 雌 1 雄）。

(2) 鱼巢的制作与设置 可选用高 60～70cm、直径 30～40cm 的塑料桶制作产卵鱼巢。在塑料桶底部开一个口，口的直径大小略小于底部大小，用网布封口即可。也可用白铁皮制作，白铁皮的厚度为 1mm，形状为圆柱形或长方形，长 70～75cm，宽 40～45cm，前端设一个直径 20cm 的进出口，后端用网布封底。在产卵季节，将产卵巢卧放在距池边 3m 左右的产卵池底部，进出口端朝向池中央，并用一个细绳系在口端，另一端与浮子连接，以便检查产卵情况。产卵巢的设置数量为亲鱼配组数的 50%～60%，间距 4m 左右。

(3) 催产 在 4 月下旬至 7 月，当水温稳定在 22～28℃时可以进行人工催产。雌鱼选择腹部柔软、膨大，头宽小于体宽，生殖孔及肛门红润，腹部朝上平放，有明显卵巢轮廓的雌鱼。雄鱼头部肌肉发达，头宽大于体宽，体色深黑，腹部较小，肛门红肿不明显（图 8-51，彩图）。雌雄比例为（3∶2）～（4∶3）。

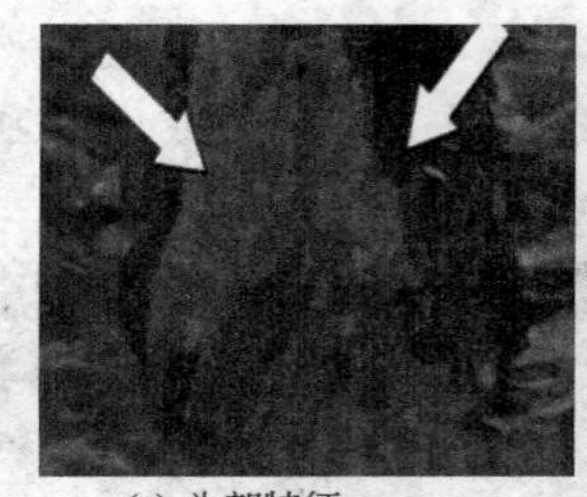
(a) 头部特征

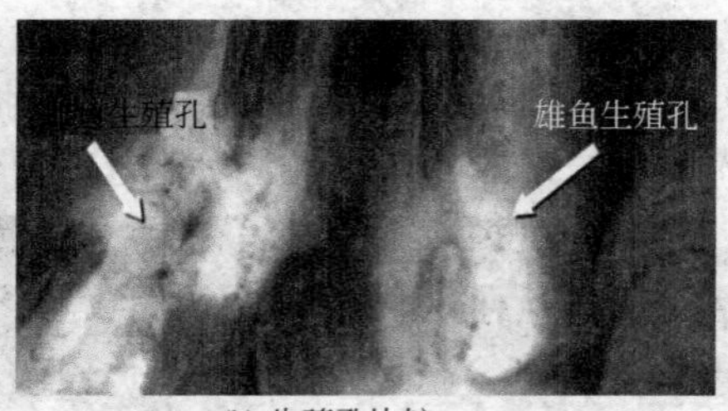

(b) 生殖孔比较

图 8-51 雌雄部分性征比较

催产药物为 PG、HCG、LRH-A、DOM 等，以混合使用为宜。PG 4.5～6mg/kg，或 HCG 900～1000IU/kg，或 $LRH\text{-}A_2$ 20～25μg/kg，或 PG 2.0mg＋HCG 600～700IU/kg，在催产时可以加入适当的 DOM，但不能超过 5mg/kg。一般采用一次注射，雄性为雌性的一半。采用肌内注射或胸腔注射。注射后的亲鱼放回设置好鱼巢的产卵池中，让其自然产卵。产卵池应该保持微流水刺激，使池水溶解氧保持在6mg/L以上。

(4) 鱼卵收集 亲鱼注射激素24h以后，开始检查产卵情况。亲鱼一般在夜晚或清晨产卵，所以收卵块的时间应该在上午10点以后。当发现鱼巢中有卵块时，应该马上移走，防止亲鱼被惊动后吃食鱼卵。取卵和运输时不能让阳光直射。产卵池的水温与孵化水温的温差不能超过3～4℃。

(四) 孵化

斑点叉尾鮰的孵化方法有许多种，各地可以根据各地的实际情况选择合适的孵化方式，主要有如下方法。

1. 专用孵化设备

是在流水水泥池中架设电动划水设备，在每个划水桨叶之间挂2个塑料筐，在每个塑料筐中放置一个卵块，通过桨叶划水增加氧气和微流水充氧来满足受精卵孵化过程中的氧气需求，使受精卵顺利孵化出鱼苗。孵化出的鱼苗从塑料筐的筛眼中掉落到水泥池中，再用虹吸的办法把孵化出的鱼苗吸出，转入鱼苗暂养池进行暂养，可以保证很高的成活率。斑点叉尾鮰专用孵化设备及工作状况见图8-52。

2. 水箱孵化

水箱可以用铁皮或塑料制作，长1.2m，宽0.8m，高0.5m，用增氧泵从底部增氧，每箱放卵3万～4万粒，每天换水1次，也可进行微流水孵化。这种方法适合小批量生产。

3. 水泥池充氧孵化

可以利用现有的水泥池进行孵化，池底安装环形充气装置，每平方米放受精卵1万～2万粒。每1～2天换1次水，或者采取微流水充氧。

4. 环道孵化

孵化环道是一般鱼苗孵化场常见的大型孵化设备，可以在环道中架设10目塑料筐，每立方米放受精卵20万～30万粒。水的流速控制在1～1.5m/min。在孵化过程中要及时清除死卵、死苗等，以保持水质清新。鱼苗孵化出膜后，从塑料筐网眼中掉落到环道中。

(a) 专用孵化池

(b) 正在工作的设备

(c) 受精卵的放置情况

图 8-52 斑点叉尾鮰孵化设备及工作状况

5. 孵化槽、孵化缸孵化

孵化槽、孵化缸是常见的两种中小型孵化设备，可以直接把受精卵放在孵化槽、孵化缸中孵化，每个孵化桶的放养密度为20万～30万粒，孵化缸的放养密度可以参照环道的放养密度。

水温20～28℃为最适孵化水温，溶氧要保持在5mg/L以上，pH值6.5～8.0。孵化时最好把卵块掰成小块，每天上下午各翻动卵块1次，并摘去未受精卵或死卵、坏卵。在孵化的第二天用3mg/L的高锰酸钾浸泡10～15min；在鱼苗出膜前2天每天用相同浓度的高锰酸钾浸泡10～15min。孵化时间随水温的升高而缩短，一般需要7～8天孵化出膜。

刚孵化出膜的鱼苗为卵黄苗。卵黄苗要及时转入鱼苗暂养池中暂养，暂养池长4m×宽2m×深1m，水深60cm，放养量为1万～1.5万尾/m^2。暂养池进排水方便，呈微流水状态，设置充氧设施，保证水中有充足的溶氧。在卵黄消失后加入小型浮游动物。用

180～200 目筛绢捞取浮游动物，用 60 目网布过滤，用过滤网下面的浮游动物投喂，每天投喂小型浮游动物活饵料 3～4 次，每次保证池水中浮游动物数量 10～15 个/ml。

三、鱼苗培育

（一）鱼池条件

鱼苗培育池面积 667～2001m^2（1～3 亩），水深 0.8～1m。排灌水方便，水源充足，水质优良，池埂坚固，底质好，淤泥厚度 10～20cm。在鱼苗下塘前 15～20 天每 667m^2 用生石灰 75～150kg 彻底清塘消毒。鱼苗在下塘前 7～10 天注水 70～80cm，药效消失后，每 667m^2 施发酵后的有机粪肥 300～500kg 或绿肥 300～400kg；或有机肥与生物菌肥的混合肥，施肥量为 1～1.25kg/667m^2。待水中浮游动物数量为 5000 个/L 时投放鱼苗。

（二）鱼苗放养

通过试水证明毒性消失或有大量浮游动物后即可放苗。鱼苗放养量为每 667m^2 5 万尾左右。

（三）培育管理

1. 饲养

鱼苗放养 1 周内基本不需要投喂饲料，仅靠池中浮游动物即可满足此阶段鱼苗的摄食需要。如果池中浮游动物数量较少，可以投喂黄豆浆，一天 1 次，投放量为 0.1～0.2kg/万尾。豆浆一部分可以直接被鱼苗摄入，一部分被浮游动物利用，增加了它们的繁殖速度，给鱼苗提供了更为丰富的生物饵料。也可以每隔 1 天每 667m^2 施菌肥 1～2kg，可以让浮游动物持续繁殖生长，使鱼苗能够获得持续的、充足的生物活饵料。1 周后，可以投喂人工配合饲料，配合饲料的主要成分为鱼粉、玉米粉、黄豆粉、维生素和矿物质等，蛋白质含量为 35%～40%。每天投喂 3～4 次，投喂时先将饲料加水揉成团，然后投喂。投喂要坚持“四定”投饵的原则，要根据天气、水温、水质、鱼的摄食及活动情况灵活掌握，以 30min 内吃完为好。

2. 水质管理

每 7 天加注 1 次新水，每次加水量为 10～15cm，使池水的溶氧保持在 4mg/L 以上。

3. 日常管理

坚持每天早上和晚上各巡塘 1 次，观察鱼的活动情况和水质情况，清除池中杂物。根据水色及鱼的活动情况及早发现病害情况并采取相应的措施。

鱼苗经过 20 天左右的培育，可长成 3～4cm 的夏花鱼种，即可转入大规格鱼种培育。

四、鱼种培育

(一) 培育池的条件

培育池面积 2001～3335m^2 (3～5 亩)，水深 1.2～1.5m，池塘放养前的准备同鱼苗培育。

(二) 鱼苗放养

(1) 放养时间 7～8 月。

(2) 放养规格 3～4cm/尾。

(3) 养殖形式 单养。

(4) 放养密度 7000～10000 尾/667m^2。

(5) 搭配鱼种放养 在鱼苗下塘 15 天以后搭配 4cm/尾左右的白鲢鱼苗 500～800 尾/667m^2，可以维持良好的水质。

所有鱼苗放养前要求规格整齐、体质健壮、无病无伤，并进行鱼体消毒。

斑点叉尾鮰为集群生活觅食鱼类，也就是说它们在池塘中无论放养多少它们都是在一种相对密度较大的环境中生活，因此，采用稀放速成的方式进行斑点叉尾鮰的苗种培育无法达到理想效果。

(三) 培养管理

1. 饲养

根据斑点叉尾鮰的食性转化规律，在夏花鱼种阶段比较偏重摄取浮游动物，因此在夏花鱼种下塘时要采用肥水下塘的方式，具体方法按照常规方法培育水质。

夏花下塘后，将粉状配合饲料用水搅拌成团状投饵，当鱼苗长至6～7cm/尾以后，可以选择粒径1.5～2mm的破碎配合饲料。常用配方为：鱼粉18%，豆饼34%、三等面粉28%、玉米粉10%、米糠10%。此配方饲料的蛋白质含量在35%。

每天上午下午各投喂一次，以采用手撒的方式为好，一般以80%～90%的鱼吃完游走为好。也可以采用投饵机投喂，利用投饵机投喂时，最好采用驯食处理。斑点叉尾鮰的驯食比较容易，只要把投喂地点慢慢引到投饵机投喂的范围内即可。

每天的投喂量要根据天气、水温、水质和鱼的吃食情况进行灵活掌握。一般水温15～32℃时，投喂量为池中斑点叉尾鮰总体重的3%～5%，水温降至13℃以下，每天只投喂1次，投喂量为1%。冬季每周投喂1～2次，投喂时要选择气温较高，晴天的下午投喂。

2. 水质管理

一般每10天左右加注1次新水，每次加水量为20～25cm，夏天每5～7天加注1次新水。池水的溶氧保持在3mg/L以上。

3. 日常管理

坚持每天早上和晚上各巡塘1次，观察鱼的活动情况和水质情况，清除池中杂物。根据水色及鱼的活动情况及早发现病害情况并采取相应的措施。

4. 病害防治

斑点叉尾鮰鱼种阶段的疾病主要是寄生虫病和水霉病等疾病。鱼种阶段的病害防治还是以预防为主，通过生石灰清塘可以预防黏孢子虫等寄生虫，水霉病通过谨慎操作减少鱼体受伤和鱼体消毒等方法进行预防。另外，由于斑点叉尾鮰比较贪食，容易产生肠道疾病，可以采用定期投喂药饵的方法防治。

经过120天左右的养殖，斑点叉尾鮰的规格可以达到30～50g/尾，体长10～15cm，可以进入成鱼养殖阶段。

(四) 捕捞

由于斑点叉尾鮰有集群摄食的习惯，所以，可以采用诱捕的方式进行捕捞。捕捞前，投饵使鱼种集中摄食，用网围住鱼群迅速转入暂养捆箱，在捆箱中捆养数小时后放掉，可以达到锻炼的目的。采用这种方式可以捕捞75%以上的鱼种。捕捞鱼种要采用网眼较小的网具，减少鱼种挂在网具上的情况，如果有鱼挂在网上，可以连网带鱼放入水中，鱼体可以自行脱落，减少鱼体受伤。

五、成鱼养殖

(一) 池塘养殖

1. 池塘条件

池塘应选择在远离闹市，无噪声的地方。应水源充足，水质优良，排灌分离，进排水方便，交通便利。水源符合《无公害食品 淡水养殖用水水质》标准。水体溶氧在4.5mg/L以上，pH值为6.8～8.5，透明度为40～50cm。池塘以长方形、东西向最好，面积3335～33350m^2（5～50亩），最适面积10005～16675m^2（15～25亩），池深2～2.5m，水深1.5～2m，池塘底部淤泥厚度应小于20cm或以硬质、砂质底为宜。

2. 池塘准备

池塘整理、清塘消毒按照常规方法处理。清塘消毒后注水1.2～1.5m。单养不需要施底肥（如果混养则需要施农家肥作为底肥，80～100kg/667m^2），进水口应用50目的筛绢过滤，水源保持清新，透明度为50～70cm，毒性消失后即可放鱼。

3. 鱼种放养

(1) 质量 放养的鱼种符合斑点叉尾鮰的生物学特征，规格整齐、身体健壮、无病、无伤、无畸形、体表光滑、黏液丰富。

(2) 规格 放养规格根据上市规格和时间等确定，一般为10～15cm/尾。

(3) 放养密度 根据上市规格及产量计算放养密度。由于斑点叉尾鮰有集群活动摄食的习惯，另外，它们对溶氧的要求较低，可以进行高密度放养，放养密度一般为1000～2000尾/667m^2。

(4) 搭配鱼类 为了充分利用池塘的饵料资源和水质调控，可以搭配一定数量的花鲢、白鲢，但不能搭配鲤鱼、鲫鱼，因为这两种鱼对饲料的要求与斑点叉尾鮰基本相似，抢食能力比它们强，搭配会影响斑点叉尾鮰的生长。白鲢的搭配规格为10～15cm/尾，数量为200～220尾/667m^2，花鲢规格为15～20cm/尾，数量25～30尾/667m^2。也可以搭配少量的草鱼或团头鲂，分别为10尾/667m^2和30尾/667m^2。

(5) 放养方法 放养鱼种时要注意温差，温差不能超过5℃。放养适宜水温2～24℃，鱼种投放前必须用3%的食盐水浸泡10min左右，杀灭各种病原体，并对受伤鱼体的伤口消炎。鱼体消毒后，最好不要再离水，应该连同容器一起放入水中，让鱼种慢慢游出。

(6) 放养顺序 首先放养白鲢、花鲢，5天后放养斑点叉尾鮰，最后放养草鱼或团头鲂。

(7) 放养时间 放养水温在5℃以上，如果在5℃以下，会造成冻伤。最适放养水温为18～20℃。低于18℃，容易造成水霉病的发生，高温放养则容易造成鱼体受伤和缺氧。

4. 饲料

(1) 饲料的种类 饲料主要有天然饲料和人工配合饲料。天然饲料主要为无污染的小鱼、禽畜屠宰的下脚料等动物性饲料以及豆饼、菜饼等植物性饲料。人工配合饲料主要有沉性颗粒饲料和浮性膨化饲料，膨化饲料是目前养殖的首选饲料。

(2) 饲料的质量 饲料必须符合《无公害食品　渔用配合饲料安全限量》，饲料必须符合斑点叉尾鮰的生长与生理需要，不会产生异味，蛋白质含量在28%～30%。

5. 投喂

投喂量要根据不同季节、不同水温按照水体鱼体总量的比例计算。水温8～15℃，投喂量为1%～1.5%；15～20℃，投喂量为2%～2.5%；20～25℃，投喂量为3%～3.5%；25～32℃，投喂量为3.5%～4%。投喂方法根据不同体重的鱼投喂次数不同，鱼体重在50g/尾以下每日投喂3次，上午8时、中午2时、下午6时各投喂1次。50g/尾以上日投喂2次，上午6～7时、下午6～7时各投喂1次。采用手撒投喂，以投喂的饲料15～20min能摄食完为准。投喂要遵循“四定”原则，要根据天气、季节、水质和鱼的活动情况灵活调整每天的投喂量。做到投匀、投足、投好，不能投喂腐败变质的饲料。

6. 水质管理

春秋两季，每15天换水1次，高温季节，每5～7天换水1次，每次换水量为池水重量的1/3。同时，池水水位要根据季节进行调整，以利于鱼类生长，春季水位应该较低，通过阳光的照射迅速提高水温，让鱼早开口，水位一般控制在0.8～1m，夏季日照强度大，水位应该高一些，控制在1.2～1.5m。秋季天气开始转凉，应该增加水位保温，水位可以适当加大。冬季鱼类要越冬，水越深，越冬效果越好，所以冬季的水位是全年最高的。

水质的调节除了通过水位调节以外，还可以通过架设增氧机的方法增加池水溶氧，一般每3335m^2（5亩）加3kW/h的增氧机一台，增氧机的使用方法参见大口鲶“六、成鱼养殖”。

水质调控的另外一个方法就是泼洒药物进行调节，每20～30天全池泼洒10～15mg/L的生石灰1次或微生态制剂，可以达到调节水质的作用。池水要保持溶氧5mg/L以上，pH值6.8～8.5，氨氮低于0.4mg/L，透明度35～40cm，水色最好为茶褐色。

7. 日常管理

每天坚持早晚各巡塘1次，观察饲养池塘水色变化、水位变化、鱼的活动情况和摄食情况，及时发现问题、处理问题。及时清除池中杂物，保持清洁卫生的生态环境。每天做好日志。

8. 病害防治

病害防治主要以预防为主，重点在鱼种放养阶段落实鱼体消毒；每月用生石灰全池泼洒1次，每15天用0.3～0.35mg/L的二氧化氯全池泼洒1次，每隔20～30天投喂药饵1次。发现鱼病及时治疗。在鱼上市前20天要停止用药。

9. 捕捞上市

在养殖过程中可以根据市场情况把达到规格的个体捕捞上市，既可以增加收入，又可以减轻池塘的负荷，利于其他个体的生长。

(二) 网箱养殖

1. 养殖水域条件

具体内容参见黑鱼“五、成鱼养殖”。

2. 网箱的制作

(1) 材料 聚乙烯网片。

(2) 网箱面积 当鱼种规格为10cm/尾时，外箱4m×4m×2.5m，内箱四面至少距外箱3cm以上，网目2cm。当鱼长至150g/尾时，网箱网目换成5cm。

3. 网箱的设置

具体内容参见黑鱼“五、成鱼养殖”。

4. 网目大小与放养规格

网箱网目的大小要根据放养鱼种的规格而定，原则是以不逃鱼为目标的最大网目，这样可以最大限度地提高网箱的水体交换，利于鱼类生长。一般鱼种网箱的网目为1～1.1cm，成鱼网箱的网目为2～5cm。网箱网目大小与放养鱼种的规格如下。

网目1.0cm，放养规格5.0g/尾。

网目1.3cm，放养规格6.0g/尾。

网目1.6cm，放养规格8.0g/尾。

网目2.0cm，放养规格10.0g/尾。

网目3.0cm，放养规格13.3g/尾。

网目5.0cm，放养规格150.0g/尾。

5. 网箱食台

如果使用浮性饲料，可在网箱中设置一个可浮在水面的框架，框内水面应占网箱水面的25%左右，框的上面应用网片遮盖，防止鸟类等偷食。框架要高出水面20cm，防止鱼类摄食时饲料被溅出框外，向下延伸40cm，防止饲料从框下溢出。

如果使用沉性饲料，可用钢筋和聚乙烯网片制成无盖圆盘作为食台，边高10～15cm，面积约为网箱面积的20%，沉于箱底，另制一个1m长的塑料管立于食台上方作为投喂饲料的通道。网箱上面可以搭盖遮阳网，防止鸟类或其他动物捕食鱼类，也可避免阳光直射，利于鱼类生长。

6. 鱼种放养

(1) 鱼种放养的形式 目前常采用二级放养，第一级从10g长至150g，第二级从150g养至750～1500g。也可直接从50g直接养成成鱼。

(2) 放养鱼种质量 放养的鱼种符合斑点叉尾鮰的生物学特征，规格整齐、身体健壮、无病、无伤、无畸形、体表光滑、黏液丰富。

(3) 放养规格与密度 一般 5cm/尾鱼种入箱，放养密度 1400～1600 尾/m^2；规格 8～10cm/尾，放养密度 350～400 尾/m^2；规格为 150g/尾，放养密度 150～250 尾/m^2。具体放养密度视箱体大小和水体环境好坏而定，箱体小、水体环境好，则可多放；箱体大、水体环境差，则放养密度应小一些。

(4) 放养时间 在水温 5～30℃内任何时候都可以放鱼。2～3 月中旬，水温低于 14℃时是最佳放养时机。

(5) 放养注意事项 具体内容参见黑鱼“五、成鱼养殖”。

7. 喂养

网箱养殖要遵循“四定”投喂原则，采用“四看”的方法进行喂养。参见黑鱼相关内容，这里定量投喂，每个网箱投喂时间控制在 30min 左右。

8. 日常管理

参见第八章“第四节 黑鱼五、成鱼养殖（二）网箱养殖”相关内容。

9. 病害防治

病害防治可参照后面介绍的方法进行。

六、病害防治

（一）肠道败血症

［病原］ 一种细菌，可能是爱德华菌所致，具体还不明确。

［症状］ 全身具有细小的红斑（充血）或淡白色斑点，肝脏等内部器官也可能出现类似斑点（图 8-53，彩图），鳃丝发白。病原体还会感染鱼的脑部，病鱼在水中打转转，活动失常。

［发病对象］ 各种规格鱼种。

［发病季节］ 一般 22～28℃时容易发生。

［防治方法］

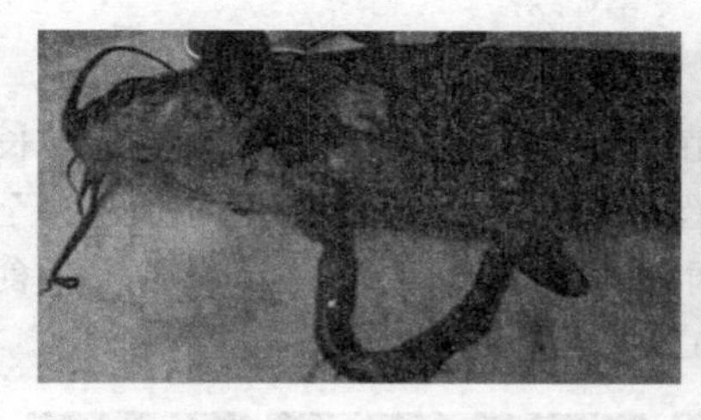
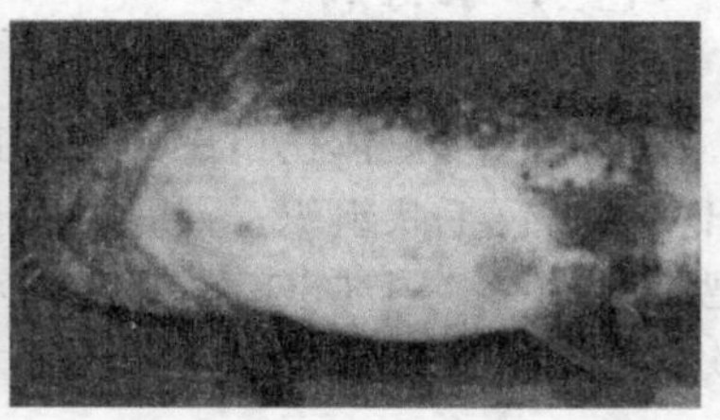

图 8-53　肠道败血症症状

① 在发病季节，使用稳定性二氧化氯或聚维酮碘溶液全池泼洒，同时，每 50kg 饵料每日拌入土霉素 250g 和大蒜素 100g，或拌入氟苯尼考，连续投喂 5～7 天。用内服药前，需停食一天，药饵量较平时投饵量减半。

② 全池用 2～3mg/L 的高锰酸钾泼洒。

③ 每 100kg 饵料每日拌入土霉素 180g，连续投喂 10～14 天。

(二) 柱形病

［病原］ 柱状屈桡杆菌（图 8-54，彩图）。

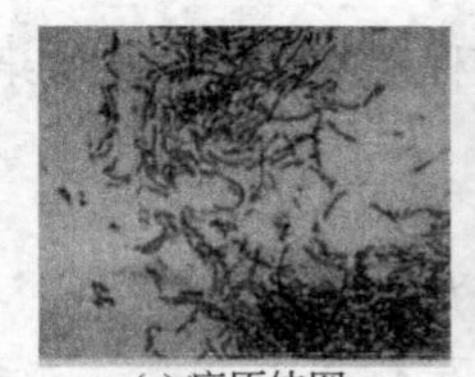
(a) 病原体图

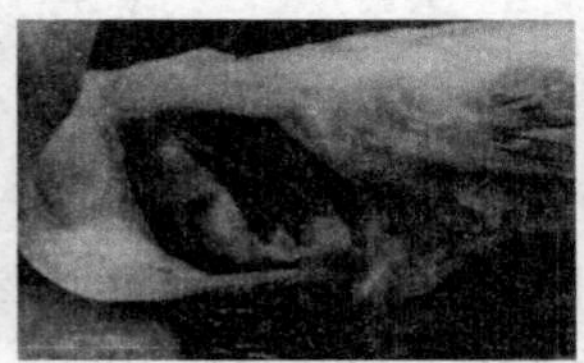
(b) 鳃部症状

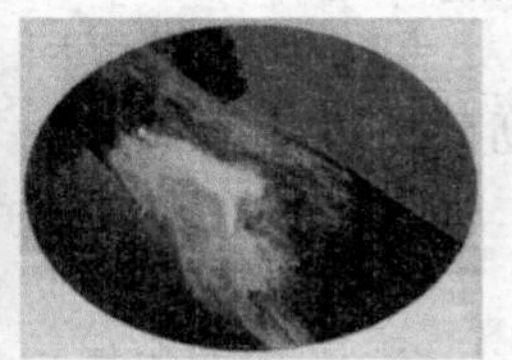
(c) 尾部感染

图 8-54　柱形病病原体及症状图

［症状］ 往往发病急，容易造成大量死亡，特别是 1 龄鱼和 2 龄鱼。发病症状表现为头部、躯干或鳍条等处出现白色斑点，病情加重时，感染部位皮肤溃烂，露出肌肉组织，甚至有时可以穿孔，最终病鱼被折磨而死。

［发病对象］ 危害各龄鱼体。

［发病季节］ 春末和秋初发生。

［防治方法］ 同肠道败血症。

（三）水霉病

［病原］ 水霉菌。

［症状］ 鱼体伤口感染水霉菌丝后，能沿着体表迅速蔓延，长出一层白色毛状组织，严重时菌丝可以深入到肌肉组织内部，甚至把肌肉烂穿（图 8-55，彩图）。病鱼患处肌肉腐烂，行动迟缓，食欲不振，最后因鱼体过度消瘦而亡。

图 8-55 水霉感染图

［发病对象］ 以 1 龄鱼和 2 龄鱼为主要发病对象。

［发病季节］ 该病在水温 17℃以下发生，是典型的季节性鱼病。低温的冬天可以大量发生，春天可以随着水温的上升而自然痊愈。

［原因］ 在拉网、起捕等操作和运输过程中受到损伤感染所致。

［防治方法］

① 谨慎操作，防止鱼体受伤，可以减少该病的发生。

② 下塘前鱼体用 3%的食盐水浸泡 10min 左右。

③ 发病时用水霉净可以减缓或治疗此病，按照使用说明使用。

（四）口丝虫病

［病原］ 口丝虫（图 8-56）。

［症状］ 体表具过多黏液，形成灰白色或淡蓝色的黏液层。病情严重的病鱼，感染区发红出血，鳍条折叠，呼吸困难，食欲丧失，鱼体消瘦，体色发黑。病鱼行动迟钝，出现昏睡，病程发展极快，造成急性死亡。

［发病对象］ 从鱼苗到亲鱼均能感染此病，但对幼鱼的危害最大。

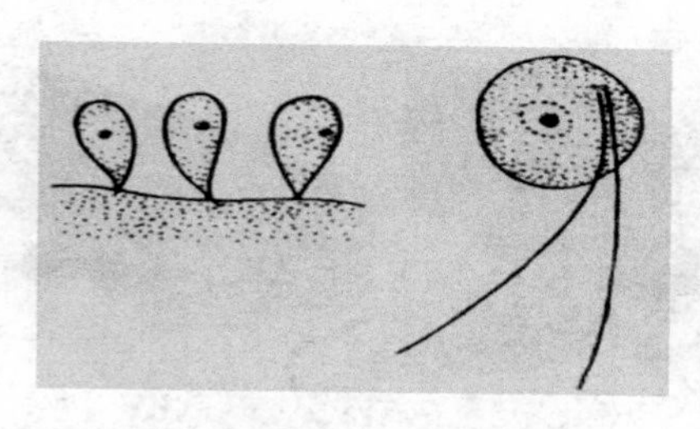

图 8-56　口丝虫形态图

［发病季节］　秋末至春季流行，条件适宜，病情发展极为迅速，3～5 天病鱼可大量死亡，各地均有发生。

［原因］　为条件性致病病原体，水环境合适时发生。

［防治方法］

① 放养前将鱼放入 8mg/L 硫酸铜溶液中浸泡 20～30min。

② 治疗用硫酸铜与硫酸亚铁合剂（以 5∶2 配比）泼洒全池，使池水达到 0.7mg/L 的浓度。

③ 将病鱼在 2%的食盐溶液中浸浴 5～15min。

④ 用 20mg/L 高锰酸钾溶液浸洗。根据不同水温决定浸浴时间。水温 10～20℃，浸泡 20～30min；水温 20～25℃时，浸泡 15～20min；25℃以上，浸泡 10～15min。

（五）小瓜虫病

［病原］　多子小瓜虫。

［症状］　主要侵害鱼的表皮、鳍条和鳃丝。感染部位肉眼可以看到白色点状突起囊泡（图 8-57，彩图），俗称“白点病”。病鱼体表出现一层白膜，鱼体消瘦，游动迟缓，漂浮在表层水面。

［发病对象］　鱼苗鱼种。

［发病季节］　水温 15～25℃时容易发生。

［原因］　为条件性致病病原体，水环境合适时发生。

［防治方法］

① 用生石灰彻底清塘，防止幼虫感染。

② 硫酸铜 0.5mg/L 和硫酸亚铁 0.2mg/L 合剂全池泼洒。

③ 高锰酸钾，一次量 10～20g/m^3，鱼种放养前，浸浴 15～30min。

图 8-57　小瓜虫感染图

④ 用 200～240mg/L 冰醋酸浸泡鱼体 15～20min。

⑤ 2.6g 生姜＋辣椒粉 0.5g/m^3，捣碎煮沸，全池泼洒，效果较好。

⑥ 采用生物防治法，在养殖池中搭配小型银鳞鲳，可专食病鱼体上的小瓜虫，达到治疗的效果。

（六）营养性疾病

［症状］ 病鱼外观个体肥大，体型粗短，肚大体圆，手感轻，下颚充血，有时还伴有蛀鳍烂尾、眼睛突出等症状。剖腹观察：鱼心脏、肝脏肥大，脂肪较多，严重者可见肠壁、肝脏均有脂肪沉积，甚至存在脂肪肝现象，有时腹腔内有血水，肠道充血。

［发病对象］ 成鱼、亲鱼。

［发病季节］ 全年。

［原因］

① 蛋白、能量比失衡，饲料中能量物过多，导致蛋白质合成受阻，营养代谢失调，脂肪过剩，在生长速度较快时更易发生此病。

② 饲料中维生素缺乏或不足。

［防治方法］ 使用营养全面的饲料，满足鱼生长所需的各种营养物质。使用抗生素等药物治疗效果很差。

（七）病毒病

［病原］ 疱疹病毒。

［症状］ 鳍条基部和皮下充血，腹部膨大，眼睛外鼓，表皮发黑，鳃丝惨白，肝脏肿大，内脏充血，肌肉出血，腹部膨大，

部分病鱼可见肛门红肿外突等。病鱼在表层水游动，行动迟缓，病鱼表现为嗜睡、打转或水中垂直悬挂状，然后沉入水下死亡。解剖后可见到体内有黄色渗出物，肝、脾、肾出血或肿大。胃内无食物，最显著的组织病理变化是肾管和肾间组织的广泛性死亡。

［发病对象］ 多发于1龄鱼种，全长在8～15cm，体重7～25g。

［发病季节］ 一般在10月份，水温25℃左右。当天气转凉，水温慢慢地降到27～20℃时，容易爆发流行。

［防治方法］

该病尚无有效的治疗方法，重在预防。预防时须对池塘消毒，对网具、运输工具等用高浓度消毒液浸泡消毒，防止病毒扩散。

（八）出血性败血症

［病原］ 嗜水气单胞菌。

［症状］ 病鱼在水中呈呆滞的抽搐状游动，摄食不正常，体表出现溃疡（皮肤、肌肉坏死），腹部肿胀，眼球突出，体腔内充满带血的液体，肾脏变软、肿大，肝脏灰白带有小的出血点，肠内充满带血的或淡红色的黏液，后肠及肛门伴有出血和肿大症状。

［发病对象］ 鱼种、成鱼。

［发病季节］ 春末或夏初。

［防治方法］ 50mg/L生石灰或1mg/L漂白粉全池泼洒，连续2～3天。同时每100kg饲料中添加土霉素0.2kg以及维生素C 0.02kg，制成药饵投喂，连续2～3天。

（九）爱德华菌病

［病原］ 爱德华菌。

［症状］ 发病部位在鳍条的基部，病鱼感染后，开始出现出血点，慢慢扩大渗透到内部，直至内部肌肉，最终导致肾脏、肝脏功能衰竭而死亡（图8-58）。

［发病对象］ 鱼苗、鱼种。

［发病季节］ 春夏季节。

［防治方法］ 每100kg饲料添加土霉素0.15kg制成药饵投

图 8-58 爱德华菌感染症状

喂，连续 2～3 天。外用市售专用杀菌消毒剂浸泡消毒。

(十) 车轮虫病

[病原] 车轮虫（图 8-59）。

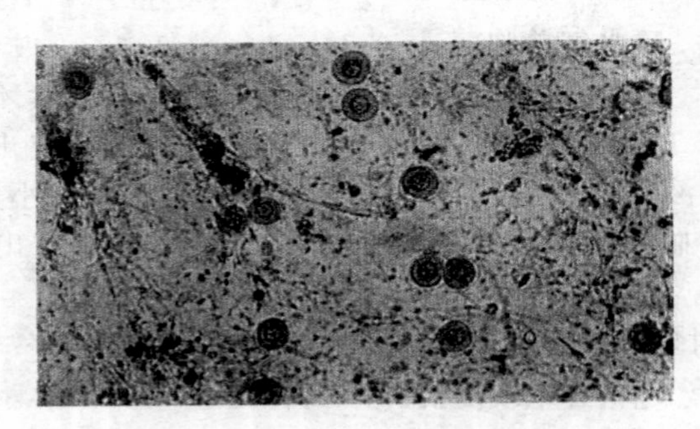

图 8-59 皮肤黏液中的车轮虫

[症状] 发病主要部位是鱼鳃。鱼鳃感染后，大量的车轮虫聚集在鳃丝上，侵蚀鳃丝，肉眼可见鳃部充血、黏液分泌增多，镜检可见活体车轮虫。鱼体发病后，在水表游蹿，呼吸困难，体色发暗，形体消瘦，吃食不正常。

[发病对象] 鱼苗、1 龄鱼种。

[发病季节] 春季。

[原因] 特别是养殖密度过大，水质恶化的时候容易爆发。

[防治方法] 池鱼密度过高时，要合理分塘稀养；池塘水质恶化时，要及时换水。一般使用 0.7mg/L 的铜铁合剂（5：2）可以有效治疗车轮虫病。

七、斑点叉尾鮰养殖的关键技术

① 由于斑点叉尾鮰是引进鱼类，种质资源贫乏，给亲鱼选择造成了很大的困难，只能从成鱼中挑选。在挑选时，不能在一处同时挑选雌雄亲鱼，应该在不同的地方分别挑选雌雄亲鱼。

② 在亲鱼培育中，要注意亲鱼的营养，亲鱼饲料的蛋白质不能太高，如果太高，亲鱼的怀卵量就会降低，还会影响产卵率。在临近繁殖的 1 个月要投喂一些野杂鱼，利于卵巢发育。同时在午夜冲水 2h 左右，可以提高亲鱼的产卵率。

③ 及时收集鱼卵，精细孵化，提高出苗率。及时转移卵黄苗进行暂养，保证鱼苗的成活率。及时投喂足量的生物饵料，可以提高鱼苗的成活率。

④ 鱼苗培育应该尽可能地采用水泥池微流水培育，这是目前最好的鱼苗培育方法，这种培育方法只要保证有微流水和投喂足够的生物饵料，做好生物饵料的消毒，可以保证鱼苗的成活率。其他的培育方法都有一定的缺陷，如网箱培育可能出现夹苗缺氧死亡或大风吹翻的危险。池塘培育成活率不高。

⑤ 鱼种培育可以采用多种培育方式，都有很好的效果，但要注意投喂方式，投喂方式的好坏、水质状况影响鱼种的成活率。

⑥ 成鱼养殖避免采用稀放速成的办法，因为斑点叉尾鮰喜集群活动和摄食，稀放会造成池塘资源的浪费。应该采用高密度放养，可以获得较好的效果。在搭配品种中，不能搭配鲤鱼、鲫鱼，这两种鱼与斑点叉尾鮰食性相同，抢食能力比斑点叉尾鮰强，会影响斑点叉尾鮰的生长。

⑦ 斑点叉尾鮰是一种适合网箱养殖的品种，网箱养殖的成效很好，应该提倡网箱养殖。

⑧ 病害防治预防是关键，在各个养殖阶段进行鱼病预防，可以减少疾病的发生。总的来讲，斑点叉尾鮰的疾病相对较少，注意平时预防。

第七节　翘嘴鲌

一、生物学特性

（一）营养价值

翘嘴鲌（图 8-60，彩图）又称翘嘴红鲌、大白鱼、翘嘴鲌鱼、翘壳和鲌鱼。肉白而细嫩，味美不腥，视为上等经济鱼类。其营养成分为：每 100g 可食部分含蛋白质 18.6g，脂肪 4.6g，热量 116kcal，钙 37mg，磷 166mg，铁 1.1mg，核黄素 0.07mg，烟酸 1.3mg。相传唐代有位皇帝南巡，御舟行至湖北江陵府界内时，忽有一尾大白鱼跃出水面，落在御舟之甲板上，只见鱼儿活蹦乱跳，阳光照射，银光熠熠，逗人喜爱。皇帝令御厨烹饪，品尝之后，对白鱼的美味大为赞美，从此，江陵府产的大白鱼就被列为贡品。诗人杜甫在其诗中曾形容“白鱼如切玉”，可见白鱼历来就深受人们的喜爱。

图 8-60　翘嘴鲌

（二）栖息特性

翘嘴鲌平时多生活在流水及大水体的中上层，游泳迅速，善跳跃。以小鱼虾为食，是一种凶猛性鱼类。幼鱼喜栖息于湖泊近岸水域和江河水流较缓的沿岸，以及支流、河道与港湾里。冬季，大小鱼群皆在河床或湖槽中越冬。

翘嘴鲌分布甚广，产于黑龙江、辽河、黄河、长江、钱塘江、闽江、台湾、珠江等水系的干、支流及其附属湖泊中。翘嘴鲌生长快，个体大，最大个体可达10kg，江河、湖泊中天然产量不少。

翘嘴红鲌为广温性鱼类，生存水温0～38℃，摄食水温3～36℃，最适翘嘴红鲌水温15～32℃，最佳生长水温18～30℃；繁殖水温20～32℃；翘嘴红鲌适应性与抗病力极强，生存水体能大能小，数十万亩的湖泊与水库至数平方米的水泥池或数平方米的网箱都可以将鱼苗饲养为成鱼甚至是成熟亲鱼；翘嘴红鲌抗逆性强，病害较少，能耐低氧，同一池塘的四大家鱼即使缺氧浮头死亡，翘嘴红鲌也不一定浮头死亡。

(三) 食性

野生翘嘴红鲌是以活鱼为主食的凶猛肉食性鱼类，苗期以浮游生物及水生昆虫为主食，50g以上主要吞食小鱼小虾，也吞食少量幼嫩植物。人工繁殖出来的原种鱼苗，从内营养时期转向外营养时期开始，一直至商品鱼出售，全过程均可投喂人工饲料。如豆浆、黄粉、鳗料、蚕蛹粉、花生麸、黄豆饼或鱼糜、鱼浆、鱼粒等。3～4cm以上可投喂全人工配合饲料，最好是浮性料，以及水生植物如青萍、红萍、嫩草、嫩菜等。投喂优质人工饲料与投喂活鱼的生长速度无多大差别。

(四) 繁殖特性

雌鱼3龄达性成熟，雄鱼2龄即达成熟，怀卵量较大，10万～15万粒/kg。繁殖水温20～32℃，最适水温24～26℃。亲鱼于6～8月在水流缓慢的河湾或湖泊有水草的浅水区集群进行繁殖活动。产卵后大多进入湖泊摄食或在江湾缓流区肥育。

二、人工繁殖技术

(一) 亲鱼的选择

亲鱼一般在大型的江、河、湖泊、水库收集。每年冬季水温

10℃左右捕捞体重在500g以上，年龄在2龄以上的个体运输至养殖地。亲鱼要求体质健壮、无病无伤、鳞片完整，生物学特征明显。在运输过程中要谨慎操作，防止鱼体受伤或鳞片脱落。

（二）亲鱼培育

亲鱼经过2%～3%的食盐水浸泡10min左右后下塘，通过5～10天，基本适应新的环境后，可以投喂一些切碎的冰鲜野杂鱼或人工配合饲料，绝大部分亲鱼可以正常摄食、生长和发育，经过半年的时间培育，平均体重可以增加30%以上，大部分可以用于人工繁殖。

亲鱼池要求2001～3335m^2（3～5亩），水深1.5～2m。排灌水方便，水质清新，水量充足。1km内没有大的噪声源，运输方便，紧靠产卵池。在亲鱼放养前要按照常规进行鱼池整治、清塘、消毒，毒性消失后，加新水至1.5m处。每667m^{2}放养亲鱼150～200kg，搭配放养体长15～20cm的白鲢鱼种200尾、体长20cm左右的花鲢50尾。也可搭配鲫鱼种300～500尾以及少量草鱼或鳊鱼。

亲鱼根据选择的饲料不同采用不同的喂养方式。如果选择冰鲜野杂鱼进行喂养，每天的投喂量控制在亲鱼体重的8%～10%。如果选择人工配合饲料，每天的投喂量控制在亲鱼体重的1%～5%。每天的投喂量还要根据不同的季节、不同的天气、不同的水质以及鱼类吃食和活动情况进行灵活调整。在早春，投喂量要少一些，4～6月，是亲鱼快速生长发育时期，应该多投一些，产后的亲鱼，处在一个身体恢复期，又逢高温季节的来临，可以适当少一些，但蛋白质含量应该高一些，秋天水温适宜，应该多投一些。冬季一般鱼类停止摄食，但翘嘴鲌还会少量摄食，建议此时可以不投冰鲜饲料或配合饲料，改用活饵投喂，投放亲鱼数量5倍左右的花白鲢规格鱼种，可以达到投饵的效果。还有一种亲鱼培育方法，就是利用活饵料进行培育，定期投放适口的规格鱼种进亲鱼池，让亲鱼捕食这些鱼种作为培育饵料。三种饲料的不同季节投喂参考量见表8-19。

水质调节，一般季节，每10～15天加注一次新水，每次加水量30cm；高温季节，每5～7天加水一次，加水量为20～30cm。透

表 8-19 不同饲料、不同季节的投喂量参考量

季节	冰鲜饲料（亲鱼体重的百分比）/%	配合饲料（亲鱼体重的百分比）/%	饵料鱼种（亲鱼数量的倍数）/倍
早春	3	1	4
春季	8～10	3～5	5
夏季	5～8	3～4	5
秋季	8～10	3～5	5
冬季	亲鱼数量 3～4 倍的适口鱼种		

明度保持在 40cm 左右，溶氧在 4mg/L 以上。每 $667m^2$ 配备增氧机功率 0.37kW。增氧机的开启参考其他鱼类的亲鱼培育中增氧机的使用方法。在催产前 1 个月，每天冲水 1～2h 以提高催产率。

（三）催产

1. 催产时间

华南：4～9 月。华中：5～8 月。华北：5～7 月。

2. 雌雄鉴别

雄性：头部、胸鳍、背部等处有灰白色追星，手感粗糙，腹部侧扁，轻压后腹部时生殖孔有精液流出。雌性：鱼体光滑，腹部膨大柔软，卵巢轮廓明显。雌鱼体重 1kg，雄鱼体重 0.8kg，都可以作为催产的亲鱼。

3. 雌雄配比

雌雄比为 1∶(0.8～1)。

4. 催产

(1) 催产池 面积为 $1.5m^2$ 的方形或圆形水泥池，水深 0.6～0.8m。四大家鱼的催产池也可以作为催产池。水温在 24℃以上就可以进行催产。

(2) 鱼巢准备 在催产前可以在催产池中布设水生植物或棕片，作为亲鱼产卵的鱼巢或人工授精的指示标志。

(3) 催产药物及剂量 催产药物主要为 HCG、$LRH\text{-}A_2$、DOM。催产剂量为 HCG＋$LRH\text{-}A_2$＋DOM＝(800IU＋7μg＋4mg)/kg；或 HCG＋$LRH\text{-}A_2$＝(2～3mg＋2000IU)/kg；或 LRH-

A_2＋DOM＝(3～5μg＋3～5mg)/kg。

(4) 配药方法 催产剂通常用生理盐水或蒸馏水配制，注射水的用量以每尾鱼每针 2ml 左右为好。配制注射液时，应该根据亲鱼的尾重分别计算出催产剂和注射用水的用量，并在实际用量上加 5%的损耗。

(5) 注射方法 一般采用体腔注射，在胸鳍基部无鳞凹处入针，针头朝鱼的头部方向与体轴成 45°角，缓缓注入液体。注射采用 1 次注射的方法。

(6) 效应时间 不同的催产剂组合效应时间不同。产卵时间要根据工作安排而定，亲鱼的效应时间随水温的不同而有所差异，在水温 25.5℃以下，效应时间为 8h 左右；水温 27℃以下，效应时间为 5h 左右。水温每升降 1℃，效应时间便缩短或延迟 2h。一般来讲，掌握亲鱼在第二天早上产卵最好，这样利于一天的工作安排和人员调配。注射催产剂后，一直要保持流水刺激，水流控制在 $0.1m^3/s$，在效应时间前 1～2h 加大冲水量，发情后水流适当减小。发情时，雄鱼不断追逐雌鱼，水面可见浪花。随后可见池中水草上有少量鱼卵。如果是人工授精，应该捞起亲鱼进行人工繁殖。

(7) 自然产卵 产卵池中亲鱼发情产卵后，把鱼巢移到孵化设备中进行孵化。

(8) 人工授精 一般在亲鱼追逐激烈时，特别是发现鱼巢上有少量鱼卵时，可以捞取亲鱼，检查雌鱼，如果轻压腹部或者发现有卵自动流出，让亲鱼腹部朝上，用手指堵住生殖孔，擦干鱼身，用干毛巾裹住鱼身，露出生殖孔，让鱼腹部朝下，把鱼卵挤入擦干水的瓷盆中，与此同时，将雄鱼身体擦干后将精液挤入装有鱼卵的瓷盆中，用手搅拌均匀，后加水充分搅拌，并逐步加水搅拌后静置 1～2min，再放入孵化器中孵化。

在人工授精过程中，操作人员的手不能有水，每一个雌鱼的卵子最好采用两条以上雄鱼的精液，防止一条雄鱼的精液质量不好影响受精率。每条雄鱼的精液不要挤得太多，防止造成后面的人工授精精液不足。如果雌鱼鱼卵挤出不顺畅，可以把雌鱼放回产卵池待再发情后进行人工授精。切不可强行挤出卵子，这样的卵子质量不好，受精率不高，也会造成亲鱼受伤。

(9) 沾卵板的布卵 将精液加入挤好的鱼卵搅拌 1min，再加水搅拌 2～3min，然后一个人站在静水池中，两手握住沾卵板（将 60 目网布固定在铁丝上做成的鱼巢面积为 50cm×30cm）在水面下不停地平行摆动，一人轻轻往水中倒入受精卵，使每个沾卵板上的鱼卵数为 1 万～2 万粒。沾好卵后，立即放在流水孵化池中孵化。

(10) 脱黏 脱黏孵化目前有两种脱黏方法：一种是滑石粉脱黏孵化；另一种是黄泥脱黏孵化。滑石粉脱黏应用的比较少，在生产上还是采用黄泥脱黏的较多，因为黄泥取材容易、简单，所以在这里主要介绍黄泥脱黏。滑石粉的脱黏操作方法与黄泥脱黏方法基本相同，只要在脱黏时把滑石粉倒入水中搅匀即可把鱼卵倒入，按照黄泥脱黏的操作即可。黄泥脱黏法：首先选择无杂质的黄泥若干捣碎后，用 80 目的网布边加水边过滤，制成黄泥浆备用。将受精卵倒入黄泥中，黄泥与卵的比例为 8∶1，搅拌 1～2min 后，将鱼卵与泥浆水一同倒入 60 目网布中过滤，过滤后在清水中洗净黄泥，如果鱼卵粘连成团，用手慢慢把鱼卵搓开后放入孵化器中孵化。

(四) 孵化

1. 孵化设备

人工鱼巢一般采用流水孵化；脱黏后的受精卵一般采用孵化槽、孵化缸、孵化桶以及孵化环道孵化。

2. 放卵密度

每块人工鱼巢的沾卵板鱼卵数量为 2 万粒左右，沾卵板之间的间隔为 5～10cm。采用棕片作为鱼巢孵化时，棕片之间保持有流水即可。孵化桶的放卵量为 50 万～80 万粒/m^3；孵化槽的孵化量为 100 万粒/m^3；孵化缸、孵化环道的放卵量为 80 万～100 万粒/m^3。

3. 水流管理

翘嘴鲌孵化对水流的要求没有其他鱼类的要求高，但充足的溶氧有利于提高孵化率，但水流过大，会使受精卵堆积在一起，造成缺氧。所以水流不能过大，保持微流水状态，能够保证水中的溶解氧。一般水交换量为 15～20m^3/h。

4. 水温管理

水温对孵化是至关重要的，在适宜范围内，温度越高，孵化时间越短，温度越低，孵化时间越长。翘嘴鲌的适宜孵化水温为24～30℃。

5. 水质管理

如果没有微流水，采用静水孵化，每天换水一次，防止缺氧和水质恶化。换水过多，可能会造成水温的变化过大，影响孵化率。一般仔鱼孵化的当天，孵化池换水占总水量的60%～70%；第2～5天换水量达80%，鱼苗出膜后，要及时清理卵膜，防止卵膜腐烂影响水质。

在孵化过程中应该对孵化设备进行遮阳，防止阳光直射。翘嘴鲌的受精卵直径为1.0mm左右，呈灰黄色或青灰色，吸水后，直径可达2～3mm，受精卵应该均匀黏附在鱼巢上，局部堆积会缺氧死亡。翘嘴鲌的孵化时间为25～30h，出膜时仔鱼全长0.6cm，白色透明，鱼体外观呈细棒状，上下垂游，2天后自由游动。

三、鱼种培育

（一）面积及放养密度

条件比较好的，有微流水的水泥池，面积80～100m^2，水深50cm，放养密度为2000尾/m^2；一般水泥池1000～1500尾/m^2；土池20万尾/667m^2。

鱼苗的放养密度与池塘条件、饵料供应有很大的关系，鱼苗密度大，饵料供应紧张，溶氧条件差，活动空间小，苗种生长就慢，体质差，容易得病，成活率低。在确定放苗密度时，应该根据鱼苗质量、水源情况、环境条件、饵料丰歉、饲养管理水平等条件灵活掌握。

采用水泥池孵化，要配备专门的浮游动物培育池，培育方法在“第六章　特色鱼类的饲料”中有简单介绍。投喂前处理参考前面介绍。池塘培育方法与四大家鱼的苗种培育方法基本相似。

池塘培育一般3cm分塘一次，放养密度降为2万～3万尾/667m^2，以后就可以直接培育成5～7cm的鱼种。

（二）饵料的投喂

翘嘴鲌的仔鱼摄食情况如下：出膜后2～3天主要以轮虫为主；

5天以小个体的水蚤为主；15天以各种枝角类、小型桡足类为主，可以摄入绞碎的水蚯蚓；20天可以投喂完整的水蚯蚓；30天可以投喂人工配合饲料，体长可达3.5cm左右；50天可达5～7cm。具体喂养方法如下。

(1) 投喂浮游动物 前面15天要用40目的纱布过滤，取下面的小型个体，用2%的食盐水消毒后投喂。

(2) 投喂水蚯蚓 从第15天开始可以投喂水蚯蚓，开始把少量剁碎的水蚯蚓与水蚤一起投喂，以后慢慢减少水蚤的用量，直至全部用水蚯蚓代替。当鱼苗长到2～2.5cm时，可只投喂水蚯蚓。

(3) 投喂量 水蚤的投喂量要保持每毫升池水有10～20个的密度。或一个20m^2的水泥池每天投喂水蚤1kg左右。水蚯蚓的投喂量以2h内吃完为好。人工配合饲料可以先投喂粉料，再投喂破碎料，循序渐进，翘嘴鲌的食性驯化比较简单，基本上能够自然转化。但蛋白质的含量不得低于40%。

(4) 投喂次数及时间 每天投喂4～5次，清晨、早上10时、下午4时、晚8时和11时各一次。

(5) 投喂方法 开始1～3天，以四边、四角为主泼洒，中间少许。以后满池泼洒，15天以后投喂水蚯蚓可以定点投喂。

池塘培育苗种要提前3～5天肥水，待繁殖出大量的白色枝角类后下塘。下塘前3～5天（具体要看当时水温，水温高，3天；水温低，5天），培育方法在“第六章　特色鱼类的饲料”中有简单介绍。培育丰富的浮游动物，以保证鱼苗下塘后有充足的天然饵料生物供应。随着鱼苗的生长可增加投喂豆浆，每天两次，豆浆的用量为0.1～0.2kg/万尾鱼苗。

在水泥池培苗过程中，采用先投喂浮游动物，后投喂水蚯蚓的方法是最好的。浮游动物投喂15天左右为好，尔后投喂剁碎的水蚯蚓3～5天，尔后可以直接投喂水蚯蚓。此种方法的关键是浮游动物和水蚯蚓的供应问题，浮游动物在水温26℃以前培育相对容易一些，26℃以后要注意添加井水，保证池水的水温在浮游动物的最佳繁育范围内。一般情况下，采用空闲的苗种池进行培育不会出现供应短缺的问题，为保险起见，可以采用2～3个鱼池同时培育，也可在没有投放鱼苗的发塘池捕捞浮游动物，基本不会出现短缺问题。水蚯蚓现在已经形成了专业养殖，也不存在供应问题。

鱼苗达到 1.5cm/尾时，这时鱼苗的个体较大，摄食量增加，应及时分池，降低养殖密度。一般稀疏至 1000 尾/m^3。当鱼苗长到 3cm/尾规格时，再分池，密度降为 300～500 尾/m^3。

(三) 饲养管理

翘嘴鲌的鱼苗培育饲养管理主要有以下几个方面内容。

1. 隐蔽物的设置

翘嘴鲌具有一定的畏光性，所以苗种培育池应该设置一些遮阴设备。水泥池搭建遮阳棚或可以放置一些水葫芦，水葫芦的面积控制在水面的 1/5～1/3。土池培育的也可以投放一些水葫芦或者搭遮阳棚。

2. 水质管理

水泥池培育初期，可以每天加一次水，每次加 5cm，直到加到拟定的水位，以后每隔 2～3 天换一次水，每次只能换 1/3，不能一次性加水太多，防止温差过大而影响鱼苗生长。池塘鱼苗下池水位不宜太深，一般 40cm 为好，当鱼苗长至 1.5cm/尾时，水深可加至 60～80cm；当鱼苗长至 2.5～3cm/尾时，水深可加至 1m。水泥池配备充氧设备，保证鱼池 24h 充氧。培育期间，溶氧保持在 5mg/L 以上，pH 值 7～8.0，氨氮 0.03mg/L 左右，总氮 0.5mg/L，亚硝酸盐氮 0.01mg/L 以下。

3. 巡塘

除每天喂食时观察鱼的吃食情况和活动情况外，平时也要注意观察鱼苗的活动情况，发现问题及时处理。检查进排水口，防止逃苗、漫苗。清除青蛙卵以及水蜈蚣等敌害生物，防止它们对鱼苗的侵袭。

四、成鱼养殖

(一) 池塘养殖

1. 池塘条件

翘嘴鲌的池塘养殖一般选择在水源充足、水质清新、排灌方便的池塘，水质必须符合渔业用水标准。池塘面积 2001～33350m^2

(3～50 亩)，水深 1.5～2m，泥质池底，淤泥厚 10～15cm。以 10005～13340m^2（15～20 亩）的池塘为好，池壁四周用砖或预制板护坡，防止池埂坍塌。池面种植 1/5 面积的水葫芦作为翘嘴鲌隐蔽或避暑之处或在池的一角搭建遮阳棚。

2. 放养前的准备

池塘按照常规进行整治，鱼种下塘之前 15 天用生石灰清塘，用量采用常规用量，干法清塘 75kg/667m^2，带水清塘 150kg/667m^2。注水 1～1.5m。按照 0.37kW/667m^2 配备增氧机。

3. 鱼种放养

可选择年前或年后放养。鱼苗放养前用 2%～3%的食盐水浸泡 20min 后下池。放养规格：6～7cm/尾。数量：1500～2000 尾/667m^2。搭配花鲢 50 尾，规格 500g/尾；白鲢 250 尾，规格 300g/尾；鲫鱼 1000 尾，规格 150～180 尾/kg。如果投放规格为 10～13cm/尾（60～70 尾/500g）或 9～10cm/尾（80～90 尾/500g），每 667m^2 可投放 1200 尾。

4. 饲料

目前翘嘴鲌的喂养大都采用浮性饲料喂养。

5. 食台的搭建

由于翘嘴鲌比较胆小，人的活动过多或噪声过大都会影响它们的摄食，所以一般在池塘的中央搭建一个食台，食台长 2.5～4m，宽 1.5～3m，四周用网片围成一个无底的结构，高出水面 20～30cm，防止鱼类在抢食时把饲料溅出食台外，网片在水下有 30～40cm，防止鱼类摄食时饲料从下面溢出。

6. 喂养方式

在投喂初期，要训练鱼类集中摄食的习惯，在每次喂食之前，当小船接近食台时，敲击船体或饲料桶，并投撒少量的饲料，把鱼慢慢引进食台中摄食。3～5 月为每日 4 次，早上 6 时至下午 6 时，每次间隔 3h；6～7 月为每日 3 次，早上 6 时至下午 6 时，间隔时间灵活掌握；8～9 月为每日 2 次，早上 8 时至下午 5 时，早晚各一次；10～11 月为每日 2 次，早上 8 时至下午 4 时，进行等时距投喂；12 月后基本停食。投喂量为鱼体重的 2%～5%。投喂时，采用慢—快—慢的节奏投喂，开始节奏较慢，鱼类慢慢进入食台，随着鱼类的集中，投喂速度加快，待有些鱼吃饱游走时，投喂的速度可以慢下来，待大多数鱼吃饱游走，只有少数鱼在吃食时结束投喂。一般以 1h 内吃完为好。要根据不同规格灵活调整饲料规格，鱼体小于 10cm/尾时，投喂粒径 3mm 的饲料；大于 10cm/尾时，投喂粒径 6mm 的饲料。

翘嘴鲌对水温的适应能力较其他鱼类稍强，所以一般夏天也是翘嘴鲌快速生长期，在夏季的投饵量不能减少。

投饵要坚持“四定”原则和“四看”方法，根据具体情况灵活掌握每天的投喂量。首先要训练翘嘴鲌定时定点吃食的习惯，在投喂前以击拍声为“信号”形成“感官”反应，把翘嘴鲌集合到食台，形成抱食局面，提高摄食量，减少饵料浪费。投饵方式采用“慢—快—慢”投喂效果好，饲料浪费少，大部分鱼吃饱后跑掉即可停喂。根据天气的好坏、气压高低、水质孬好、鱼的活动情况调整摄食量。

7. 日常管理

主要做好以下几个方面。

(1) 巡塘 观察鱼的摄食、活动情况，水质变化，有无浮头预兆，有无病鱼等，发现问题应及时处理。

(2) 换水 翘嘴鲌的饲料蛋白质含量较高，摄食量较大，因此排泄物也较多，池水中氨的浓度较高，特别夏季水温高，水体很容易变坏。为此需要及时更换水体，一般春季每 15 天换水 4/5，夏季每 3 天换去 1/3，秋季每 7～10 天换去 4/5，具体看水质的变化灵活掌握，有条件的地方，最好保持微流水养殖，养殖期间水温以不高于 32℃为好。

(3) 防逃 主要检查进排水口，防止鱼类从这两个地方逃走。

(4) 增氧机的应用 在养殖中应该每个池按照要求配备增氧机，增加池水溶氧。溶氧机的科学使用参见大口鲶“六、成鱼养殖”。

(5) 疾病防治 翘嘴鲌的病害较少，主要为烂鳃病、肠炎、水霉病等，主要采取预防措施，做到早发现、早治疗。具体方法在后面有专门介绍。

(6) 记好日志 要坚持每天记日志，记录每天鱼的吃食情况、活动情况、天气情况以及病害情况等，为日后的总结和经验的积累提供素材。

8. 捕大留小

如果价格合适，有条件的可以在养殖过程中把达到上市规格的个体捕捞上市，一方面可以增加收入，加快资金回笼；另一方面，可以疏松养殖密度，加快其他鱼类的生长，提高鱼产量，增加养殖收入。

(二) 网箱养殖

1. 养殖水域条件

具体参见黑鱼“五、成鱼养殖”。

2. 网箱的制作

(1) 材料 聚乙烯网片。

(2) 网箱面积 8～100m^2，网高3～3.5m，网目以鱼种不能逃脱为原则，尽量选择网目较大的网箱，一般网目在1cm左右。加盖网，盖网上有1个50cm×60cm的活口，平时封闭，投饵时打开。

3. 网箱的设置

具体参见黑鱼“五、成鱼养殖”。

4. 鱼种放养

(1) 放养规格 8～15cm/尾。

(2) 放养密度 20～150尾/m^2（规格8～15cm/尾）。夏花放养密度根据水质条件，可以放200～600尾/m^2（2～4cm/尾）。

(3) 放养注意事项 具体内容参见黑鱼“五、成鱼养殖”。

5. 喂养

翘嘴鲌网箱养殖要遵循“四定”投喂的原则，采用“四看”的方法进行喂养，具体内容参见“黑鱼”相关内容，翘嘴鲌定量喂养，一般每个网箱的投喂时间控制在30min左右。

6. 日常管理

参见第八章“第四节 黑鱼五、成鱼养殖（二）网箱养殖”相关内容。

五、病害防治

翘嘴鲌生长速度较快，一般 3～5cm 的鱼种喂养 6～10 个月，70%可达 500g 以上。抗病力较强，发病率较低，相对于其他鱼类，病害品种较少，如果进行有效的预防，可以大大减少疾病的发生。在翘嘴鲌的鱼病防治中，要特别注意用药的剂量，翘嘴鲌对于药物的敏感性比其他鱼类高，很容易因为剂量使用不当引发鱼类的死亡。翘嘴红鲌鱼种消毒不能用孔雀石绿和硫酸铜硫酸亚铁合剂。

(一) 水霉病

具体内容参见黄颡鱼“七、病害防治”。

(二) 烂鳃病

[病原] 柱状屈桡杆菌。

[症状] 患病鱼体发黑，头部更为明显，并出现游动缓慢、呼吸困难、食欲减退。严重的病鱼离群独游水面，对外界刺激失去反应。通常发病缓慢，病程较长的，鱼体消瘦。病鱼可见鳃盖内表面的皮肤往往充血发炎（图 8-61），鳃上的黏液增多，鳃丝肿胀，鳃的某些部位因局部缺血而呈淡红色、灰白色甚至因局部瘀血而呈紫红色，出现小出血点。

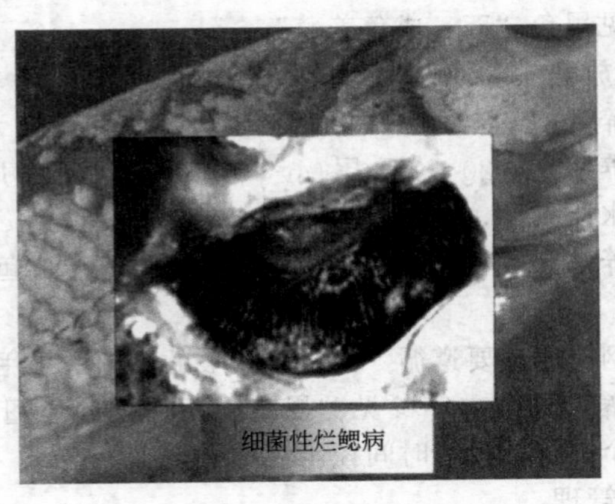

图 8-61 烂鳃病症状

[发病对象] 鱼种、成鱼都可发病。

［发病季节］ 水温15～30℃，水温越高越易发病。8～10月为主要发病季节。

［原因］ 带菌鱼是主要传染源，被污染的水体、塘泥也是重要的传染源。此外，寄生虫和机械损伤也可以诱发该病发生。

［防治办法］

① 清除淤泥，用生石灰彻底清塘消毒。

② 用漂白粉在食场挂篓。在草架的每边挂竹篓3～6个，将竹篓口露出水面约3cm，竹篓装入100g漂白粉。第2天换药以前，将篓内的漂白粉渣洗净。连续挂3天。

③ 每100kg鱼体重每天用鱼复康A型250g拌饲料投喂，一天1次，连喂3～6天。

④ 用二氧化氯全塘消毒，200～250g/(667m^2·m)（1m深水）。

⑤ 拌饵投喂，按5%投饵量计，每千克饲料用氟苯尼考0.2～0.3g，一日1次，连用3～5日。

(三) 车轮虫病

［病原］ 车轮虫，有十多种。

［症状］ 大量寄生时，可引起体表及鳃丝糜烂，鳃黏液增多，鱼苗、鱼种游动缓慢，体表失去光泽，严重时呈白雾状，最后呼吸困难而死。饲养10多天的鱼苗，体表被大量寄生时，鱼苗成群围绕池边狂游呈“跑马”症状。

［发病对象］ 主要危害鱼苗、鱼种。

［发病季节］ 一年四季都可发生，20～28℃易发，4～7月为高峰期。

［原因］ 水浅、池小、水质不良、饲料不足、密度过大、连续阴雨等会引发此病。

［防治办法］

① 硫酸铜，一次量0.6mg/L，鱼种放养前，浸浴15～30min。

② 高锰酸钾，一次量10～20g/m^3，鱼种放养前，浸浴15～30min。

③ 苦参碱溶液，一次量 0.4g/m^3，全池泼洒 1～2 次。

④ 严重时，苦参碱溶液和阿维菌素溶液配合使用，量不变。

⑤ 全池泼洒 0.5mg/L 的鱼虫克星。

(四) 小瓜虫病

[病原] 多子小瓜虫。

[症状] 病鱼体表有大量黏液，表皮糜烂、脱落，甚至蛀鳍，瞎眼。病鱼体色发黑，消瘦，游动异常。小瓜虫在鳃片的任何部位都可寄生，在上皮细胞下寄生，引起细胞轻度增生，形成一个个小白点。

[发病对象] 鱼苗、鱼种。

[发病季节] 水温 15～25℃，春秋季。

[原因] 水质恶化，严重密度过高，抵抗力下降时易发生。

[防治办法]

① 发病鱼塘，每 667m^2 水面每米水深用辣椒粉 210g、生姜干片 100g，煎成 25kg 溶液，全池泼洒，每天 1 次，连泼 2 天。

② 有条件的可以采用提高水温的办法，但水温提高到 27℃以上时，大部分小瓜虫都会死亡。

③ 硫酸铜、高锰酸钾、氯化钠、氯氨-T、超声波、紫外线等都对小瓜虫有一定的杀灭作用。

④ 全池泼洒 0.5mg/L 的鱼虫克星。

(五) 肠炎病

[病原] 点状气单胞菌。

[症状] 病鱼可离群独游、游动缓慢、体色发黑、食欲减退以至完全不吃食等。疾病早期肠壁局部充血发炎，肠腔内没有食物或仅在肠后段有少量食物，肠道黏液较多；疾病后期全肠呈红色，肠壁的弹性差，肠内没有食物，有淡黄色黏液，肛门红肿。

[发病对象] 草鱼、青鱼，鲤鱼也有少量发生。从鱼种到成鱼都可受害。

[发病季节] 水温 18℃以上开始流行，25～30℃出现流行高峰。

[原因] 因为该菌存在于底泥和水体中，所以环境问题是关键

点，另外饲料的质量也是引起该病的原因之一。

[防治办法]

① 彻底清塘消毒，保持水质清洁。严格执行“四消、四定、四看”措施。投喂新鲜饲料，不喂变质饲料，是预防此病的关键。

② 发病季节，每隔半个月用漂白粉或生石灰在食场及周围或全池泼洒消毒。

③ 拌饲投喂大蒜 5g/(kg 体重·天) 或大蒜素 0.02g/(kg 体重·天)，连喂3天。

④ 拌饲投喂氟哌酸 10～30mg/(kg 体重·天)，连喂 3～5 天。

(六) 敌害

绿藻可用硫酸铜杀灭，用量为每 667m² 每米水深 350～400g，稀释后全池泼洒，一次即可。青苔可选用硫酸铜或青苔净，可单用或合用，经过稀释，全池泼洒。单用：硫酸铜每 667m² 每米水深 500g，青苔净每 667m² 每米水深 500g。合用：每 667m² 每米水深用硫酸铜 150～250g＋青苔净 500g，稀释拌匀后泼洒，效果更佳。

六、翘嘴鲌养殖的关键技术

① 翘嘴鲌的亲鱼一定要在大水体中收集，在水温 10℃以下运输。

② 亲鱼培育过程中，要注意饲料的蛋白质含量不能过高，蛋白含量过高，会造成亲鱼体内脂肪积累，不仅会减少亲鱼的怀卵量，还会降低催产率。

③ 翘嘴鲌的催产季节相对于一般鱼类较晚，水温相对较高，对于开口饵料的培育会造成一定的困难，所以在准备饵料生物时要注意备份。同时也要准备采用池塘直接培育，这样可以保证生产及市场的需要。

④ 人工繁殖最好采用人工授精的方式，可以保证较高的受精率，人工授精时最好一条雌鱼的卵子能够得到两条雄鱼的精子，可以防止一条雄鱼因精液质量不好造成鱼卵的损失。

⑤ 人工孵化尽量采用小规模的生产方式，采用小规模的孵化

设备便于管理，减少能耗。比如采用流水池孵化和孵化桶孵化等。

⑥ 翘嘴鲌是一种比较贪食，但又比较好进行食性驯化的鱼类，在不同的阶段调整饵料种类有利于鱼苗鱼种的生长。

⑦ 成鱼养殖最好选择浮性饲料，因为翘嘴鲌属于中上层鱼类，它们适合在水面摄食，使用浮性饲料有利于观察鱼类的摄食情况，掌握每天的投喂量，节约成本，也能有效地防止鱼类暴食引发疾病。

⑧ 虽然翘嘴鲌适应性强，摄食广，生长快，抗病力强，但我们不能掉以轻心，应该注意鱼病的防治，翘嘴鲌的鳞片比较疏松，容易脱落特别是在实际操作时，要谨慎小心，防止因为操作造成鳞片脱落。

⑨ 翘嘴鲌在鱼病防治上要注意两点：第一，它们对药物十分敏感，所以在进行病害防治时一定要注意药物的使用量，防止出现因为用药不当造成损失；第二，在进行寄生虫或其他鱼病的防治中，不能使用硫酸铜和硫酸亚铁合剂，这样使用会造成鱼类死亡。

第八节　加州鲈鱼

一、生物学特性

（一）营养价值

加州鲈（图8-62）是我国台湾于20世纪70年代由民间引进，目前已经建立起该鱼的繁育技术体系。加州鲈鱼肉坚实，味道鲜美，细刺少，营养价值高。在港澳地区认为食用加州鲈有加快伤口愈合的功效，加上运输、暂养方便，很受市场欢迎。它能补肝肾、健脾胃、化痰止咳，对肝肾不足的人有很好的补益作用，还可以治胎动不安、产后少乳等症。准妈妈和产后妇女吃鲈鱼，既可补身，又不会造成营养过剩而导致肥胖。另外，鲈鱼血中含有较多的铜元素，铜是维持人体神经系统正常功能并参与数种物质代谢的关键酶功能发挥不可缺少的矿物质。可食部分100g，约含水分78g，蛋白质17.5g，脂肪3.1g，碳水化物0.4g，灰分1g，钙56mg，磷131mg，铁1.2mg，核黄素0.23mg，烟酸1.7mg，维生素A_1

图 8-62　加州鲈

80μg，维生素 B_1 130μg。

（二）栖息特性

原产美国加利福尼亚州密西西比河水系，是一种肉质鲜美、抗病力强、生长迅速、易起捕、适温较广的名贵肉食性鱼类。现通过引种，已广泛分布于美国、加拿大等淡水水域，我国台湾省于 20 世纪 70 年代引进，现已繁殖了几代。广东深圳、惠阳、佛山、浙江等地也于 1983 年引进加州鲈鱼苗，并于 1985 年相继人工繁殖成功。繁殖的鱼苗已被引种到江苏、浙江、湖北、湖南、上海、山东等地养殖，而且都取得了较好的经济效益。

加州鲈鱼喜较清澈的水质，尤喜在清新的微流水中生活。经人工养殖驯化，已能适应肥沃的水质和在盐度 1‰以下的水域中生长。它属温水性鱼类，在 1～36.4℃ 水温范围内均能存活，适温 15～25℃，最佳生长水温 20～30℃，低于 15℃ 或高于 28℃摄食较差，但 30℃ 时仍能摄食。10℃以上开始摄食，当水温降至 10℃ 以下或池水过于混浊，水面风浪过大时，才停止摄食。喜壤土底质，喜铺有一层砂的池底环境，要求水中溶氧量高，最好在 4mg/L 以上。

加州鲈鱼主要栖息于混浊度低，且有水生植物分布的水域中，如湖泊、水库的浅水区（1～3m 水深）、沼泽地带的小溪、河流的滞水区、池塘等。常藏身于水下岩石或树枝丛中，有占地习性，活动范围较小。在池塘养殖中，喜欢栖身于沙质或沙泥质不混浊的静水环境中，活动于中下水层。不喜跳跃，易受惊吓。

(三) 食性

加州鲈鱼是以肉食性为主的鱼类，掠食性强，摄食量大，常单独觅食，喜捕食小鱼虾。当水质良好、水温25℃以上时，幼鱼摄食量可达总体重的50%，成鱼达20%。食物种类依鱼体大小而异。孵化后一个月内的鱼苗主要摄食轮虫和小型甲壳动物。当全长达5～6cm时，大量摄食水生昆虫和鱼苗。全长达10cm以上时，常以其他小鱼做主食。当饲料不足时，常出现自相残杀现象。在人工养殖条件下，也摄食配合饲料，且生长良好。在适宜环境下，摄食极为旺盛。冬季和产卵期摄食量减少。当水温过低，池水过于混浊或水面风浪较大时，常会停食。

(四) 生长

加州鲈鱼生长较快，当年繁殖的鱼苗能长到0.5～0.75kg/尾，达到上市规格。无论在池中单养或鱼塘中混养，都能有效地控制鱼塘中野杂鱼虾和罗非鱼的过度繁殖，可谓一举多得，所以是值得大力推广的优良养殖品种。

由于食量大，因而生长快，当年鱼苗经人工养殖可达0.5～0.75kg/尾，达到上市规格。养殖2年，体重约1.5kg。3年约2.5kg。已知养殖最大个体长75cm，重9.7kg。在江河中垂钓所获最大个体长82.7cm，重10.1kg。

(五) 繁殖特性

加州鲈鱼1周年以上才成熟。产卵在2～7月，4月为产卵盛期。繁殖的适宜水温为18～26℃，以20～24℃为好。初重1kg的雌鱼怀卵4万～10万粒，为多次产卵型，每次产卵2000～10000粒。平时雌雄鱼难以辨别，到了生殖季节，雌鱼体色较暗，鳃盖部光滑，胸鳍呈圆形，腹部膨大，体型较粗短，生殖孔红肿突出；雄鱼则体长，体色稍艳，鳃盖部略粗糙，胸鳍较狭长，生殖孔凹入。在一定生态条件下，加州鲈可在池塘中自然繁殖，如水质清新、池底长有水草等。产卵前，雄鱼在池边周围较浅水处用水草或根茎筑巢，巢穴深3～5cm，巢直径30～50cm，距水面30～40cm，雄鱼筑好巢后便在巢中静候雌鱼的到来。雌雄鱼相会后，雄鱼不断用头部顶托雌鱼腹部，使雌鱼发情，身体急剧颤动排卵，雄鱼便即刻射精，完成受精过程。雌鱼产卵后即离开巢穴觅食，雄鱼则留在巢穴边守护受精卵，不让其他鱼类靠近。受精卵略带黏性，黏附在鱼巢的水草上和沙砾上，待鱼苗出膜可以平游以后，雄鱼才离开巢穴觅食，孵化时间一般为5～7天。刚孵出的鱼苗体近白色半透明，全长7～8mm，集群游动。出膜后第三天卵黄吸收完后即开始摄食小球藻、轮虫，以后摄食小型枝角类、桡足类等浮游生物。在天然水域，孵出1个月内的鱼苗仍集群受到雄亲鱼的保护。

(六) 鲈鱼的养殖种类

目前有四种鱼类都可以被称为鲈鱼，分别是：海鲈鱼，学名日本真鲈，分布于近海及河口海水淡水交汇处；松江鲈鱼，也称四鳃鲈鱼，降海型洄游鱼类，最为著名；大口黑鲈，也称加州鲈鱼，从美国引进的新品种；河鲈，也称赤鲈、五道黑，原产新疆北部地区。

二、人工繁殖技术

(一) 亲鱼的选择

可以结合冬季干塘选择第二年的亲鱼，因为加州鲈性成熟早，一般1龄成鱼大都成熟，2龄以上则全部成熟，可以供人工繁殖。挑选的亲鱼要求体质好，个体大，体色及体形好，生物学特性明显，无病无伤，无病害，鳞片、鳍条完整，个体在350～500g。

(二) 亲鱼的培育

1. 池塘条件

池塘面积2001～3335m^2（3～5亩），水深1.5～2m，排灌方便，水源充足，无污染，水质良好，溶氧量高，呈中性或微碱性。

2. 培育方法

可采用专池培育和套养培育两种方法。

(1) 专池培育　每667m^2放养300～400尾。培育期间以投喂小鱼、小虾为主，每日投喂量为亲鱼体重的3%～5%。每隔一段时间可向池中放一些抱卵虾，让其繁殖幼虾供亲鱼捕食，使培育池中经常保持饵料充足，以满足亲鱼性腺发育对营养的需要。也可定期投放一些小规格的鱼种，保持池中饵料鱼与加州鲈的数量比为

4∶1。加州鲈鱼不耐低溶氧，易浮头，当池水水质变浓，透明度低于20cm时，就须及时换注新水，闷热雷雨季节，要经常增氧，亲鱼浮头会延缓性腺发育。冬季，亲鱼塘要定期冲注清水，保持水质清新，有利于性腺发育，特别是在人工繁殖之前1个月，每天冲水1～2h，能够提高提高催产率。2月开始，即可起捕，选择成熟亲鱼进行人工繁殖。

(2) 套养培育 将加州鲈亲鱼套养在草鱼亲鱼池中，因为草鱼亲鱼池一般水质条件较好，溶氧量较高，在注换新水和投喂水草的同时，会带进一些野杂鱼虾，这恰好是加州鲈亲鱼的饵料。一般每池套养5～10组亲鱼（每组一雌一雄），不宜过多。冬季要将加州鲈鱼捕出集中到专池，以便于越冬管理。

以上两种培育亲鱼的方法各有利弊，专池培育的优点是比较集中，便于管理，亲鱼性腺发育整齐，翌春繁殖产卵时间较为一致；缺点是饲料来源比较困难。套养培育的优点是饲养成本低，可利用池塘内野杂鱼类作为饵料；缺点是亲鱼性腺发育早迟不一，难于短期集中产卵。

3. 亲鱼的挑选

成熟时的加州鲈鱼亲鱼雌雄差异较明显。雌鱼腹部柔软、膨大，卵巢轮廓明显，上下腹大小均匀，腹部朝上中央下凹，生殖孔、肛门微红，稍突出。雄亲鱼轻轻压挤腹部有乳白色精液流出，并可以在水中自流散开。从外观上看，体大、健康活泼的成熟个体都可挑选用于人工繁殖。

(三) 催产

1. 产卵池

繁殖季节到来之前，要根据生产规模准备好产卵池，产卵池以沙质底斜坡边的土池比较理想，面积以667～1334m^2（1～2亩）为宜，池四周堆放些石块、砖头，池中种些水草，以备亲鱼产卵前筑巢附着。池埂坡比为1∶2或1∶3，这样既可使亲鱼易挖掘巢穴，又不易被风浪冲塌。水质清新的一般养鱼池，经生石灰清池、曝晒等消毒处理后，也可用作产卵池。

每667m^2放亲鱼20～30对，放养比例1∶1。亲鱼入池后要保持池塘和周围环境相对安静。经过若干天后，就可发现池四周有雄鱼看护的鱼巢中黏附很多受精卵，把受精卵捞出洗净即可进行人工孵化。

2. 人工催产

在自然或正常人工池养的条件下，到了生殖季节，亲鱼一般能成熟，不需人工催产也能顺利地产卵排精，完成受精过程。但当我们需要有计划地使加州鲈鱼产卵时，就要采用常用的鱼用催产剂进行人工催产，不过所得受精卵的受精率要比自然产卵的低，而且亲鱼对催产剂的效应时间比较长。

(1) 性比　1∶1。

(2) 催产剂　主要采用鲤鱼脑垂体和绒毛膜促性腺激素。

(3) 注射剂量及注射方法　催产激素可用鲤鱼脑垂体，剂量为每千克雌亲鱼用5～6mg，分两次注射，第一次注射剂量为全量的15%，相隔12～14h，注射余量；雄亲鱼每尾注射2mg，在雌鱼第二次注射时一次注射。也可用市售的绒毛膜促性腺激素与鲤鱼脑垂体混合使用，一次胸腔注射剂量是每千克雌亲鱼注射HCG 300U＋PG 3mg，雄亲鱼剂量减半。注意激素用量不能过多，否则由于异体蛋白的过度反应会影响亲鱼的生理功能，造成死亡或瞎眼。

(四) 产卵孵化

1. 效应时间

由于加州鲈鱼的催产效应时间较长，在水温22～26℃时，注射激素后18～30h才能发情产卵。

2. 产卵

首先是雄鱼不断用头部顶撞雌鱼腹部，当发情到达高潮时，雌雄鱼腹部互相紧贴产卵射精。产过卵的亲鱼就在周围静止停留片刻，雄鱼再次游近雌鱼，几经刺激，雌鱼又发情产卵。加州鲈鱼为多次产卵类型，在一个产卵池中，可连续1～2天见到亲鱼产卵，第三天才完成产卵全过程。

3. 人工授精

把选定的亲鱼打针后放入流水水泥池中，待亲鱼到达发情高峰时，可以把亲鱼打捞上来进行人工授精，然后利用撒卵板进行流水孵化或脱黏后采用孵化桶、孵化槽、孵化缸孵化，具体操作方法参考大口鲶、黄颡鱼等人工授精及孵化管理方法。

4. 孵化

加州鲈鱼卵近球形，产入水中，卵膜就迅速吸水膨胀，呈现黏性，常黏附在鱼巢的水草上或池壁、石块、砖头上。受精卵保留在产卵池中孵化。在水温20～22℃时，孵化时间31～33h，当水温17～19℃时，需52h才能孵出鱼苗。人工孵化方法，据试验采用水泥池加微流水或用网箱在水质清新高溶氧池中进行静水孵化的办法较好，受精卵的密度一般是每平方米10000粒左右。

刚孵出的鱼苗受雄鱼保护。但当鱼苗长到2cm左右时，又可能被雄亲鱼吞食。因此，鱼苗孵出后几天内，要把产卵后的亲鱼捕起放入亲鱼池精养。用产卵池培育亲苗，或用手抄网把鱼苗捞起，另池培育。如鱼苗在有亲鱼的池中培育，往往会被亲鱼吞食。

三、鱼苗培育

（一）水泥池培育

1. 鱼池大小

水泥池的面积在10～100m²，池深1m，水深0.6～0.8m。

2. 养殖条件

水质清新，水源充足，水质良好，排灌方便。溶氧保持4mg/L以上，透明度在40cm以上。配备充氧设备。

3. 放养密度

500～1000尾/m²。

4. 喂养

当加州鲈仔鱼离开水底上浮到水面时，可开始投饵，饵料采用生物饵料。首先用轮虫和无节幼体喂养7～9天；第9～17天以投喂枝角类为主；第18～24天以投喂桡足类为主。24天后可转入鱼种培育池进行鱼种培育。要保证池水中浮游动物数量维持在10～20个/ml。

轮虫和无节幼体、枝角类、桡足类分别可用网孔径为 53μm、112μm 和 153μm 的筛绢从饵料生物专用培育池中捞取。饵料生物的培育方法在前面已经介绍。

5. 水质调控

在整个培育期间，有条件的可以采用微流水的方法，并加增氧泵增氧。如果没有微流水，则每 2 天换 1 次水，每次换 1/3。

6. 日常管理

① 加州鲈鱼苗有一定的畏光性，在培育期间应该搭建遮阳设备。

② 每天早晚两次观察鱼苗活动情况，发现问题马上处理。

③ 一次换水不能太多。温差不能太大，加州鲈苗种培育期间水温较低，正是车轮虫、小瓜虫的高发期，应该每隔 3～5 天用 5mg/L 的高锰酸钾或硫酸铜 0.5mg/L 全池泼洒 1 次。如果发现有鱼苗漂浮在水面，应该进行镜检，防止车轮虫等寄生虫的侵袭。

④ 检查进排水，防止逃苗、漫苗。

⑤ 在大雨天防止雨水漫池造成鱼苗逃逸。

(二) 池塘培育

1. 鱼池大小

一般采用产卵池进行苗种培育，也可单独进行池塘培育，池塘面积 2001～3335m^2（3～5 亩），水深 1.5～2m，排灌方便，水源充足，无污染，水质良好，溶氧量高，呈中性或微碱性。

2. 放养准备

在原产卵池中进行鱼苗培育的可以在池塘的一角堆放“大草”或发酵后的人畜禽粪便 200～250kg/667m^2，培育轮虫、枝角类等浮游动物，但必须把亲鱼全部捕出。采用专池培育的按照常规池塘发塘方法进行。每 667m^2 放养鱼苗 5 万～8 万尾。

3. 喂养

每隔 3～5 天检查鱼苗吃食情况以及浮游动物的密度，池水中浮游动物量要保持在 10～20 个/L，如果没有达到这个密度，可以及时追肥，追肥可以选用人畜禽粪便，也可采用生物菌肥，现在市场上出售的浮游动物培育糖浆也是很好的选择，具体使用方法可以参照使用说明。也可泼洒豆浆，每天用量为0.1～0.2kg/万尾，每天1～2次。

4. 水质调控

要保持水质清新，每隔2～3天加水5～10cm，保持水深在1～1.2m。

5. 日常管理

坚持每天早晚的巡塘，观察鱼苗的活动情况，注意鱼病，特别是寄生虫病的发生，及时治疗，治疗方法在后面的鱼病防治中进行专门介绍。清理水中杂物，采用“大草”发塘的池塘，要小心清理池中“大草”腐烂后的残渣，清理工作一般选择在上午进行。清理水中蛙卵和蝌蚪以及其他有害生物，检查进排水口等。

经过20天左右的培育，鱼苗可以长到3～4cm，经过分筛后分塘，进入鱼种培育阶段。

四、鱼种培育

鱼种培育一般分两个阶段进行，如果不分阶段培育，鱼体差异较大，如果饵料不充足，就有可能出现相互残杀的现象，导致鱼种的成活率下降。

（一）第一阶段培育

第一阶段由3～4cm培养到5～6cm。培育方法有池塘培育和水泥池培育两种方法。放养密度为3～4cm/尾的鱼种50～80尾/m^2。水深0.8～1m，池塘面积667～2001m^2（1～3亩），水泥池面积20～100m^2，要求水质清新，排灌方便。饵料为水蚯蚓、乌仔大小的家鱼苗或其他廉价的鱼苗，或者鱼糜。每天投饵2～3次，每天投喂量为鱼苗体重的5%～10%。经过15～20天的饲养，鱼苗可以长到4～6cm。可进入第二阶段的培育。

（二）第二阶段培育

第二阶段的培育一般在池塘中进行，一般的苗种池、亲鱼池都可以作为培育池。首先在池塘中放养40万～50万尾家鱼苗，培育至2～3cm后放养5～6cm/尾的加州鲈鱼种1600～2000尾/667m^2。

除利用家鱼苗作为饵料外，还可以投喂鱼浆或鱼肉块。专用鱼浆和鱼块培育，每天投喂2～3次，每天投喂量为池中鱼体重的8%～10%。经过20～30天的培育可以达到14.5～16cm。

（三）人工驯养

加州鲈以活饵为食，一般情况下不会吃固定的、死的食物。在人工饲养条件下，可以让加州鲈顺利过渡到完全以人工配合饲料为食。具体方法是在投喂水蚯蚓或鱼浆时逐步添加人工配合饲料，让比例慢慢加大，使鱼种慢慢适应，到最后完全适应人工配合饲料的气味、味道以及形状特征，形成条件反射，转化为以配合饲料为食。

（四）饲养管理

1. 及时分筛

由于加州鲈有相互残杀的现象，所以经过1周的饲养后要进行过筛分养，有利于加州鲈的生长。

2. 合理放养

加州鲈的生长与放养密度有很大的关系，一般来讲，密度越高，成活率越低，密度越低，成活率越高。放养密度要选择在一个合理的范围内。

3. 科学投喂

加州鲈食欲旺盛，幼鱼的日摄食量可达自身体重的50%，从1cm开始有自相残杀现象。因此，充足的饵料可以保证鱼种的成活率。另外，鱼苗不同的发育阶段对饵料的要求也不一样，要根据不同阶段的不同要求提供不同的饵料，并按照“四定”原则，采用“四看”方法灵活掌握每天的投饵量。

4. 日常管理

日常管理要坚持每天巡塘，检查进排水系统，清除残饵，发现问题及时处理。水泥池可采取加水、换水或充气的方式保证溶氧量不低于4mg/L，保持水质清新，溶氧丰富，透明度在30cm以上。可适当泼洒微生态制剂改善水质，提高成活率。池塘要经常加注新水，透明度以25～30cm为宜。清晨巡塘如果发现浮头现象，要及时冲水或泼洒化学增氧剂。

五、成鱼养殖

（一）池塘养殖

1. 池塘主养

(1) 池塘条件 池塘面积 2001～3335m^2（3～5 亩），水深 1.5m 以上，要求水源充足，水质良好，排灌方便，通风透光，底质为土壤。配备增氧机 1 台。在放养前按照常规对鱼塘进行清塘消毒并加水至 1m。

(2) 鱼苗放养 选择无病无伤，体质健壮，鳞片完整，规格整齐的鱼种。放养规格：10cm/尾。根据不同的条件和技术水平，放养密度为 2000～5000 尾/667m^2。同时搭配少量的 1 龄白鲢、花鲢、鲤鱼、鲫鱼鱼种，放养数量分别为 120 尾/667m^2、20 尾/667m^2、20 尾/667m^2、100 尾/667m^2，搭配规格比加州鲈的规格大。套养花鲢、白鲢可以控制浮游生物的生长量，起到调节水质的作用，搭配鲤鱼、鲫鱼可以清除残饵和腐殖质，可以起到净化水质的作用，但不能放多，以免增加池塘的负荷量。

(3) 饵料选择 一般选择冰鲜低脂鱼肉或软颗粒饲料。

(4) 饲养方法 鱼种放养后不能马上适应环境，不会立即吃食，需停食 2～3 天后，再开始驯食。先用动物饲料驯食 1 周后，再逐渐改喂配合饲料。配合饲料要求含粗蛋白 45%～50%，可使用鳗鱼饲料，或用低脂鱼肉浆混入适量豆饼、玉米粉等做饲料。每天于上午、下午各投饲 1 次，当水温在 20～25℃时，日投饲量为鱼体重的 6%～10%。投喂冰鲜鱼肉则投喂量为 10%～12%。投喂时，要做到定时、定量、定点、定质，并根据天气、水温、水质以及鱼的摄食情况进行灵活掌握，适当调整。有条件的可以每隔一段时间投放一些小鱼、小虾，作为饲料的补充。

(5) 日常管理 在日常管理中要注意如下几点。

① 建立巡塘制度，注意观察鱼的活动情况和水质变化，发现情况及时处理。

② 及时处理和清除残饵，做好食台的消毒工作。

③ 科学使用增氧机，以保证池塘的有效溶氧量。增氧机的科学使用方法在前面已经介绍。

④ 加强加水换水管理，加州鲈喜欢清水，不适应透明度较低的水环境，要保证透明度在30～40cm。春天、秋天每10～15天换水1次，夏天每5～7天换水1次，每次换水量为池水的1/3，如果能够保证微流水状态最好。

⑤ 为保证池塘水质，建议每隔20～30天全池泼洒生石灰水1次，使用浓度为5～10mg/L。

⑥ 投饵量要适中，多或少都会对加州鲈的生长产生影响。避免使用单一饵料，经常添加一些维生素和矿物质，使加州鲈的营养趋于平衡。

⑦ 及时分级饲养，一般2月1次，分塘时要注意天气，不宜在炎热和寒冷的天气下进行分塘。

⑧ 加州鲈对农药的敏感性较强，特别是幼鱼，严格防止农药水或污水流入池塘。

⑨ 合理分配上市时间，在养殖过程中如果价格合适，规格适宜，可以适当提前出售一些，以减轻池塘负荷量，促进其他个体的生长。

采用此种方法饲养的加州鲈经过5～6个月的饲养，平均个体可以达到250g以上，部分可以达到500g。

2. 鱼塘混养

(1) 池塘条件 即适合主养鱼类的池塘养殖条件要求，加州鲈没有特殊的要求。

(2) 鱼苗放养 加州鲈的套养密度主要看主养池塘野杂鱼的多少而定，野杂鱼多，可以多放一些，野杂鱼少，则少放一些。一般放养5～10cm/尾的鱼种200～300尾/667m^2。加州鲈的规格一定要小于主养鱼类的规格。池塘中套养了加州鲈后不能再套养其他凶猛性鱼类。

(3) 饲料与喂养 不单独投喂加州鲈的饲料，加州鲈主要靠摄取池塘中野杂鱼作为饵料。

(4) 日常管理 按照主养鱼类的池塘日常管理进行。

(二) 网箱养殖

1. 水域选择

选择水深4m以上，水质清新，无污染，透明度高，有微流水，不靠近主航道的大中水域设置网箱。

2. 网箱结构及设置

(1) 网箱结构 采用漂浮式常规网箱，规格为7m×4m×2m或5m×4m×2m等。一般来说，鱼种5～6cm/尾时，网目为5mm；8～9cm/尾或50g/尾的鱼种用1cm网目网箱；50～150g/尾的鱼种，网目尺寸为2.5cm；150g/尾以上鱼种，网目为3～4cm。

(2) 网箱设置 单个网箱设置时，用锚石或铁锚进行固定；多个网箱设置时，应用聚乙烯绳或铁丝串联成排，然后在两端用铁锚进行加固，系于岸上的固定物上。箱间距为5m左右，列间距为15m以上。网箱在下水之前用20～50mg/L的高锰酸钾溶液浸泡1天，漂洗干净后在阳光下暴晒半日后提前7～10天把网箱架设好，让固着藻类黏附在网箱上，以免鱼种进箱后擦伤鱼体而染病。

3. 鱼种放养

(1) 鱼种质量 要求规格整齐，无病无伤，体格健壮。同一网箱的鱼种规格基本一致。

(2) 投放时间 如投放当年繁殖的鱼种，时间一般为4～6月；如投放大规格鱼种即隔年的冬片鱼种，时间可适当提前。

(3) 放养密度 网箱养殖加州鲈采用分级饲养方法。5～6cm/尾鱼种，放养密度为400尾/m^2；50g/尾左右的鱼种，放养密度为300尾/m^2；50～150g/尾的鱼种，放养密度为200～250尾/m^2；150g/尾以上的鱼种，放养密度为120尾/m^2；以放养每尾30～50g的鱼种最合适。当鱼体重在100g/尾以下时，每半个月至一个月分箱一次；鱼体大时，时间间隔可延长些。

4. 饵料投喂

(1) 饲料种类 饵料种类有活饵料鱼、冰鲜小杂鱼和人工配合饵料等。人工配合饲料的蛋白质含量要求在40%以上，因此目前加州鲈常用人工配合饲料如鳗鱼饲料和用小杂鱼搅成肉浆混入适量的玉米粉、花生饼等。

(2) 饵料投喂

① 鱼种进箱后，停食 2～3 天，造成饥饿状态，再投喂饲料效果较好。

② 放养后可用活饲料鱼，冰鲜小杂鱼肉块喂养应投在网箱中央。

③ 每天上午 9 时、下午 4 时各投喂 1 次，春季水温 10℃以上只在下午 5 时投喂 1 次，冬季不投食。

④ 投喂的饵料要新鲜，不投霉变、变质的饵料。

⑤ 要根据天气、水温、水质、鱼的活动情况灵活调整每天的投饵量。

幼鱼阶段每日的投喂量为鱼总体重的 8%～10%，成鱼阶段为 5%～8%。如投喂软饲料，每天上午、下午各 1 次，日投喂量为 5%～6%。投喂时，应该采用人工投喂的方式。在最初投喂时，要训练鱼类定时定点吃食的习性，采用投喂之前敲击产生的相同声响使鱼形成条件反射。投喂时采用慢—快—慢的节奏投喂，1 次投喂在 20min 内喂完，以 80%～90%的鱼吃饱游走为停止投饲时间。在规格比较小时，如 5～6cm/尾时，最好经过驯化投喂配合饲料，每日选择与之相当的食料，如鲤科鱼类同期夏花鱼种、小杂鱼、条状鱼肉、螺肉、鱼蚤等进行投喂，待其适应摄取鱼饵后，即可逐渐改喂配合饲料。

5. 病害防治

加州鲈对敌百虫、高锰酸钾等药物很敏感，不宜用作防治病害药物。常用的药物有漂白粉、生石灰、食盐、强氯精等。病害防治方法如下。

① 鱼种入箱前用 2%～3%的食盐水浸泡鱼体 3～5min。

② 在鱼病流行季节，用漂白粉挂袋或定期用 3mg/L 漂白粉或 0.8mg/L 左右的强氯精全箱泼洒。

③ 在水体消毒的同时，内服抗生素药物，如氟哌酸、氯霉素等药物，前者每千克鱼体重用药 20～50mg，后者用药 50～100mg，连喂 4～5 天。

6. 日常管理

① 经常检查网衣是否破损，尤其是在大风前后，发现问题及

时处理。

② 定期冲洗网衣，清除残饵，保证网箱内外环境清洁和水体正常交换。

③ 做好防盗、防偷等工作。

六、病害防治

（一）白皮病

［病因］ 为白皮极毛杆菌和柱状纤维细菌感染所致。通常是在池塘水质不良施用没有充分发酵的粪肥，或捕捞、运输等操作过猛引起鱼体受伤等诱因存在时，才会导致加州鲈发病。

［症状］ 发病初期，病鱼体表两侧、腹鳍背鳍基部或尾柄出现小白点（图 8-63），并迅速扩大蔓延，以至臀鳍上方至尾柄全部呈白色，形成不规则的椭圆形病灶，病灶部位黏液脱落呈明显的白色，严重时病鱼浮出水面，最后衰弱死亡。

图 8-63　白皮病

［危害及流行情况］ 此病主要发生在 5cm 以下的鱼苗鱼种阶段，发病后 2～3 天就死亡；发病时间一般在春夏季，以 4～6 月此病最常见，流行地区较广。

［防治方法］

① 保持水质清新，确保充足适口饵料，拉网和运输时操作要较慢，避免鱼体受伤。

② 用漂白粉 1mg/L 全池遍洒。

③ 五倍子捣碎后，用开水溶成 2～4mg/L 全池泼洒。

④ 发病时用“鱼菌清系列消毒剂”或“鱼用博灭”全池泼洒。同时投喂“强克 33”或“鱼疾宁 2 型”，连服 2～3 天。

(二) 疖疮病

[病因] 为疖疮型点状产气单胞杆菌感染所致。此病可能与营养不良和水环境盐度过高等有关。

[症状] 病鱼躯干部皮下肌肉组织溃烂（图 8-64，彩图），并隆起红肿，脓疮内充满脓汁和细菌，周围皮肤和肌肉发炎、充血。

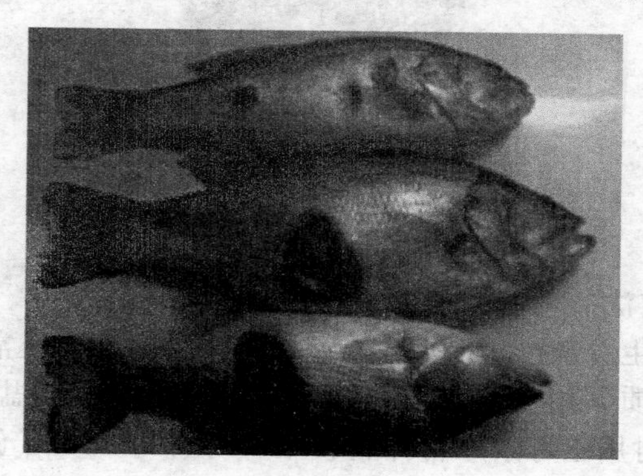

图 8-64 疖疮病

[危害及流行情况] 全年均可发生，但冬季较流行。此病主要危害成鱼和亲鱼。

[防治方法] 用生石灰或漂白粉彻底清塘；防止鱼体受伤；鱼种放养前用 5mg/L 漂白粉溶液浸洗或用 2%～3%的食盐水浸泡。

鱼病康、康宝和电解多维，一次量，每 1kg 饲料，4g、2g 和 3g，混匀后拌饲投喂，1 天 1 次，连用 3～5 天。同时用 1mg/L 的漂白粉全池泼洒或用五倍子 2～4mg/L 全池泼洒。

(三) 烂鳃、烂嘴病

[病因] 为柱状纤维黏细菌感染所致。

[症状] 病鱼体色发黑，离群独游，行动缓慢，食欲减退或拒食，鳃丝呈淡红色或白色（图 8-65），末端溃烂，唇端表皮发炎、糜烂，鳍烂、体表附有许多黏菌，病鱼终因呼吸困难而亡。

[危害及流行情况] 各种规格的加州鲈均可发生，发病时间短，死亡率高达 60%。发病季节在春末夏季，28～35℃是最适流行温度。

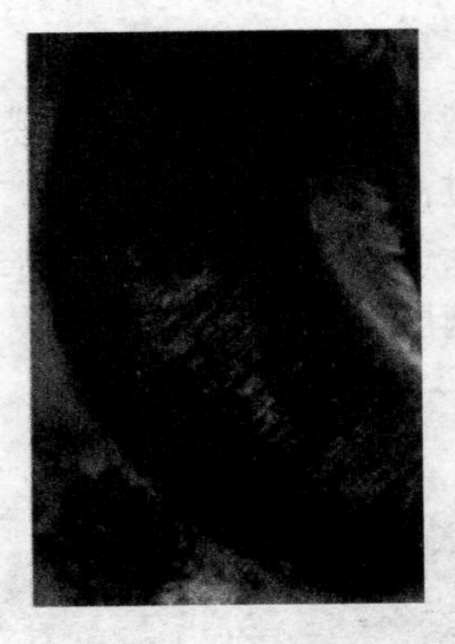

图 8-65　烂鳃症状

［防治方法］

(1) 用生石灰彻底清塘消毒，保持水质清新，经常用生石灰消毒、调节水质。用 1mg/L 漂白粉全池泼洒。3%食盐水药浴病鱼 10min，同时用土霉素原粉拌料投喂，每日每 100kg 鱼 5～10g，3 天为一个疗程。

(2) 内服氟哌酸或氯霉素，每 100kg 鱼用药 2～5g。同时用 1mg/L 漂白粉或 0.3mg/L 二氧化氯全池泼洒。

(四) 烂尾病

［病因］　为一种细菌感染所致，菌种尚未确定。

［症状］　病鱼体色较黑，部分尾鳍烂掉（图 8-66，彩图），常浮游水面，食欲减退，丧失活动能力而死亡。

［危害及流行情况］　各种规格鱼均可发病，发病时间多为冬春两季，发病时间较长，有一定死亡率。

［防治方法］　用 1.2mg/L 的漂白粉全池泼洒。病鱼用 3%食盐水浸洗 5～10min。

(五) 红点病

［病因］　病原体为细菌，菌种尚未确定。

［症状］　本病特征为显著性的全身性出血，在水中常常看到病鱼体表有一个个小红色出血点。

［危害及流行情况］　各生长阶段加州鲈均可感染此病，发病时

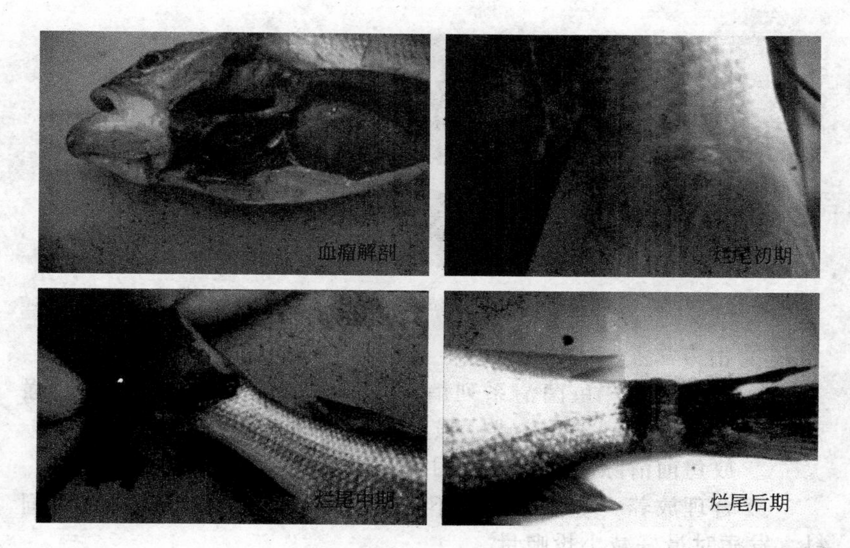

图 8-66 烂尾病症状

间多为夏季，诱因为水温高和水质不良，有一定死亡率。

［预防方法］ 用生石灰或漂白粉彻底清塘；防止鱼体受伤；鱼种放养前用 5mg/L 漂白粉溶液浸洗或用 2%～3%食盐水浸泡。

［治疗方法］ 全池泼洒 0.3～0.4mg/L 三氯异氰尿酸，严重时隔天泼一次，连泼 3 次。

（六）纤维黏细菌病

［病因］ 由柱状纤维黏细菌感染引起。

［症状］ 病鱼体表黯淡（图 8-67，彩图），食欲减退，离群漫游于水面、池边或网箱边缘，对外界的反应迟钝，呼吸困难。病理观察，通常鳃瓣有腐烂发白带污泥的腐斑，鳃小片坏死、崩溃；颌齿周围表皮糜烂，严重时病鱼唇端表皮坏死、脱落，形成烂嘴症状；病鱼自吻端到眼球处的一段皮肤消退变成白皮状，一些病鱼尾部发白，鳍条缺损，或体表伴有不规则椭圆形的白皮和“赤皮”综合症状。

［危害及流行情况］ 一年四季均可发病。鱼种、成鱼都有发病。

图 8-67　纤维黏细菌病烂尾症状

［防治方法］

① 发病时用“鱼菌清系列消毒剂”全池泼洒。同时投喂“强克 33”或“鱼疾宁 2 型”或“强克 33”等内服药，连服 2～3 天。

② 放鱼前清除淤泥，同时用生石灰清塘。

③ 合理放养，不投变质、不洁饲料，及时清除残余腐败的饲料，发病时最好减小投喂量。

（七）溃疡病

［病因］　由细菌感染所致。

［症状］　病鱼体侧、腹部、头部、尾柄、鳍条基部有大小不一的炎症病灶，初期如损伤形状，不久灶区出血发炎、鳞片脱落（图 8-68，彩图）。表皮、真皮全部腐烂脱落、露出充血的肌肉。重症的病鱼引发细菌或水霉继发感染，肌肉严重腐烂，甚至露出骨质，严重的病鱼在水面无力地游动，可见体表腐烂的病灶。

图 8-68　溃疡病症状

［危害及流行情况］　发病水温 23～30℃。鱼种、成鱼都有发病。

［防治方法］　用“鱼菌清系列消毒剂”或“鱼用博灭”全塘泼

洒消毒。同时投喂“强克 33”或“鱼疾宁 3 型”，连服 3～5 天。

（八）肠炎病

［病因］ 主要为饲料不洁、变质或暴食引起。

［症状］ 病鱼腹部膨大（图 8-69）、腹腔积水、肠壁充血，严重时肠呈紫红色，肛门红肿突出，肠内无食，充满淡黄色黏液或脓血。

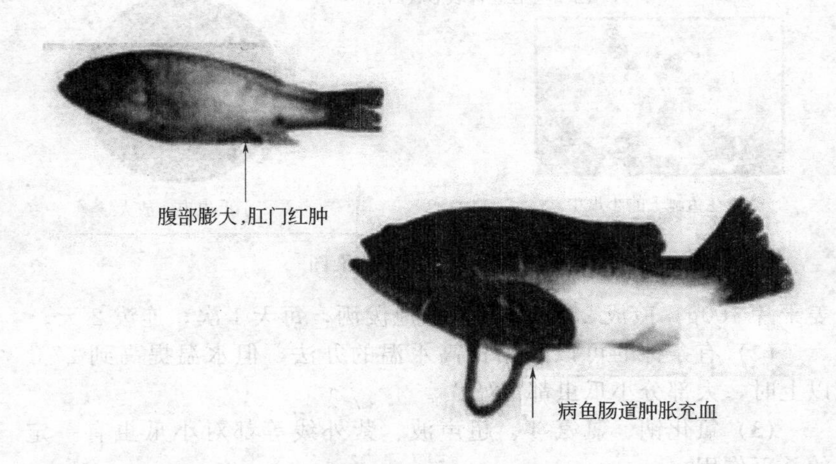

图 8-69 肠炎病症状

［危害及流行情况］ 四季发生，以夏季严重。主要发生在大规格鱼种或成鱼。

［防治方法］ 土霉素拌饵投喂，每 100kg 鱼用药 5～10g，连续用药 6 天。或每 100kg 鱼用氟哌酸 2～5g，连续用药 6 天。

（九）小瓜虫病

［病因］ 多子小瓜虫感染。

［症状］ 病鱼体表、鳍条出现白色小点（图 8-70），还可见到虫体寄生引起组织增生的点状囊泡。体表黏液增多，呈灰白色。

［危害及流行情况］ 主要危害 3～4cm 的苗种，多发生在 3～4 月。

［防治方法］

（1）发病鱼塘，每 667m^2 水面每米水深，用辣椒粉 210g、生

小瓜虫寄生在鱼体表形成白点

寄生在鱼鳃上的小瓜虫

小瓜虫虫体放大

图 8-70　小瓜虫感染图

姜干片 100g，煎成 25kg 溶液，全池泼洒，每天 1 次，连泼 2 天。

(2) 有条件的可以采用提高水温的办法，但水温提高到 27℃以上时，大部分小瓜虫都会死亡。

(3) 氯化钠、氯氨-T、超声波、紫外线等都对小瓜虫有一定的杀灭作用。

(4) 全池泼洒 0.5mg/L 的鱼虫克星。

(十) 累枝虫病

［病因］ 由累枝虫引起。

［症状］ 累枝虫主要寄生在鱼的体表、鳍条、口腔等部位的损伤处，寄生严重时，肉眼可见体表、鳍条附有成束灰色的絮状物，寄生部位出血发炎。

［防治方法］ 用“毒虫 2 号”全池泼洒。同时投喂“鱼疾宁 3 型”，连用 3～5 天。

(十一) 锚头蚤病

［病因］ 由锚头蚤寄生引起。

［症状］ 锚头蚤钉在鱼体表、背鳍、腹鳍及尾鳍基部，虫体部分裸露在体表外，肉眼可以见到。寄生部位一般有出血现象，呈一

点点红斑（图 8-71），病鱼消瘦、烦躁、食欲减退。

图 8-71　锚头蚤寄生照片

［危害及流行情况］　全年都有发生，主要危害鱼种、成鱼。

［防治方法］　用“毒虫 1 号”，连用 2 次（间隔 24h）；同时投喂“强克 99”，连用 2～3 天，防止细菌感染。

（十二）水霉病

［病因］　由水霉寄生引起。

［症状］　病鱼体表伤口附着一团团灰白色棉絮状物，病鱼十分虚弱无力，漂浮在水面，最后死亡。

［危害及流行情况］　主要在冬春水温较低时发生。鱼体创伤是发病的基础。

［防治方法］

(1) 用 0.19～0.23kg/m^2的生石灰清塘。

(2) 在捕捞、运输和放养过程中，尽量避免鱼体受伤。

(3) 鱼种下塘前，用浓度为 2%～3%的食盐水溶液药浴消毒 5～10min，并掌握合理的放养密度。

(4) 受精卵在孵化前要进行严格消毒，水温最好控制在 26～28℃，孵化过程中要对受精卵进行再次消毒。

(5) 用硫醚沙星，每 100ml 原液用 20kg 水稀释后全池泼洒。

一般病情用 100ml/(667m² · m)；若病情较重，可连用 2 天。

（十三）营养性鱼病

［病因］ 因营养性障碍引起。

［症状］ 病鱼生长缓慢、肝苍白、体色黑暗、眼睛混浊等。

［危害对象与流行情况］ 主要为成鱼养殖阶段的营养缺乏所致。

［防治方法］ 增加营养，添加维生素和矿物质。

七、鲈鱼养殖的关键技术

① 加州鲈为外来引进品种，由于存在引种的延续性问题，种质上有所退化，所以在选择亲鱼时最好从不同养殖场引进单性亲本。不要在同一个地方雌雄同时选用。

② 加州鲈分多次产卵，人工授精的受精率以及孵化率没有自然产卵的高，劳动成本也高，要根据实际情况选择不同的方式。

③ 加州鲈的繁殖时间较早，也是水霉病发生的高峰期，在亲鱼培育时要加强培育，提高精卵质量，保证较高的受精率，以减少水霉病的发生。同时无论是自然产卵还是人工授精，受精卵在鱼巢上的密度不能太大，可以适当降低水霉的危害。

④ 加州鲈的繁殖有与其他鱼类不同的地方，自然繁殖的孵化率一般高于人工繁殖的孵化率。其原因目前还没有定论。在一般情况下建议采取自然繁殖方式，这样不仅能够提高鱼类的成活率，还能减轻劳动强度，也能节约一定的开支。

⑤ 在鱼苗、鱼种培育过程中，要注意过筛分养，每养殖 15～20 天分筛 1 次，防止因为规格大小不一出现以大吃小的现象。因为加州鲈为凶猛性鱼类，在 1cm 体长时就会自相残杀。

⑥ 鱼苗培育阶段采用流水水泥池培育的效果要好于池塘培育，建议有条件的采用水泥池培育。在水泥池培育时，要注意加水、换水的水源水温，切不可大量采用井水作为水源，这样会引发小瓜虫病或者车轮虫病的发生，应该使用池塘水作为水源。培苗时最好有遮阳布遮挡阳光，尽量不要有太强的光线射入培育池。

⑦ 如果拟定在成鱼养殖时采用人工配合饲料喂养，应该在 5～6cm 阶段进行驯食，让加州鲈尽早适应人工配合饲料。在配合饲料选择上应该选择有品牌的大厂饲料作为饲料，也可自己进行配

制，这样可以保证饲料的蛋白含量和营养的平衡。

⑧ 在池塘养殖中，应该注意水质的变化，加州鲈为清水性鱼类，对水质要求较高，应该注意根据水质变化、天气情况、季节变化以及池鱼的负荷量合理地加水、换水，应用生石灰、漂白粉等药物调节水质，也可用微生态制剂进行水质调节。

⑨ 池塘养殖也可采用培育饵料鱼的方法喂养加州鲈，这样要搞好饵料鱼与加州鲈养殖的池塘配比和饵料鱼的品种选择。池塘配比一般为加州鲈养殖池∶饵料鱼养殖池＝1∶(4～5)。饵料鱼选择白鲢和鲮鱼为好，鲮鱼的效果比白鲢好。

⑩ 网箱养殖要注意过筛分养，早期 20 天 1 次，后期 30 天 1 次。进行大小分养，利于加州鲈的生长。在操作过程中要谨慎操作，避免鱼体受伤或鳞片脱落引发鱼病。

⑪ 加州鲈的适应水温比一般鱼类的范围要小，要注意加州鲈的越冬。在我国的南方地区不会有太大的问题，但从长江中下游起往北就要考虑越冬问题。

⑫ 加州鲈的病害不多，但危害性较大，比如车轮虫，在鱼苗鱼种阶段如果控制不好就会造成大量死亡。所以在养殖过程中应该贯彻预防为主的方针，防止病害的发生以及蔓延。

⑬ 加州鲈对一些药物的敏感性较强，在进行鱼病防治中要特别注意，比如敌百虫、高锰酸钾、菊酯类农药、硫酸铜与硫酸亚铁合剂等，在使用时应该小心谨慎。

⑭ 加州鲈是淡水鱼中一种高档鱼，要注意养殖过程中的每一个技术环节，抓好每一个细节，保证每一个养殖节点的成活率。在药品使用上，谨慎选择，避免敏感药物的使用，不得使用违禁药品，在销售前 30 天不得再使用化学药品，以免影响产品质量。

第九节　胭脂鱼

一、生物学特性

(一) 栖息特性

胭脂鱼（图 8-72），属鲤形目，亚口鱼科，胭脂鱼属，又名黄

图 8-72　胭脂鱼

排、血排、粉排、火烧鳊、木叶盘、红鱼、紫鳊、燕雀鱼、火排、中国帆鳍吸鱼等，生长于中国长江水系。胭脂鱼体型奇特，色彩鲜明，尤其幼鱼体形别致，色彩绚丽，游动文静，被人们称为“一帆风顺”，在东南亚享有“亚洲美人鱼”的美称。是中国特有的淡水珍稀物种。

胭脂鱼仅分布于长江的干、支流及附属水体，主要分布于长江上游。胭脂鱼也生活在湖泊、河流中，幼体与成体形态各异，生境及生物学习性不尽相同，幼鱼喜集群于水流较缓的砾石间，多活动于水体中上层，喜栖于湖泊和河流的中下游，亚成体则在中下层，成体喜在江河的敞水区，其行动迅速敏捷，但游动缓慢。胭脂鱼性情温和，不跳，行动迟缓，胆小怕惊，生命力强，起捕率高。

（二）食性

胭脂鱼主要以底栖无脊椎动物为食，也食植物碎片及部分硅藻和丝状藻等。河流中的胭脂鱼主要捕食水生昆虫，其中摇蚊幼虫占绝大多数；湖泊中的胭脂鱼以软体动物为主食。胭脂鱼属偏动物性的杂食性鱼类。在人工养殖条件下，除投喂水蚯蚓、蚯蚓外，也可投喂小杂鱼、动物内脏和人工配合饲料等。

(三) 生长

胭脂鱼生长较快，1 龄鱼体长可达 200mm 左右，成熟个体一般体重可达 15～20kg，最大个体重可达 40kg，体长达 100cm。在人工养殖条件下生长速度快，性成熟前生长特别快，当年可长至 0.5～1kg，3 龄鱼可达 3～4kg。成熟以后生长速度减慢。

(四) 繁殖特性

成年胭脂鱼体长最长能达到 1m，在封闭的环境中可以活到 25 年。一般 6 龄可达性成熟，体重 10kg 左右，怀卵量约为 15 万粒。每年 2 月中旬（雨水节前后），性腺接近成熟的亲鱼均要上溯到长江上游的金沙江、岷江、嘉陵江下游多砾石和乱石滩的激流中于 3～5 月产卵繁殖，受精卵为黏性卵，黄色。7～10 天孵化出苗。亲鱼产卵后仍在产卵场附近逗留，直到秋后退水时期，才回归到干流深水处越冬。胭脂鱼的绝对繁殖力为 19.46 万～42.25 万粒，相对繁殖力为 12.9～21.66 粒/g，平均为 16.58 粒/g。

二、人工繁殖技术

(一) 亲鱼的来源

亲鱼来源主要有两个：一是从长江捕捞；二是池塘蓄养。在长江捕捞的亲鱼雌性最小体长为 82cm，体重 9.2kg/尾，7 龄；雄性体长 76.6cm，体重 8kg，5 龄。池塘养殖条件下雄鱼 5 年达到性成熟，体重 4kg 左右；雌鱼 6 年性成熟，体重 3.5kg 左右。在池塘养殖条件下不能自然繁殖，需要通过注射催产素才能产卵、孵化。也可以在长江中收集胭脂鱼，在池塘中进行蓄养，达到性成熟后进行人工繁殖。

(二) 亲鱼的选择

选择的亲鱼体型丰满健壮，体表光滑、具光泽，无病无伤，生物学特性明显，体重在 7～8kg 以上为最佳。在繁殖季节，雄鱼体色鲜艳，呈胭脂色，臀鳍、尾鳍下叶、吻、颊部及腹部有追星。轻压腹部有精液流出，遇水即散。雌雄鱼性成熟个体都有追星出现，一般雄性追星比雌性追星大。雄鱼从眼起，经鳃盖的上缘到头顶，有一条猩红色的斜纹，雌鱼则无。雌鱼体色不及雄鱼鲜艳，腹部膨大、柔软，臀鳍追星明显、数量较多，头和体侧也出现少量追星，生殖孔肿大充血。雄鱼的追星通常粗大突起，有刺手感；雌鱼追星较小，不突起。繁殖后雌雄鱼的追星消失。

（三）亲鱼培育

1. 池塘条件

池塘面积 667～3335m^2（1～5 亩），水深 1.5～2m，长方形，东西向，底质平坦，淤泥厚在 20cm 以下，排灌方便，水质清新，水源充足，无污染。

2. 放养前的准备

亲鱼下塘之前按照常规方法进行清塘消毒。

3. 放养密度

亲鱼放养量为 150～200kg/667m^2，每 667m^2 搭配 100～200g/尾的白鲢 200 尾、花鲢 50 尾，可以起到调节水质的作用。不能搭配鲤鱼、鲫鱼。

4. 饲养

（1）饵料种类　一般选择蛋白含量在 35%以上的颗粒饲料、冰鲜鱼浆或冰鲜鱼拌鳗鱼饲料做成团状投喂。也可以补充一些水蚯蚓、蚯蚓以及螺蛳肉、蚌肉等，并添加适量的维生素。

（2）投喂量　一般 4～5 月日投喂量为亲鱼体重的 3%，6～8 月日投喂量为亲鱼体重的 4%～5%，9～10 月日投喂量为亲鱼体重的 3%～4%，11～12 月日投喂量为亲鱼体重的 1%～2%，1～3 月日只在天气特别晴好时少量投喂，其他时间基本不投食。

5. 水质管理

为保证亲鱼培育过程中水质良好，一般 5～9 月，每月至少加水 4～5 次，每次不少于 20cm，其他时间每月加水不少于 1～2 次，冬季无特殊情况可以不加水。要保证水中溶氧不低于 5mg/L，pH 值 7.5～8.5，透明度不低于 30cm。

6. 日常管理

（1）巡塘　按照常规每天早晚巡塘 1 次，观察水质情况、鱼的活动情况、吃食情况等。

(2) 检查 在1～2月，对亲鱼作一次检查，检查亲鱼发育情况，发现问题及时解决。

(3) 清理 定时清理食场并进行消毒处理。

(4) 产前产后管理 在产前1个月每天冲水2～3h，可以加强亲鱼性腺发育，提高亲鱼催产率。产后加强培育，投喂一段时间的鲜活饵料，增强亲鱼体质。

(四) 催产

1. 催产池

选用四大家鱼催产池或1～20m^2的流水水泥池即可。

2. 催产时间

每年3月中下旬至4月上旬。清明后性腺开始退化。

3. 催产水温

催产水温为12～25℃，最适水温16～20℃。只要连续几天气温稳定即可催产。

4. 催产亲鱼的选择

性成熟的胭脂鱼繁殖季节出现副性征。伴有明显的胭脂色。雄鱼体侧为胭脂红色，雌鱼体侧为青紫色，背鳍、尾鳍均呈淡红色。同时雌雄鱼均有大小不等的颗粒状灰白色追星出现，雄性的追星大，有刺手感，雌性的追星较小，主要分布在臀鳍和尾鳍下叶，在头部、胸鳍、腹鳍与臀鳍之间的腹部鳞片上也有。

5. 性比

1∶1.5。

6. 催产药物

主要为LRH-A_2、HCG、PG、DOM四种激素。

7. 催产剂量

雌鱼：DOM＋LRH-A_2＝(2.5～5mg＋10～50μg)/kg。雄鱼减半，成熟好的用1/4即可。也可用鲑鱼促性腺激素释放激素类似物（sGnRH-A）替代LRH-A_2，剂量不变。也可使用PG＋LRH-A_2＋HCG＝(1～3粒＋10～30μg＋800～1000IU)/kg，雄鱼减半，成熟好的亲鱼只用1/4。或LRH-A_2＋HCG＋DOM＝(10～70mg＋500～2000IU＋2～6mg)/kg，雄鱼减半，成熟好的亲鱼只

用 1/4。催产剂注射量的多少应根据亲鱼的成熟度灵活掌握，轻挤能挤出卵粒则证明成熟度好，可以少用催产剂。

8. 配制方法

催产剂均用 0.7%的生理盐水配制。

9. 注射方法

胸鳍基部注射或肌内注射。一般采用胸鳍基部注射效果要比肌内注射好。

10. 注射次数、时间及注射量

对性腺发育好的可采用一次注射，注射剂量为基本注射剂量的 1/4。成熟较差的可采取 2～3 针注射，先用低剂量的催熟，再用高剂量的催产。每次针距为 1～3 天。第一针和第二针分别为总剂量的 10%，第三针为余量。注射的时间要根据效应时间计算，使亲鱼的产卵时间尽量在白天。每条鱼注射的溶液量为 2～3ml。

11. 效应时间

效应时间的长短与水温、亲鱼的成熟度以及冲水情况有关，主要是水温。水温的高低直接影响着效应时间的长短。催产水温为 14℃时，效应时间为 36h；水温为 16.5～17.5℃时，效应时间为 24～25h；水温为 18℃时，效应时间为 28h；水温为 20℃时，效应时间为 22h。

胭脂鱼的产卵与一般鱼类的产卵有所不同，分多批产卵，一般为三批，每批分三次产卵，每次间隔 2h 左右；每批间隔 24h 左右。由于产程长，亲鱼的体力消耗较大，所以每产完一批，注射能量合剂 10ml，对于外伤严重的还要注射 10 万单位/尾的青霉素，并在伤口涂抹金霉素软膏。

12. 授精

胭脂鱼一般采用人工授精。从最后一针注射后计算，在 20h 以后，每隔 0.5～1h 检查一次，当发现产卵池中亲鱼在追逐时，可以捕起亲鱼进行采卵，如果采卵顺利，马上采集精液进行人工授精。人工授精的方法与一般鱼类的人工授精方法相同，精卵合并后，加入少量的水搅拌均匀后进行脱黏。

胭脂鱼的受精卵为黏性卵，采用孵化桶、孵化槽等孵化设备必须脱黏，脱黏的方法主要有黄泥脱黏、滑石粉脱黏和牛奶粉脱黏，其中以牛奶粉脱黏为好。由于牛奶本身具有一定的生物活性，对受精卵起到了一定的保护作用，脱黏后的受精卵质量好、光泽度强、出苗率高。具体操作与传统的脱黏方法相同。

也可不采用脱黏的方式，精卵混合加入少量的生理盐水搅拌后，马上把受精卵撒在人工鱼巢上，使受精卵黏附在鱼巢上，把鱼巢放入流水孵化池中孵化即可。

(五) 孵化

1. 孵化设备

一般的流水孵化池、孵化桶、孵化槽、孵化缸、孵化环道等都可以作为胭脂鱼的孵化设备。

2. 孵化条件

胭脂鱼的孵化一般在室内进行。要求水质清新、水中无杂质、无悬浮物、浮游动物少、无毒、无害、无污染。pH 值为 6.5～8.5，溶解氧在 5mg/L 以上。

3. 放卵密度

1 万～2 万粒/m^2，以平摊为好，使卵不重叠。

4. 孵化管理

(1) 水流 水流的作用主要是保持受精卵在孵化过程中有较高的溶氧，并通过流水把孵化过程中产生的废弃物冲走。由于胭脂鱼孵化中受精卵的密度较小，在水流控制上，用流水孵化池孵化时，一般采用微流水，不使受精卵集堆即可。采用孵化器孵化时，只要把受精卵冲起不沉底即可。

(2) 消毒 由于胭脂鱼繁殖季节的水温较低，孵化时间较长。一般 13～17℃时孵化时间为 229h，23℃左右需要 102h。孵化适温阶段又是水霉病的高发时期，未受精的鱼卵很容易感染水霉，从而影响受精卵的正常发育。所以，在孵化的第二天，采用水霉净等药物进行浸泡，可以达到防治的目的。也可以拣出死卵，把黏附水霉的受精卵隔离孵化。在孵化桶等脱黏孵化设备中，可以采用停水淘卵的方法，把受精卵集中在一起，一般没有受精的鱼卵或已经长了水霉的鱼卵在上层，很容易淘掉，淘好后再进行孵化，效果较好。

(3) 清洗 要注意清洗孵化设备中的杂质和纱窗清洗，防止水质变化或漫水漫苗。

5. 暂养

鱼苗出膜后，可以移入暂养池，因为静卧可以减少许多能量的消耗，为保证有较高的存活率，一般在鱼苗出膜后放入暂养池进行暂养，暂养池可以利用有微流水的水泥池，放养密度为1000～1500尾/m^2。

6. 出苗

腰点出现，鱼苗可以平游即可出苗，转入鱼苗培育阶段。

三、鱼苗培育

鱼苗培育是将孵化出的3～4天的鱼苗经过30～40天的培育，使其规格达到3cm/尾左右。

(一) 水泥池培育

1. 鱼池条件

面积20～40m^2，水深20～40cm，加盖遮阳棚。进排水方便，水质清新，水源充足。放苗前，要清洗水泥池，并用高锰酸钾或漂白粉进行消毒，消毒浓度分别为20mg/L和50mg/L。每5m^2设一个充气头。

2. 放养密度

1000～1500尾/m^2。

3. 饲养方法

放苗前要进行“试水”，防止因消毒后没有清洗干净而留有余毒伤害鱼苗。要注意水温的温差，不得超过2℃，如果有温差，应该把装苗的容器放入池水中使里外温差一致后放苗。放苗前还要在池中投放浮游动物，浮游动物的密度为10～20个/ml。浮游动物以轮虫和无节幼体和枝角类的幼体为主，用153μm的筛绢过滤后投放。浮游动物采用专门的鱼池进行培育，培育方法在前面已经介绍。

如果天然饵料不足，可投喂丰年虫和绞碎的水蚯蚓、鱼肉、牛肝等。投喂量要根据天气、水温、水质和鱼的活动情况灵活调整投喂量。

4. 日常管理

(1) 水质调节 根据水质变化调节水质，适当加水、换水，一般每3～5天换一次水，每次换水只能换1/3。

(2) 清污 采用虹吸的办法把池中的污物吸出，每2天1次。

(3) 防逃 检查进排水口，防止损坏后造成逃苗。

(4) 鱼病防治 胭脂鱼培育阶段是车轮虫、小瓜虫高发季节，要密切注意鱼苗的活动情况，也可每隔3～5天用5mg/L的高锰酸钾全池泼洒1次，可以起到防治的作用。如果发现有鱼苗漂在水面，必须马上进行镜检，寻找原因，如果有车轮虫、小瓜虫寄生，需马上治疗。

(二) 池塘培育

1. 池塘条件

池塘面积667～1334m^2（1～2亩），水深60～100cm，排灌方便、水源充足、水质良好，池底平坦，淤泥厚在20cm以下，保水性能好，光照充足。放苗前2星期对池塘进行整理，清塘消毒。并采用常规的肥水方法进行浮游动物培育，使池中浮游动物密集的地方的密度一般达到10～20个/ml。透明度为35cm以上。

2. 放养密度

40～70尾/m^2。

3. 饲养管理

清除敌害后放入鱼苗，放养的鱼苗必须是平游后的鱼苗，否则会静卧水底，影响鱼苗的成活率。鱼苗下塘后，要监测浮游动物的密度，如果密度下降，要追施生物菌肥或投喂绞碎的水蚯蚓，待鱼苗长至2.5cm后，可以投喂水蚯蚓或配合饲料，配合饲料投喂时要加20%的鱼肉。投喂应该遵循少量多次的原则，每天3～4次，并逐步增加投喂量。

4. 日常管理

① 坚持每天上午、下午原池冲水各1次，每次冲水1～2h。

② 坚持每天巡塘，观察鱼苗的活动情况，并根据具体情况采取相应的措施。

③ 清理池中杂物以及蛙卵等敌害生物。

④ 根据水质变化情况进行适当的加水、换水，保持水质良好。

⑤ 做好鱼病防治工作，特别是寄生虫病以及气泡病的防治。

四、鱼种培育

把 3cm 左右的鱼苗养殖成 10cm 以上的鱼种。培育鱼种的方法有两种：一种为池塘养殖；另一种为网箱养殖。目前主要采用的方法为池塘养殖。

1. 池塘条件

面积 $2001\sim3335m^2$（3～5 亩），长方形，东西向，池深 2～2.5m，水深 1.5～2m，淤泥厚不超过 20cm，池底平坦，向出水口略有倾斜，交通方便，水源充足，水质优良，无污染。

2. 放养准备

按照常规对池塘进行整理，清塘消毒，不施基肥，加水至 1m 左右。加水时要用密网兜住进水口，防止野杂鱼进入鱼池。

3. 放养密度

放养密度要根据年底要求规格确定鱼种放养密度，一般4000～8000 尾/$667m^2$。为合理利用池塘资源和水质调控，可以搭配白鲢 200 尾，规格 200g/尾；花鲢 50 尾，规格 250g/尾。

4. 饲料选择

一般选择人工配合饲料，主要以浮性料为主，蛋白质含量30%左右。可以搭配投喂水蚯蚓、陆生蚯蚓、碎的鱼浆和鳗鱼饲料等。

5. 饲养

每天投喂 2 次，上午、下午各 1 次，投喂量为池鱼体重的5%～10%。严格按照“四定”投饵的原则投饵，保证饲料的质量。实现定点、定时投饵，按照每天的投饵量进行投喂。在投喂中要根据季节、天气、水质和鱼的活动及吃食情况灵活调整每天的投饵量。一般来讲，4～6 月，投饵量为 8%～10%；7～8 月，投饵量为 5%～8%；9～10 月，投饵量为 7%～9%；11～12 月，投饵量为 5%～6%。如果采用鲜活饵料投喂，日投喂量为 15%～25%。

6. 水质调控

胭脂鱼鱼种阶段主要在中上层活动，对水质要求较高，池塘溶氧必须在 5mg/L 以上，透明度在 35cm 以上。水质的调控主要通过换水、加水来保证，另外利用增氧机进行增氧，用生石灰和漂白粉进行消毒。4～6 月，每 15 天加水、换水 1 次，每次换水 1/3；7～8 月，每 5～7 天加水一次，每次加水 15～20cm，半个月换水 1 次，1 次换水 1/3；秋天每 15 天加水 1 次，每次加水 15～20cm，每 20 天换水 1 次，1 次换水 1/3；9～12 月，每月换水 1 次。根据天气情况灵活开启增氧机，如果早上发现浮头现象，可以开启增氧机增氧，必要时可以采取化学增氧，并及时采取措施。每月用生石灰或漂白粉消毒 1 次，用量分别为 10mg/L 或 1mg/L。

7. 日常管理

坚持每天早上和晚上各巡塘 1 次，观察鱼的活动情况和水质情况，清除池中杂物。根据水色及鱼的活动情况及早发现病害情况并采取相应的措施。

五、成鱼养殖

（一）池塘养殖

1. 池塘条件

池塘面积以 2001～4002m^2（3～6 亩）为宜，池深 2～3m，东西向，水源充足，水质清新。

2. 池塘准备

按照常规方法对池塘进行整理、清塘、消毒。

3. 放养情况

单养每 667m^2 放养 600～900 尾，规格为 50～100g/尾。混养 200～300 尾/667m^2。可以搭配白鲢 200 尾，规格 200g/尾；花鲢 50 尾，规格 250g/尾，草鱼和鳊鱼种 30 尾。

4. 饲料选择

一般选择人工配合饲料，主要以浮性料为主，蛋白质含量 30%左右。可以搭配投喂水蚯蚓、陆生蚯蚓、碎的鱼浆和鳗鱼饲料等。

5. 饲养

每天投喂 2 次，上午、下午各 1 次，投喂量为池鱼体重的 3%～8%。严格按照“四定”投饵原则投饵，保证饲料的质量。实现定点、定时投饵，按照每天的投饵量进行投喂。在投喂中要根据季节、天气、水质和鱼的活动及吃食情况灵活调整每天的投饵量。一般来讲，1～3 月，投饵量为 1%～3%；4～6 月，投饵量为 5%～8%；7～8 月，投饵量为 3%～5%；9～10 月，投饵量为 5%～8%；11～12 月，投饵量为 2%～3%。如果采用鲜活饵料投喂，日投喂量为 10%～15%。

6. 水质调控

胭脂鱼对水质要求较高，有经验的渔民把胭脂鱼的浮头作为水质好坏的标志，也就是说胭脂鱼对水质的要求比一般鱼类高。池塘溶氧必须在 5mg/L 以上，透明度在 35cm 以上。水质的调控方法主要是加水、换水，增氧机增氧和药物调控三种方法。加水、换水的具体要求如下：1～3 月，每 15 天加水、换水 1 次，每次换水 1/3；4～6 月，每 15 天加水、换水 1 次，每次换水 1/3；7～8 月，每 5～7 天加水一次，每次加水 15～20cm，半个月换水 1 次，1 次换水 1/3；秋天每 15 天加水 1 次，每次加水 15～20cm，每 20 天换水 1 次，1 次换水 1/3；9～12 月，每月换水 1 次，可以根据具体情况灵活掌握加水、换水频率。根据天气情况灵活开启增氧机，增氧机的科学使用方法可以参照前面的介绍。如果早上发现浮头现象，可以开启增氧机增氧，必要时可以采取化学增氧，并及时采取措施。每月用生石灰或漂白粉消毒 1 次，用量分别为 10mg/L 或 1mg/L。

7. 日常管理

每天巡塘 3 次，观察池鱼的摄食、活动和池水变化等情况；检查进排水设施，尤其在天气骤变和暴风雨来临之际，要加强巡视，发现问题及时处理。勤洗饵料台，每天及时捞出水中残饵、污物，防止水体污染。

（二）网箱养殖

胭脂鱼也可利用网箱进行养殖，放养规格可以是 5～6cm/尾的小规格鱼种，也可以是100～150g/尾的大规格鱼种。大规格鱼种通过一个养殖周期可以达到500～750g/尾。

网箱养殖的选址、网箱的选择、养殖前处理、饲养管理等可以参照前面鱼类的网箱养殖技术。

六、病害防治

(一) 水霉病

[病因] 胭脂鱼卵孵化季节早，水温低，胚胎发育时间长，未受精卵和脱膜后的卵膜不易分解，因而在鱼卵孵化和鱼苗阶段极易滋生水霉病，应引起特别重视。

[症状] 该病是影响孵化率和仔鱼成活率的主要病害。胭脂鱼卵孵化期间水温在12～20℃，水温低容易感染水霉，霉丝大量生长使卵粒形成白色绒球状，鱼卵互相粘连而大批死亡。因刚出膜仔鱼聚集在一起，一旦感染上水霉，就会迅速传染给其他健康的仔鱼而引起仔鱼的大量死亡。

[发病对象] 主要危害鱼卵和早期鱼苗。

[发病季节] 水温在12～20℃容易发生。

[防治办法]

① 孵化容器用10mg/L高锰酸钾或5%～7%生理盐溶液消毒。

② 受精卵在原肠期前每天用5mg/L高锰酸钾浸洗5～10min。

③ 及时剔除霉卵、卵膜及坏死的仔鱼，经常加注新水。

(二) 肠炎病

[病因] 在饲料及环境条件差的情况下易发生。

[症状] 病鱼食欲大减直至停食，离群独游，反应迟钝，体色变黑，腹部膨大，胃、肠内无食，肛门外突、红肿、充血。

[发病对象] 鱼苗种及低龄鱼种。

[发病季节] 6～9月。

[防治办法]

① 高温季节每半月可用1mg/L漂白粉消毒。或者0.3～0.5g/m^3的强氯精全池泼洒。

② 内服大蒜头，每千克鱼用5g制成药饵投喂。1天1次，连

续3天。

(三) 烂鳃病

[病因] 为柱状纤维黏细菌感染所致。

[症状] 病鱼离群独游，行动迟缓，不吃食，鳃丝腐烂发白，黏液多。

[发病对象] 常发生在成鱼养殖中。

[发病季节] 发病季节多为8～9月。

[防治办法]

① 大量加注新水，改善水质条件。

② 经常泼洒生石灰或漂白粉，定期消毒水体。

③ 每100kg鱼用服康或肠鳃灵50～100g拌饵投喂。

(四) 打印病

[症状] 病鱼体侧上方出现圆形红斑，中间鳞片脱落，肌肉发炎、溃烂，形成一圆形小坑。病鱼身体消瘦，食欲不佳，逐渐死亡。

[发病对象] 主要危害亲鱼。

[发病季节] 多在夏秋季发生。

[防治办法]

(1) 用生石灰125kg/670m² 湿法清塘，同时注意经常更换新水。

(2) 注意养殖过程中水质调节，保持水质清新，对病鱼注射庆大霉素，剂量为每千克鱼重注射3000U，外用漂白粉涂抹患处。每两天1次，3次为1疗程。

(五) 气泡病

[病因] 水中气体过饱和。

[症状] 病鱼肠道、体表、鳍条及表皮上均有气泡产生，病鱼漂浮于水面最终死亡。

[发病对象] 鱼苗。

[发病季节] 鱼苗培育阶段。

[防治办法] 鱼苗下池初期，遇晴天和天气突变气压降低时，每天用水泵原池冲水。保证充足的适口饵料。加注新水等。

(六) 车轮虫病

[病因] 由车轮虫寄生引起。

[症状] 大量寄生时，可引起体表及鳃丝糜烂，鳃黏液增多，鱼苗、鱼种游动缓慢，失去光泽，严重时呈白雾状，最后呼吸困难而死。饲养10多天的鱼苗，体表被车轮虫大量寄生时，鱼苗成群围绕池边狂游呈“跑马”症状。

[发病对象] 鱼苗培育阶段。

[发病季节] 5～6月份。

[防治办法]

① 高锰酸钾，一次量10～20g/m³，鱼种放养前，浸浴15～30min。

② 苦参碱溶液，一次量0.4g/m³，全池泼洒1～2次。

③ 严重时，苦参碱溶液和阿维菌素溶液配合使用，量不变。

④ 全池泼洒0.5mg/L的鱼虫克星。

(七) 锚头蚤病

[病因] 由锚头蚤寄生引起。

[症状] 锚头蚤钉在鱼体表、背鳍、腹鳍及尾鳍基部，虫体部分裸露在体表外，肉眼可以见到。寄生部位一般有出血现象，呈一点点红斑，病鱼消瘦、烦躁，食欲减退。

[危害及流行情况] 全年都有发生，主要危害鱼种、成鱼。

[防治方法] 用“毒虫1号”连用2次(间隔24h)；同时投喂“强克99”，连用2～3天，防止细菌感染。

(八) 泛池

[病因] 因胭脂鱼喜欢清新水质，对水体溶氧要求较高，在池塘水质过肥，天气闷热，或放养密度过大时，易发泛池死鱼事故。

[症状] 因池水溶氧低下，鱼类出现浮头现象，继而慢慢死亡。死亡鱼鳃鲜红，体发白，嘴张开。

[发病季节] 5～9月。

[防治办法]

① 放养密度应适宜；高温季节勤换水，并适度增氧。

② 闷热天气减少投饲量或停喂。

③ 及时发现浮头症状，立即大量加新水，并泼洒增氧药物急救。

七、养殖胭脂鱼的关键技术

① 胭脂鱼是我国一种珍稀鱼类，具有较高的经济价值，同时也具有较好的观赏价值，这种双重价值是淡水鱼类中很少有的。需要精细养殖。

② 胭脂鱼的亲鱼最好从长江中收集，这样能够保证胭脂鱼品系的纯正，也能保证苗种的成活率。如果选择池塘养殖的亲鱼，一定要注意亲鱼的近亲交配问题。

③ 在鱼苗孵化阶段，水霉病是最大的敌害，在孵化期间一定要搞好水霉病的防治，提高鱼苗的成活率。

④ 胭脂鱼与其他鱼类的繁殖有所不同，产程较长，要注意亲鱼的保护，尽量减少亲鱼的伤害。

⑤ 胭脂鱼的繁殖期正是水霉病的高发期，在孵化时，在鱼卵放养密度上，尽量稀放，可以提高出苗率。

⑥ 如果采取脱黏孵化，尽量采用牛奶脱黏，牛奶的生物活性对胭脂鱼的孵化起到一定的促进作用。

⑦ 无论是苗种培育，还是成鱼养殖，一定要注意水中溶氧量。胭脂鱼对溶氧的要求较高，要保证溶氧量在5mg/L以上。

⑧ 胭脂鱼对有些药物比较敏感，在药物的使用上一定要注意，比如硫酸铜。

第十节　细鳞斜颌鲴

一、生物学特性

（一）栖息特性

细鳞斜颌鲴（图8-73）又名沙姑子、黄尾刁、黄板鱼等，是我国的一种重要经济鱼类。它是鲴属鱼类的一种，也是鲴类中个体最大，生长最快的一种。主要分布于长江流域。鲴类是中小型鱼类。这些鱼病害少，肉味鲜美，经济价值高，食物链较短，主要摄

图 8-73　细鳞斜颌鲴

食水体中比较丰富的、大多数经济鱼类不能利用的底生藻类、固着藻、腐屑，和其他主要养殖鱼类没有食物矛盾，因此可以通过加大放养量充分利用水体的天然饵料而取得相当高的群体生产量，从而提高经济效益。

细鳞斜颌鲴喜生活在江河、湖泊、水库等较开阔的水体里，栖息于水体的中下层。适应流水生活，性较活跃。有集群摄食、活动的习性，一般冬季群栖于开阔水面的深水处，春暖后分散活动、觅食。

细鳞斜颌鲴喜生活于江河干支流水域，到了产卵季节，有一定的短距离洄游现象，上溯至适合条件的产卵场进行集群产卵。产后，亲鱼分散游动，离开产卵场，至秋季有一部分群体进入干流附属的湖泊或支流中进行索饵、育肥，冬季则又返回干流水深的潭穴中越冬。

（二）食性

细鳞斜颌鲴属于杂食性鱼类，主要以水底腐殖质、硅藻、丝状藻等藻类及高等植物碎屑为食物，通过发达的下颌角质边缘在水底刮取而获得。

细鳞斜颌鲴的食性很杂，自全长 2cm 以上的夏花鱼种开始，除摄食少量浮游生物外，主要是腐屑、底泥以及底生硅藻和摇蚊幼虫等底生生物。它在不同类型的水体中，均以腐殖质有机碎屑、腐泥及着生藻类为主要食物。

（三）生长

细鳞斜颌鲴在1～2龄生长最快，一般1龄鱼体重可达150～200g，2龄鱼体重可接近500g，平均体重在479g左右，2龄以后生长速度明显变慢。同龄鱼，雄鱼比雌鱼个体稍小。常见个体体重300～500g，最大个体可在1～2kg。其生长在头两年速度较快，2龄鱼的平均体重可达479g。

细鳞斜颌鲴通常2冬龄性成熟，生殖季节在华中和华南地区为4～6月。成熟雌鱼的体重变化在415～1100g。

（四）繁殖特性

在鲴亚科鱼类中，常见并能作人工养殖的种类还有园吻鲴、银鲴、黄尾鲴和扁圆吻鲴等，但养殖最多、生长最快的要数细鳞斜颌鲴。

细鳞斜颌鲴通常2冬龄性成熟，初次性成熟的亲鱼一般体重在400～500g，成熟雌鱼的体重变化在415～1100g。平均每千克体重的鱼怀卵量为20万粒左右。产黏性卵，呈浅黄色。产出时卵径0.8～1.2mm。雄鱼在生殖季节，有追星出现。在人工饲养的水体中，也可以自然繁殖。细鳞斜颌鲴没有固定的产卵场，自然繁殖的要求条件不高，一般只要有一定的流水刺激，即使流速在0.2m/s左右也可产卵。产卵期为5～8月初，以5月中旬至6月初为产卵盛期，孵化的适宜水温为20～28℃。产卵是分批进行的。

二、人工繁殖技术

（一）亲鱼的选择

性成熟的2龄细鳞斜颌鲴，雌性个体重在350g以上，雄性则在250g以上。因此，选用500g左右的亲鱼催产效果好，其怀卵量在10万粒左右。亲鱼最好从天然水体中获得。要求体质健壮、无病无伤、鳞片完整、生物学特性明显的个体。

（二）亲鱼培育

1. 池塘条件

面积不限，一般的大宗鱼养殖池塘都可以，水源水质条件也与大宗鱼类池塘养殖的要求一样，没有特殊的要求。池塘整理、清塘、消毒也一样。按照花白鲢亲鱼培育进行池塘准备。

2. 放养密度

专池培育，每 $667m^2$ 放养 150kg 亲鱼。搭配放养花鲢、白鲢，有利于水质条件的改善。可以搭配白鲢 200 尾，规格 200g/尾；花鲢 50 尾，规格 250g/尾，草鱼和鳊鱼种 30 尾。采取混养方式则每 $667m^2$ 放养 100 尾亲本即可。在产卵前 1 个月分出单养。

3. 饲养

细鳞斜颌鲴是典型的杂食性鱼类，只要喂养适量的豆饼浆、糠或麸皮等饲料，或者投喂蛋白质含量较低的人工配合饲料也可以。投喂量为亲鱼体重的 3%～5%，在喂养中要定时、定量、定质、定位，根据季节、天气、水质和鱼的吃食与活动情况灵活掌握投饵量，以每次的投饵量在 1h 内吃完为好。

4. 水质管理

为保证亲鱼培育中水质良好，一般 4～9 月，每月至少加水4～5 次，每次不少于 20cm，其他时间每月不少于 1～2 次，冬季无特殊情况可以不加水。要保证水中溶氧不低于 5mg/L，pH 值7.5～8.5，透明度不低于 30cm。

5. 日常管理

(1) 巡塘 按照常规每天早晚巡塘 1 次，观察水质情况、鱼的活动情况、吃食情况等。

(2) 清理 定时清理食场并进行消毒处理。

(3) 产前产后管理 在产前 1 个月每天冲水 2～3h，可以加强亲鱼性腺发育，提高亲鱼催产率。产后加强培育，投喂一段时间的鲜活饵料，增强亲鱼体质。

(三) 催产

1. 催产池

四大家鱼的产卵池即可。一般的网箱也可以。

2. 催产时间

在长江中、下游地区，4 月下旬至 6 月上旬。

3. 催产水温

催产水温为 18～27℃，最适宜的水温为 20～25℃。

4. 亲鱼的挑选

在生殖季节，在雄鱼头部、鳃盖、胸鳍和鳞片上，有白色追星出现，体表比雌鱼粗糙，轻压腹部能挤出乳白色精液。雌鱼则腹部膨大，卵巢轮廓明显，压感松软。若用挖卵器取卵检查，卵粒大小均匀、饱满，容易分开，这就是已达性成熟的标志，可以进行人工催产。

5. 性比

雌雄 1∶1.5 或 1∶2。

6. 催产药物及剂量

催产剂采用鲤鱼脑垂体效果较好。雌鱼的注射剂量，以每千克体重 3mg 为宜，若是成熟很好的雌鱼，剂量还可减少。雄鱼的催产剂量减半。当雄鱼本身成熟好，已能流出乳白色精液，如果是采用人工授精方法，也可不必注射催产剂。

7. 配制方法及量

催产剂均用 0.7% 的生理盐水配制。每条鱼注射的溶液量为 2～3ml。

8. 注射方法

胸鳍基部注射或肌内注射。一般采用胸鳍基部注射效果要比肌内注射好。

9. 注射次数

采用一次或两次注射均可，主要视亲鱼的成熟程度而定。

10. 效应时间

一次注射时，水温 18～20℃，效应时间为 10～12h；水温 21～23℃，效应时间为 9h；水温 23～27℃，其效应时间为 6～8h。

11. 受精如果采用自然授精方法，按比例将亲鱼放入产卵池或网箱内，在亲鱼产卵前的 1～2h，预先以微流水刺激，使亲鱼发情产卵和受精。人工授精方法用鲤鱼等鱼类的方法采卵，干法授精。

(四) 孵化

脱黏孵化：细鳞斜颌鲴的卵呈弱黏性，人工孵化采用泥浆脱黏流水孵化效果较好。也可静水孵化。

细鳞斜颌鲴的受精卵吸水较少，所以比重较大，加之有少许泥沙黏附于卵膜，卵更易下沉，因此，当用环道或孵化桶、孵化槽、孵化缸等进行流水孵化时，水的流速应比孵化鲢、鳙、草鱼卵时的流速大一些，一般以能见到鱼卵随水漂流滚动为宜。放卵的密度为每千克水放1600粒左右，孵化率可达90%以上。这种方法适合于生产批量较大的单位采用。

静水孵化，就是将人工鱼巢插于孵化池塘内，将干法授精而未脱黏的鱼卵徐徐倒入水中，使受精卵均匀地黏附于鱼巢上面，挂在流水孵化池或池塘中让其自然孵化。孵化池要事先消毒、清塘。若因阳光曝晒，水表层温度较高时，则应调整插把深度。当见到鱼苗平游，开口摄食后，可适量泼洒豆浆肥水。这种孵化方法的孵化率较低，仅适用于只需少量苗种的单位。

细鳞斜颌鲴孵化的适宜水温为20～28℃，当水温高至30℃时，虽能孵化，但孵化出的鱼苗畸形苗与死亡苗较多；当水温低至15℃以下时，胚胎发育到原肠期便全部死亡。当水温18℃时，需经80h方能孵化出膜；水温20～22℃时，要50～60h出膜；水温23～27℃时，40～50h孵出。从鱼苗出膜到开口摄食，需要4～5天的时间。所以鱼苗出池的时间不能太早，待鱼苗开口摄食后，方能从环道或孵化缸中转入池塘培育。这是提高鱼苗成活率的技术关键。在鱼苗下塘前应先投喂蛋黄或豆浆等人工饵料。

由于细鳞斜颌鲴鱼苗特别娇嫩，所有操作过程均须十分仔细，取苗时应该带水操作，切忌在鱼苗密度很大时，就直接由水孔放水取苗，这样会造成幼苗大量伤亡，应该先用水花抄网带水操作取出绝大部分鱼苗后，再放水使剩余鱼苗从水管中流出。

三、苗种培育

细鳞斜颌鲴鱼苗鱼种培育方法与青、草、鲢、鳙“四大家鱼”鱼苗培育方法基本相同，但还需要注意以下三点。

1. 放养密度

鱼苗鱼种的生长速度和成活率与放养密度密切相关，放养密度过稀，鱼苗生长速度快，成活率高，但浪费水面，效益差。放养过密，势必影响鱼苗鱼种的生长和成活率。各地多年试养认为：每

667m² 水面放养水花以 18 万～20 万尾为宜。当鱼苗体长达 3cm 时，每 667m² 分稀到 8 万～10 万尾。以后随着鱼体增长，应逐渐降低密度。

2. 培育方法

常规鱼苗鱼种培育多以“肥水”下塘，细鳞斜颌鲴鱼苗鱼种培育方法稍有不同。因细鳞斜颌鲴鱼苗较同日龄的家鱼苗小，刚开口摄食时，只能摄食轮虫和浮游藻类等细小生物，因此，鱼苗下池前，底肥不能施得过早和过多，以防大型水蚤类太多，不利鱼苗摄食。水色以“嫩”一些为好。在实际生产中，鱼苗下池前每 667m² 施大草 300～400kg 或粪肥 200～300kg，3～4 天后，当轮虫和浮游生物繁殖达高峰时，鱼苗下池。放苗时每 5 万尾鱼苗投喂 1 个熟蛋黄，以饱食下塘。从第 2 天开始，投喂豆浆，每 667m² 水面每天用黄豆 2～3kg 磨成豆浆，投喂 2～3 次。随着鱼苗个体长大，摄食量增加，要适当增大投喂量。当鱼苗体长达 3cm 以上时，可投喂米糠、麸皮等人工饲料。饲养方法与大宗鱼的鱼苗培育方法基本相同。

3. 饲养管理

鱼苗鱼种饲养管理主要应做好以下工作。

① 加强水质管理，每 2～3 天至少加注一次新水，最好是经常保持微流水，使池塘水质“活爽”。

② 及时分养，鱼苗经 20～30 天培育，体长可达 3cm 以上，这时鱼体鳞片已长齐，应及时拉网锻炼和分稀饲养。但在拉网操作过程中，要特别细心，以防伤鱼。体长 3～4cm 的鱼种，每 667m² 可放养 5 万～6 万尾；体长达 5cm 以上时，每 667m² 放养 3 万～4 万尾。总之，随着鱼体的生长，要逐渐分稀放养密度，以利鱼种快速生长和提高成活率。

③ 注意病害防治，细鳞斜颌鲴鱼苗鱼种培育阶段的主要病害是寄生虫病，如车轮虫、鱼虱等。其防治方法是：定期用晶体敌百虫全池泼洒，使池水浓度达 0.3g/m³，第二天再泼洒一次，即可防治。

四、成鱼养殖

细鳞斜颌鲴单养较少，目前来讲，只作为配养鱼类，主要利用它的食性优势，充分利用水体的饵料资源，挖掘产能，提高收入。在主养鲢鱼、鳙鱼、草鱼等的成鱼池中，每 667m^2 混养体长 8～10cm/尾的细鳞斜颌鲴鱼种 150～200 尾，在不增加饲料和肥料的情况下，细鳞斜颌鲴能充分利用池中的腐烂植物、碎屑等，不与主养鱼争食，可增加鱼产量 40～50kg/667m^2。在大水面养殖中，特别是浅水性水域，腐殖质较大的情况下搭配放养细鳞斜颌鲴可以获得较好的经济收入。在网箱养殖中，也可适当放养，可以利用它们摄食固着藻类的食性，清理网箱，减少因为固着藻类太多而影响水体交换。

附 录

附录 有关生产记录表

1. 鱼种投放记录

日期	塘号	投放品种	投放数量/万尾	规格/(尾/kg)	重量/kg	苗种来源及地点	是否检疫

备注：

2. 养殖日志

天气：　　　气温：　　℃　水温：　　℃　　　年　月　日

池号	投入品使用记录（包括投入品生产厂家、商品名称、用量、用法）	
	鱼药	
	饲料	
	渔肥	
重要事项记载及说明		
技术指导员记载		

3. 鱼类人工繁殖记录表

鱼类人工繁殖记录表

单位：　　　　　　　　　　　　　　　　　　　　年　月　日　天气：

批次		鱼类		亲鱼塘号		性比		催产池号	

亲鱼																			
亲鱼	雌鱼	编号	2	4	6	8	10	12	14	16	18	20	22	24	26	28	30	32	雌鱼总量
		体重/kg																	kg
		成熟情况																	
		产卵结果																	
	雄鱼成熟情况												雌鱼总量		kg				

催产	项目 / 一次注射 / 分次注射	时间	水温	催产剂用量 雌鱼 垂体/(mg/kg)	催产剂用量 雌鱼 激素/(U/kg)	催产剂用量 雄鱼 垂体/(mg/kg)	催产剂用量 雄鱼 激素/(U/kg)
	第一次						
	第二次						
	第二次注射后每隔2h的连续水温					预计发情时间	至发情时间平均水温

冲水时间和方式	发情开始时间	产卵结束时间	发情产卵动态

项目 / 产卵方式	时间	水温	产卵量/万枚	受精率/%
自行产卵				
人工授精				
产后亲鱼保护措施				
产后培育塘号和亲鱼情况				

孵化						
孵化	孵化设备类型		脱膜时间		水温变幅	
	孵化中出现的情况					
	鱼苗下塘时间		下塘苗数		孵化率/%	
备注						

记录员：

参 考 文 献

[1] 中国水产科学研究院主编．淡水养殖实用全书．北京：中国农业出版社，2004.
[2] 龚珞军主编．淡水高效养殖新技术．武汉：湖北人民出版社，2010.
[3] 段晓猛主编．池塘养鱼与鱼病防治．呼和浩特：内蒙古人民出版社，2009.
[4] 叶重光等编著．无公害稻田养鱼综合技术图说．北京：中国农业出版社，2004.
[5] 廖朝兴等编著．鱼饲料配制与投喂技术160问．北京：中国农业出版社，2007.
[6] 廖朝兴等编著．无公害水产品高效生产技术．北京：中国农业出版社，2005.
[7] 麦康森主编．无公害渔用饲料配制技术．北京：中国农业出版社，2003.
[8] 朱耀强，李余霞．特种鱼类养殖与疾病防治．呼和浩特：内蒙古人民出版社，2011.
[9] 湖北省水产技术推广中心编．湖北省水产高效养殖模式．武汉：湖北人民出版社，2010.
[10] 魏亮，李华峰编著．水生植物栽培新技术．北京：远方出版社，2006.
[11] 白遗胜等编著．淡水养殖500问．北京：金盾出版社，2006.
[12] 农业部《渔药手册》编撰委员会．渔药手册．北京：中国科学技术出版社，1998.
[13] 吕友保等编著．网箱养鱼单箱产值1000元关键技术．北京：中国三峡出版社，2006.
[14] 中华人民共和国农业部渔业局 全国水产技术推广总站编著．渔业主导品种和主推技术．北京：中国农业出版社，2013.